モンステッド-ヴィンセント MV-1 スターフライト ［P.45 ～］

Monsted-Vincent MV-1 Starflight

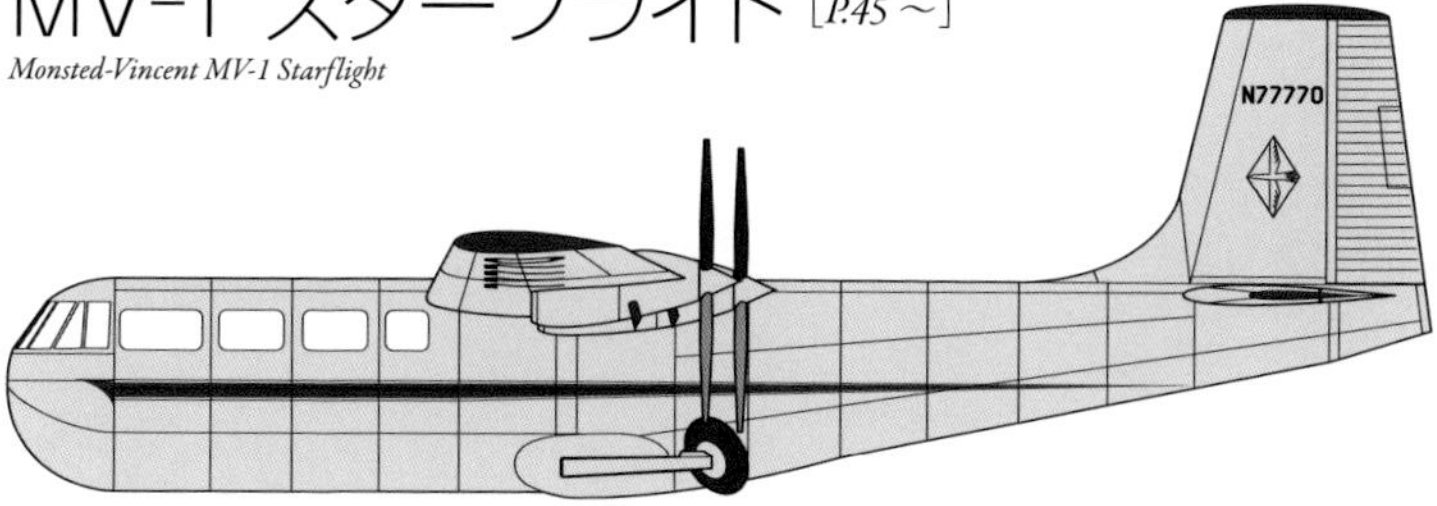

MV-1試作1号機（N77770）［1948年11月］／1948年10月の初飛行時は全面無塗装で主翼と垂直尾翼に民間登録ナンバー、垂直尾翼にはさらにメーカーロゴが描かれていただけだったが、テスト中に胴体側面にストライプが描き入れられた。テスト当時の写真はモノクロばかりでストライプの色は不明だが、ウェッデル・ウィリアムズ博物館に保管時の写真などから赤と判断した。航続時間は8時間、荒天時の信頼性を高めるためエンジンを４発搭載、客室の騒音軽減のためのプッシャー配置にしたり、乗降を楽にする高翼配置などビジネス機としては良く配慮した設計だったが誰にも興味を持たれず、M-V社も翌12月に倒産した。

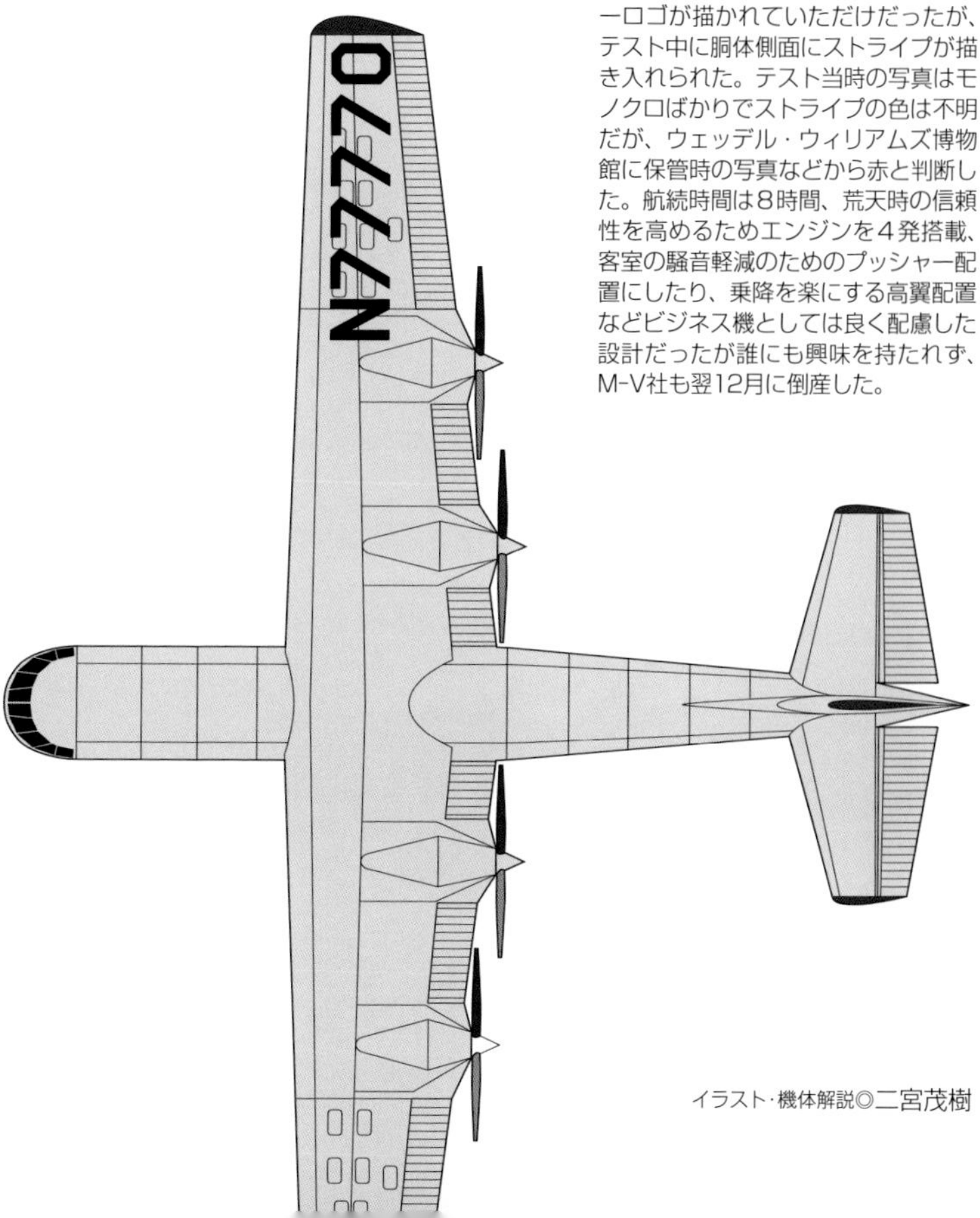

イラスト・機体解説◎二宮茂樹

NVI FK31 [P.57 ～]

NVI FK31

NVI FK31 試作機（H-NACA）[1923年]／第２次世界大戦前のオランダの民間登録記号「H-NACA」を付けたFK31の試作機の１機でおそらく１号機。残された数枚の写真を見る限り何度か主脚の構造を変えてテストを行なっていたようだ。この機体も短期間であるがフランスへデモフライトに行ったことがある。

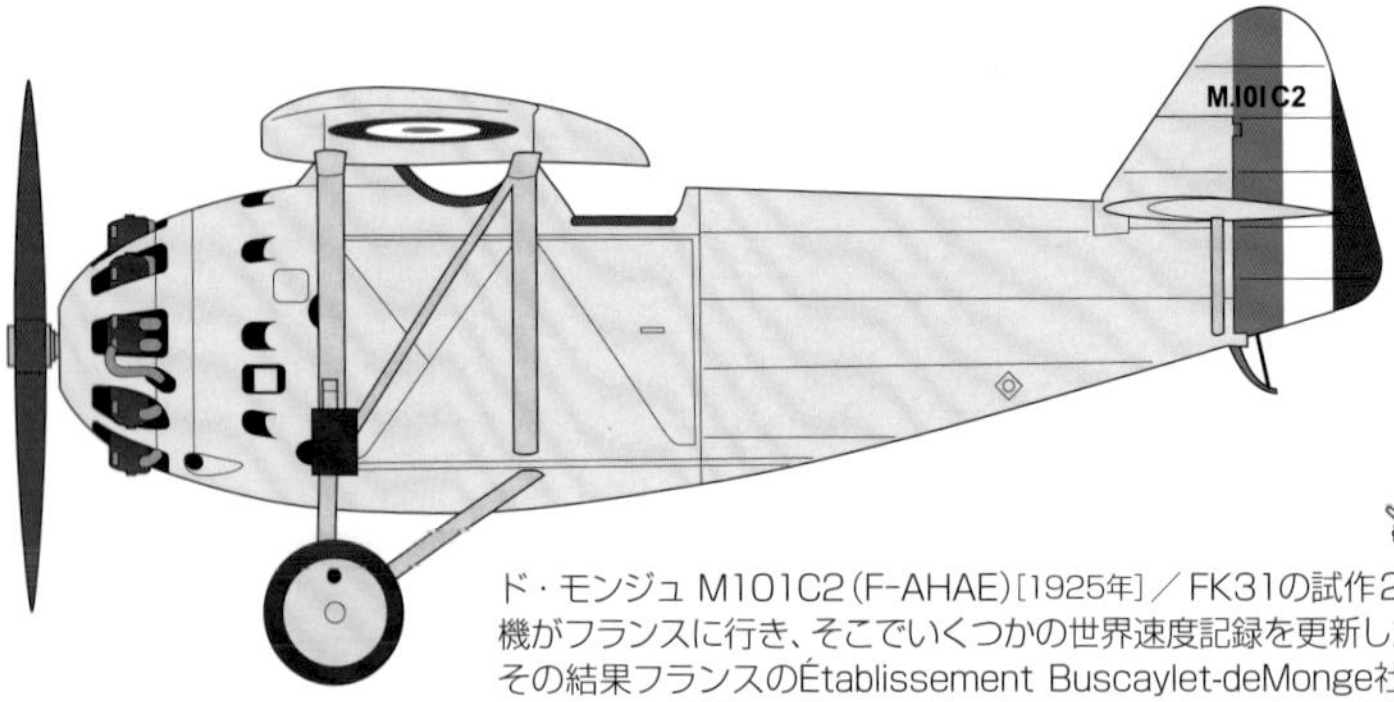

ド・モンジュ M101C2（F-AHAE）[1925年]／FK31の試作２号機がフランスに行き、そこでいくつかの世界速度記録を更新した。その結果フランスのÉtablissement Buscaylet-deMonge社がライセンスを購入、ド・モンジュ M101C2としてフランス空軍などに売り込みを図ったがどこも購入しなかった。

NVI FK31 KO-31 フィンランド空軍 [1929年頃]／フィンランドは1926年9月までにオランダ製FK31を8機受領したが翌年3機が事故で失われた。図はこの最初に受領した８機のうちの一機と思われる。現存している同時期の他の機体に倣いRLM02グレーに似たグレーグリーンで塗られていたと推定

スコダ・カウバ SK257 [P.99 ~]

Skoda-Kauba SK257

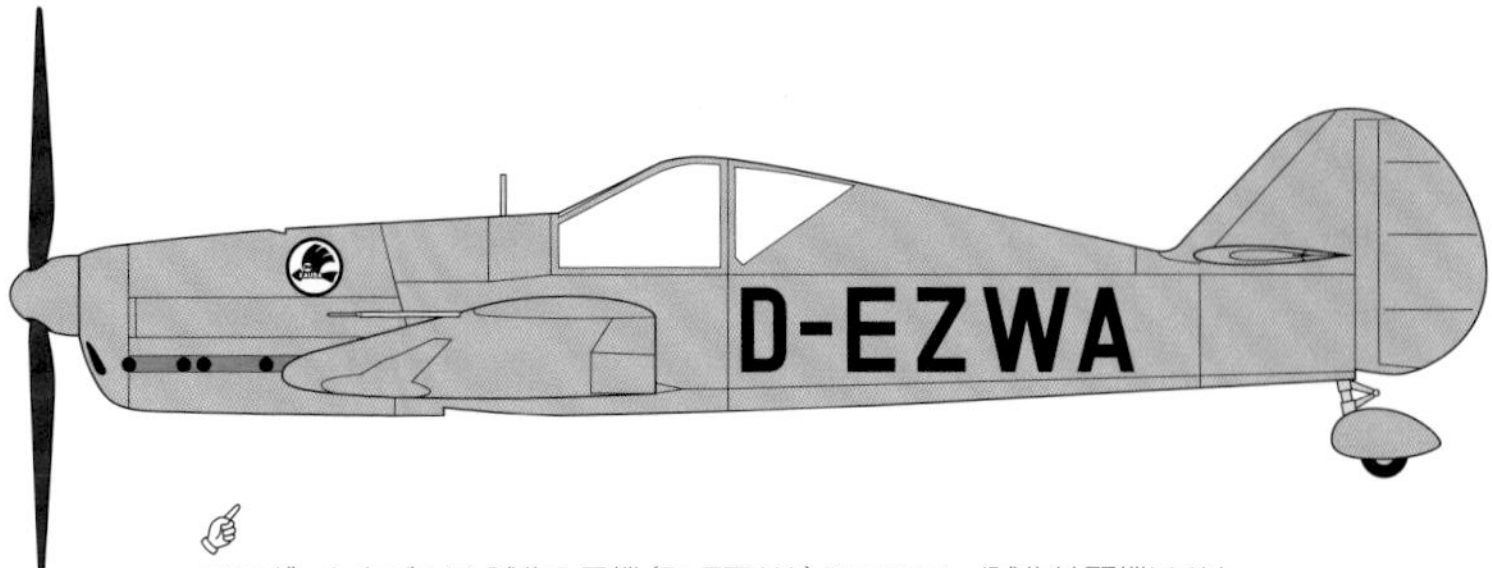

スコダ・カウバ V4 試作1号機(D-EZWA)[1942年]/試作練習機V4は4機発注されたが実際に作られたのは3機だった。他のドイツ試作機と同様に全面RLM02グレーに塗られていたと思われる。胴体と主翼に書かれているのは当時のドイツの民間登録記号。機首にはスコダ・カウバ社のマークが描かれている。

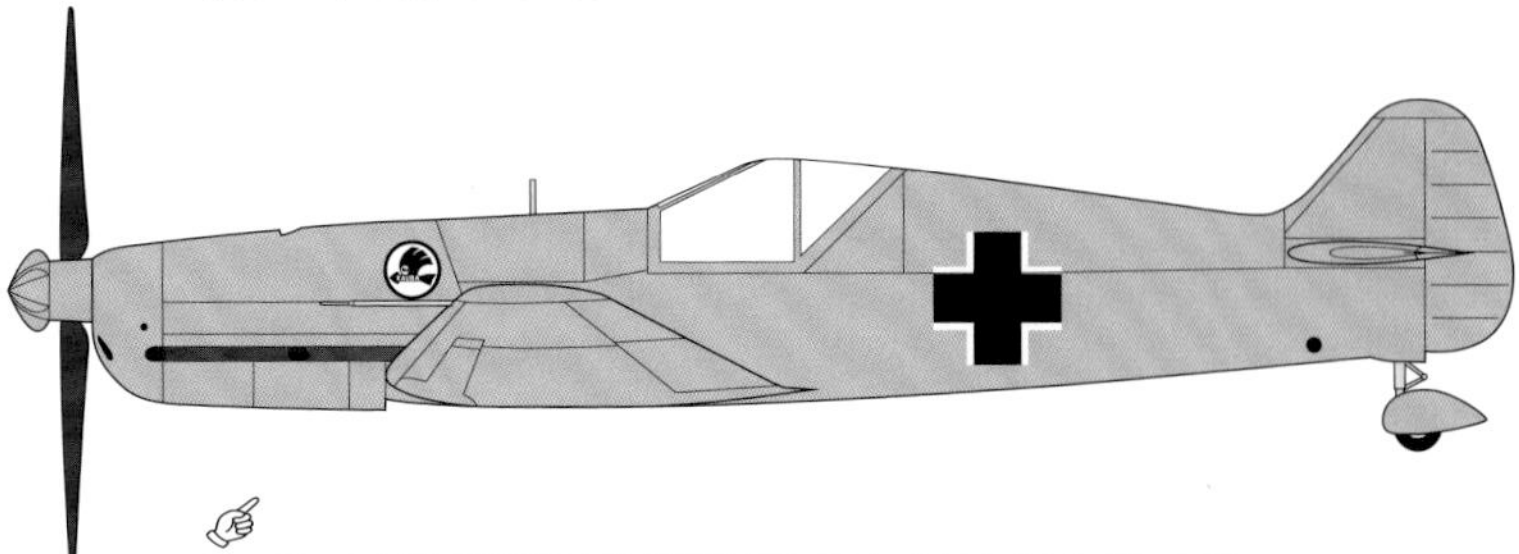

スコダ・カウバ SK257 試作1号機 [1943年]/ V4からエンジンを換装し主翼も大幅に設計を変更した練習機SK257の試作機。民間登録記号はなく、代わりに白と黒の部分の比率がなにかおかしい鉄十字が胴体と主翼に描かれている。こちらも全面RLM02グレーと推定。機首にはやはりスコダ・カウバ社のマーク。

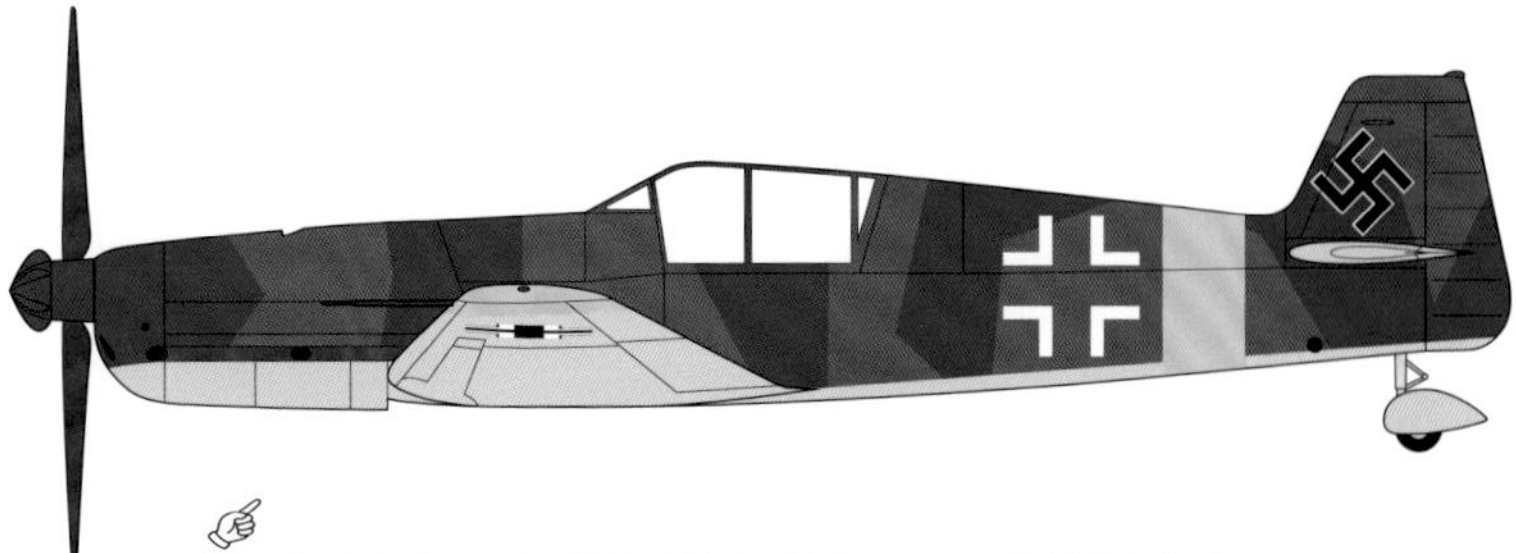

スコダ・カウバ SK257 量産型 ドイツ空軍[1944年]/量産型SK257は試作機と比べキャノピーが大型化し3ピースとなった。塗装は上面がRLM70ブラックグリーン、RLM71ダークグリーンのスプリンター迷彩、下面RLM65ライトブルーとしたが上面はRLM71ダークグリーン一色の可能性もある。

ショート・スペリン［P.117 ~］

Short Sperrin

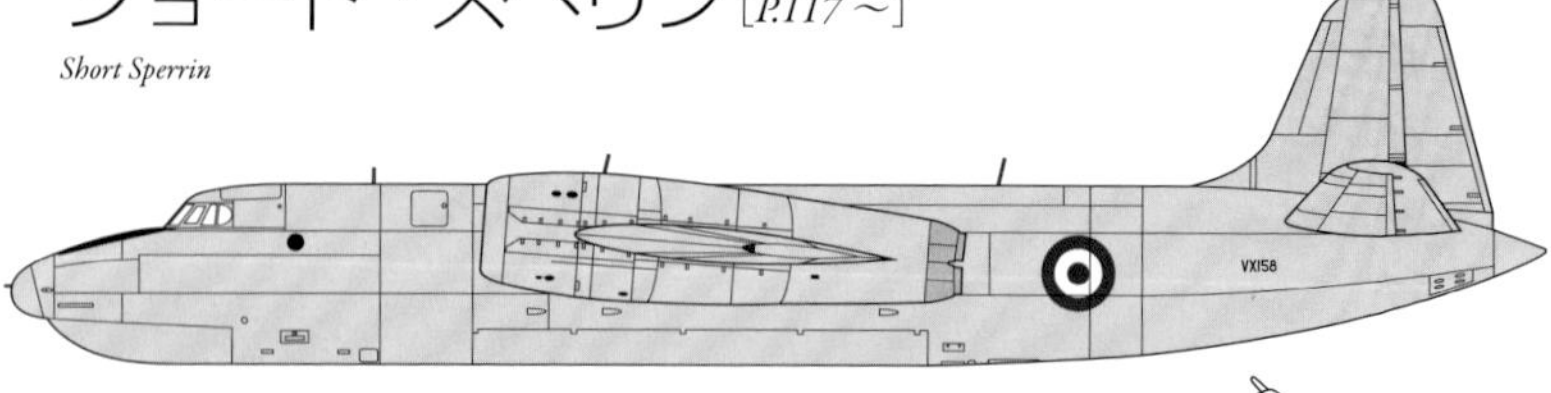

ショート・スペリン 試作1号機 XV158 初期テスト時期［1951年］／ 1951年5月初飛行のショート・スペリン1号機は全面無塗装で機首上面に黒でアンチグレアが塗られ、マーキングはラウンデルとフィンフラッシュ、それにシリアルのみ。機首下面のレドームはレーダー未搭載なのか、金属製のようだ。

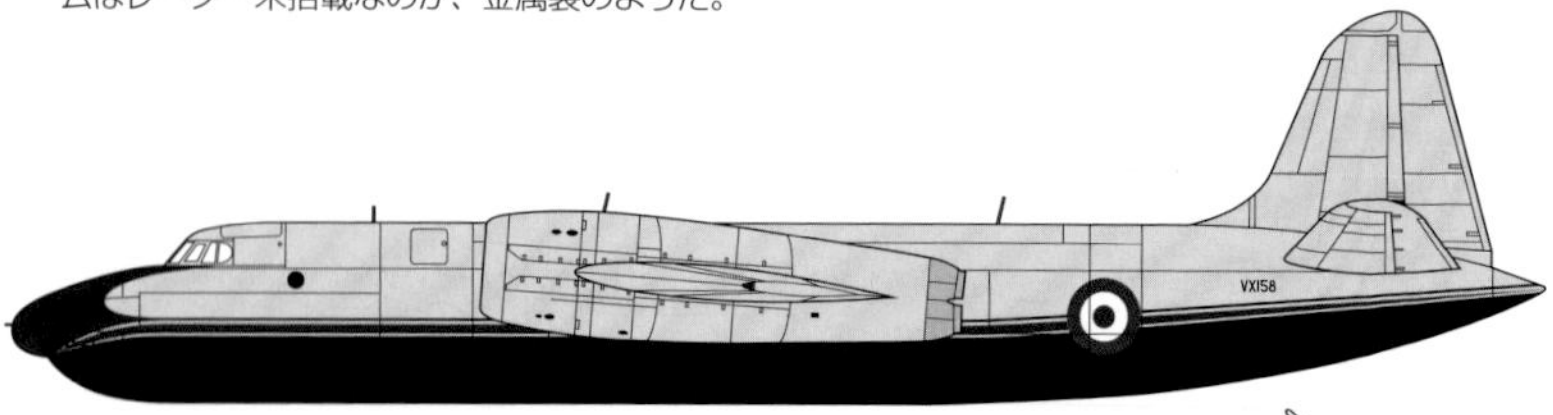

ショート・スペリン 試作1号機 XV158 ファーンボロー航空ショー参加時［1951年］／ライバルのヴァリアントと共に1951年のファーンボロー航空ショー出場時のスペリン。ヴァリアントが全面ベアメタルでマーキングも最小限なのに対しこちらは上面はベアメタルながら下面はブルーで赤と白のラインを描いた。

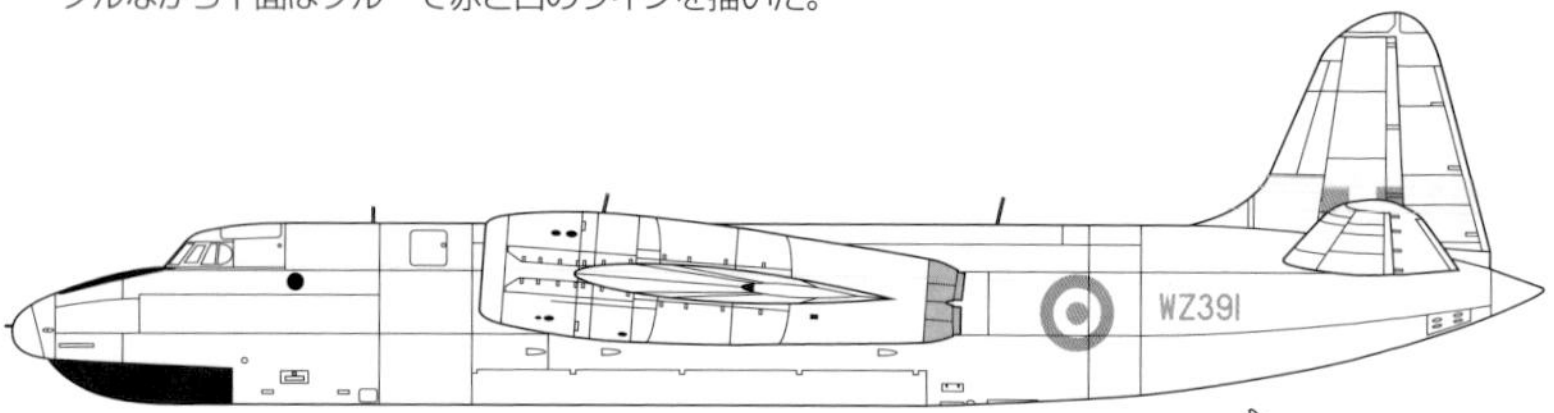

ショート・スペリンB.1 WZ391 イギリス空軍 No.543Sqn.［1956年］／構造的欠陥が発覚し採用取り消しとなったヴァリアントに替わり採用が決まったスペリンも早々にイギリス核戦略の一端を担うことになった。図は第543飛行隊所属機。全面対核閃光用の白塗装でラウンデルなども淡い色となっている（※このカラーリングと設定は架空のものです）。

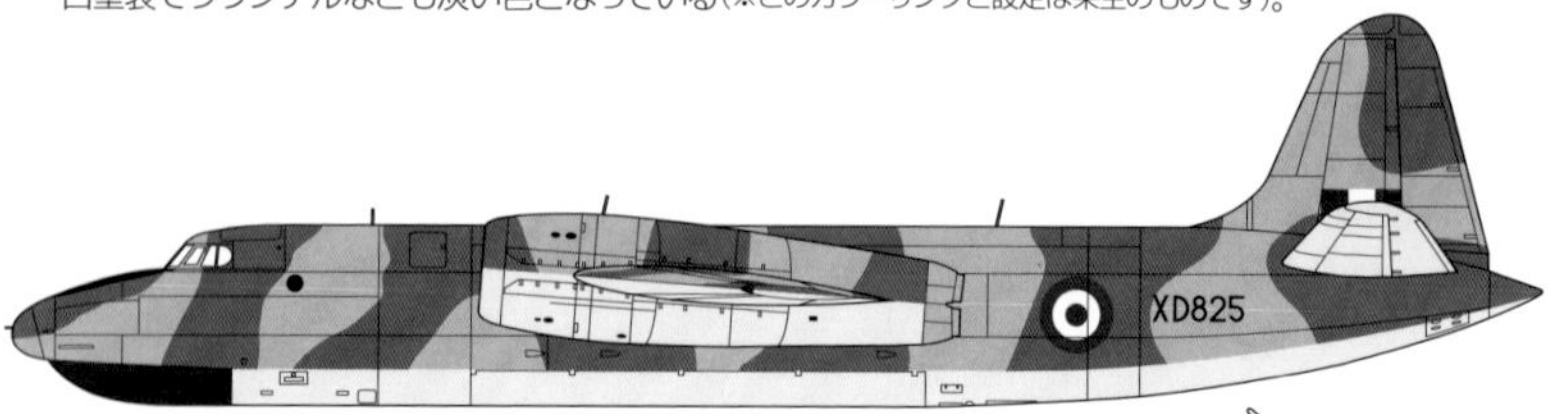

ショート・スペリンB.2 XD825 イギリス空軍 No.9Sqn.レッド・フラッグ演習参加時［1977年］／1970年代、スペリンは戦術核を搭載し低空侵攻する戦術爆撃機としての運用に切り替えられ迷彩も施された。1977年のアメリカでのレッドフラッグ演習参加以降は下面にも上面同様の迷彩塗装が施された（※このカラーリングと設定は架空のものです）。

世界の駄っ作機 10

IN Famous Airplanes of The World X. ver. P.R.Mk.X

◆塗装指示の解釈を巡る議論……………………………………………………(想像図)

岡部ださく
Written by Dasaku OKABE

大日本絵画

ヘレン「予想はしばしばはずれます、うまく行きそうだと
思えるときに限ってはずれ、逆に期待が冷え切り、もう駄目だと
諦めたときに限って、初めに予想したとおりになるのです。」

――シェイクスピア『終わりよければすべてよし』第Ⅱ幕第1場（松岡和子訳）

序

傑作か駄っ作か、それが問題……だ!?――湯沢 豊

文林堂という出版社で『世界の傑作機』の編集を担当している湯沢と申します。まずは、『世界の駄っ作機』第10巻の刊行、おめでとうございます。その記念すべき巻の序文に寄稿させていただけるとは、なんと光栄なことでしょう。最初に岡部さんから序文についてお声掛けを頂戴したとき、「そもそも『駄っ作機』のオマージュ元となった『傑作機』の編集長から一筆書いてもらいたい」とおっしゃっていただいたのですが、オマージュだなんてとんでもございません。「駄作機道」を追求する国内（いや、全世界か?）唯一無二のシリーズとしてその存在は確固たるものになっていると、こちらこそ尊敬しています。

すでに業界では有名ですし、読者の皆さんも感じられているところでしょうが、何事にも律儀な岡部さん。当初、「駄っ作機」の連載を始めるにあたって、「『世界の傑作機』の名前を一部拝借してもいいですか?」との連絡をいただいた覚えがあります。こちらとしては、タイトルが少し似ているくらいでまるっきり一緒ではないし、内容はまったく別物ですので、お断りする理由などありません。「全然かまいませんよ、楽しみにしています」と返事させていただいた後に始まった当連載。さて、どんな駄作機が登場してくるのか、ワクワクしな

がら待っていたその第1回がイギリス海軍の「艦隊接触機」とかいう代物。その後も出るわ出るわの駄作機のオンパレード。私も一応、航空専門誌編集者の端くれですが、「え、こんなのもあったの!?」と初めて知るドマイナー機に瞠目したりして、自分の浅学さを恥じ入るばかり。ほんと『世界の駄っ作機』には勉強させてもらっています。

　そこで、いつも思うのは「よくもまあネタが尽きないなぁ……」、という点。ここで白状いたしますが、『世界の傑作機』を作っていくうえで、一番の苦しみがいわゆるネタ出しです。世の中に傑作機と呼ばれる航空機はそうそうあるものではなく、ときには（苦し紛れに）傑作機と呼ぶには疑問符がつく機材も取り上げたりします。そうしたセレクトに対して読者の皆さんからご批判をいただいたり、ネット界隈では大論争（?）が巻き起こったりするわけですが、最近もどちらかと言えば、というよりもはっきり言って駄作機としか言いようのない機材を取り上げました。それがＸＦ２Ｙシーダート。そうです、りっぱな駄作機として、すでに『世界の駄っ作機』で取り上げられており、『同』第7巻のカバーイラストにもなっています。『傑作機』のカバーイラストも担当されている佐竹政夫先生にシーダートの画を依頼するにあたっては「『駄っ作機』のイメージで」とお伝えし、あちらは後方から見たアングルなので、こちらは前方からにしましょう、というように構図が決まりました。かようにシーダートの特集号では逆に『世界の駄っ作機』をオマージュさせていただいた次第です。

　そのシーダートのほかにも、『駄っ作機』と『傑作機』でかぶっている機材がいくつかあります。それがＸＢ-70ヴァルキリーとＴＳＲ２。あと、ヤコヴレフＹａｋ-28なんていうのもありました。なお、ＴＳＲ２は『駄っ作機』の番外編『蛇の目の花園』での登場で、その第2巻の表紙を飾っています。いずれも記事として世に出たのは「駄っ作機」のほうが先です。『傑作機』でＸＢ-70を出したときも、先にも述べたような傑作機論争が繰り広げられたのですが、なんと岡部さんは同機を紹介するキャッチコピーで「ヴァルキリーは駄作機じゃありません。念のため」と書いているではありませんか。それを見て「そうか、『駄っ作機』で駄作機じゃないのを紹介しているのなら、その逆があってもいいじゃないか」と妙に救われた気持ちになったものです。ただ、これにはワケがあって、某アニメのメカキャラクターのプラモデル発売に関連して同機を取り上げたようですが……。

　ＴＳＲ２を『傑作機』で取り上げた際は岡部さんに多くの解説記事を寄稿していただきました。そしてじつは、「蛇の目の花園」で書かれていたような架空戦記も掲載予定だったのです。しかし、こちらは編集サイドの事情で、残念ながらキャンセルになってしまいました。いまでもどんなストーリーが出来上がってきたのか気になって仕方ありません。ちなみにその物語の出だしの部分はいまでもTwitterのまとめサイトTogetterで読むことができます。気になる方は検索してみてください。

　ところで、シーダートも、ヴァルキリーも、ＴＳＲ２も、実用には至らずあえなく消えていった寂しい飛行機にもかかわらず、これらを特集した『傑作機』はなぜか売れ行き好調なのです。ＴＳＲ２にいたっては発売直後に売り切れとなり即重版でした。これは、また別の某アニメのおかげもあるかと思うので

すが、いずれにしてもしみじみ思うのは、皆さん本当に駄作機が好きなんだな〜、ということ。大量生産され、各方面で大活躍した真の意味での傑作機は、それはそれで完成された魅力を放っていますが、奇抜なアイディアに苦心し、無理筋な運用要求に翻弄され、時代の流れに取り残された駄作機に、人は大いなる哀愁とロマンを感じるのでしょうか。

思えば、岡部さんは毎月、月刊誌に『世界の駄っ作機』を連載され、隔月刊で『蛇の目の花園』を、さらに年3回のペースで艦艇モノの『なんだか蛇の目なフネだから』まで執筆されています。それら以外にも別の出版社でお堅い艦艇記事を書いたり、テレビでコメントしたりと大忙し。よくもまぁネタと体力が尽きないものだと感服すると同時に、そのための資料集めの労力はさぞかし大変なこととお察しいたします。そのせいかどうか、たまに『傑作機』に寄稿していただくと大概締切オーバーになってしまってハラハラさせられます。そうした岡部さんの状況を鑑みまするに、それも仕方のないことと目をつぶっておこうと思ったりもしますが、発売日は厳然として存在します。そこで、この場をお借りして申し上げさせていただきます。

「岡部さん、早く原稿くださ〜い」

湯沢　豊●ゆざわゆたか
1962年生まれ。航空自衛隊を経て㈱文林堂入社。姉妹会社㈱ワールドフォトプレスの『モノ・マガジン』編集部に一時期出向の後、『航空ファン』編集部に配属となり『世界の傑作機』編集部もかけもち。岡部さんと同じくどちらかというとイギリス機好きで、近年『航空ファン』のイギリス機ネタをほぼ担当。

目次 CONTENTS

File No. 1

理想はあざ笑う

ハインケルHe119

Heinkel He119

全幅：16.0m
全長：14.8m
全高：5.4m
自重：5,120㎏
総重量：8,100㎏
エンジン：ダイムラーベンツDB606
　　　　　液冷倒立V型12気筒
　　　　　2基連結合計24気筒（2,350hp）×1基
最大速度：585㎞/h
実用上昇限度：8,500m
航続距離：2,000km
乗員：2名
高速爆撃機としての兵装：爆弾600㎏
7.9㎜MG151機関銃×2門
乗員：3名

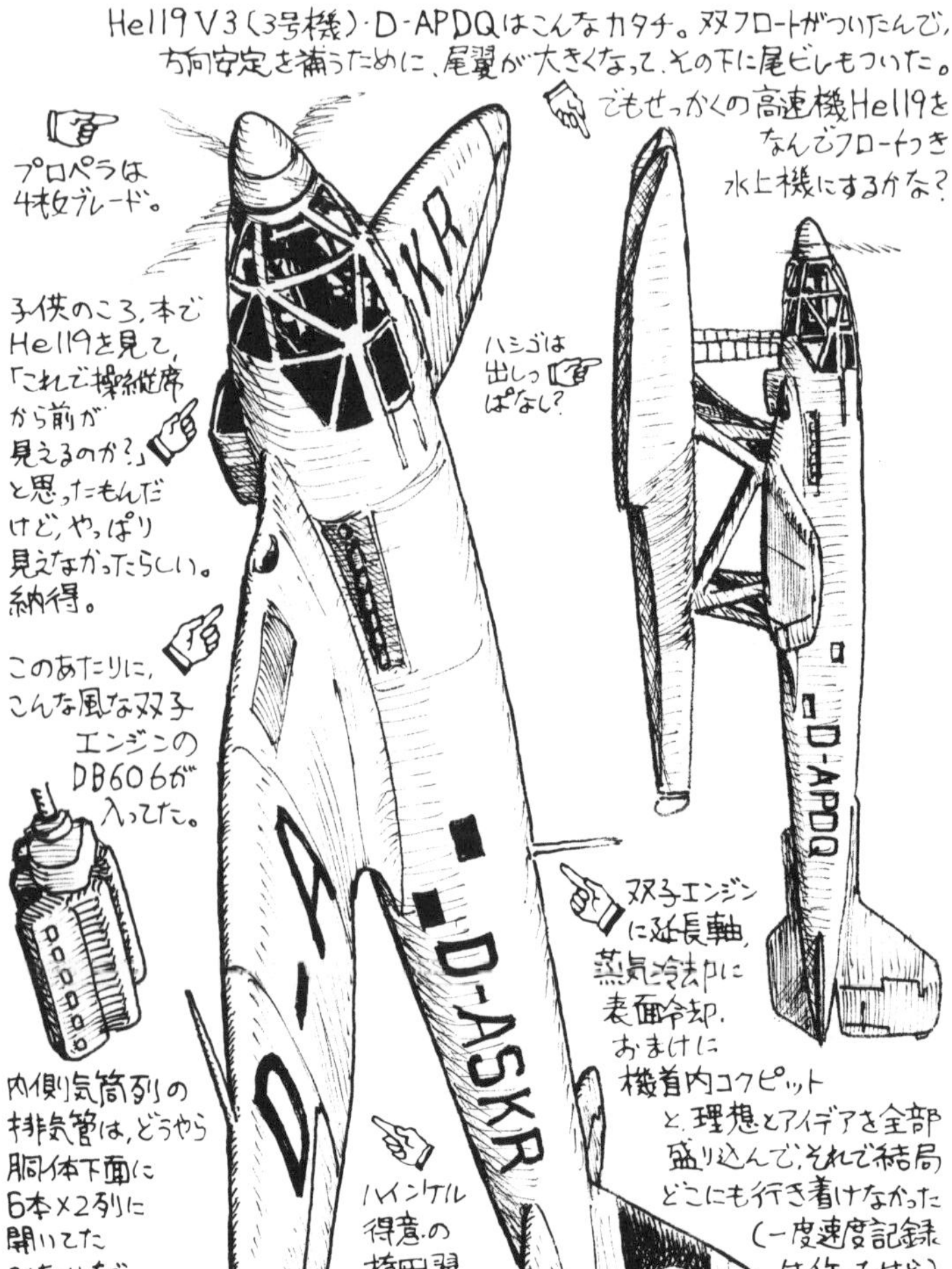
He119 V3（3号機）・D-APDQはこんなカタチ。双フロートがついたんで、方向安定を補うために、尾翼が大きくなって、その下に尾ビレもついた。

でもせっかくの高速機He119をなんでフロートつき水上機にするかな？

プロペラは4枚ブレード。

KR
子供のころ、本でHe119を見て、「これで操縦席から前が見えるのか？」と思ったもんだけど、やっぱり見えなかったらしい。納得。

ハシゴは出しっぱなし？

このあたりに、こんな風な双子エンジンのDB606が入ってた。

D-APDQ
D-A
D-ASKR
双子エンジンに延長軸、蒸気冷却に表面冷却、おまけに機首内コクピットと、理想とアイデアを全部盛り込んで、それで結局どこにも行き着けなかった（一度速度記録は作ったけど）、ハインケルHe119……。

内側気筒列の排気管は、どうやら胴体下面に6本×2列に開いてたみたいだ。

ハインケル得意の楕円翼。He112戦闘機のに似た、割りとずんぐりした平面形。

ハインケルHe177爆撃機じゃ、同じような双子エンジンがトラブルで大変だったんだけど、He119は大丈夫だったのか？

最近の説だと、D-ASKRはHe119 V2、つまり2号機で、記録飛行＆不時着全損のHe119 V1がD-AUTEだったとされてて、結局He119は4機作られた、ということになってるようだ。

人間はしばしば自分の理想を込めて飛行機を作ったりするんだが、その理想はしばしば現実と一緒になって人間をあざ笑うことがある。

１９３７年６月に初飛行したドイツのハインケルＨｅ１１９は、たしかに理想のかたまりのようなすごい飛行機だった。抵抗を減らして高速を出すために、ハインケル社設計者ジーグフリードとワルターのギュンター兄弟は、理想とアイディアをＨｅ１１９に注ぎ込んだのだ。

Ｈｅ１１９は、１９３５年11月にドイツ航空省が速度記録の樹立のための高速実験機を求めたことに応えて開発されたという。一説にはハインケル社が航空省にも秘密で自主開発したというおもしろすぎる話があるんだけど、どうもそれは事実じゃなかったようだ。それとともにハインケル社はＨｅ１１９を空軍の高速偵察機・爆撃機にもすることを考えてた。

そのＨｅ１１９がどうすごかったかというと、まずエンジンがすごい。ダイムラー・ベンツのＤＢ６０１倒立液冷Ｖ型12気筒エンジンを二つ並べて、クランクシャフトをギアボックスで結合して、プロペラシャフト１本を回す双子エンジン、ＤＢ６０６だ。合計出力は２３５０hp。しかもこれを胴体の中央部に置いて、延長軸で機首のプロペラを回す。こうすれば主翼にエンジンナセルを付けなくて済むから抵抗が少ない。

さらにラジエーターを機外に突き出すと抵抗が増えるから表面冷却、それも蒸気冷却方式だというところがまたすごい。冷却水がエンジンを冷やして蒸気になったのを主翼下面の外板の裏側の復水器に通して、そこでまた水に戻ったのをエンジンに戻すのだ。

操縦席も機首に埋め込んで、つまり機首はガラス張り。その真ん中を通るプロペラシャフトの左右に、操縦士と副操縦士が座って、二人の目の前にはプロペラが回る。この配置もすごい。主翼はハインケル社得意の楕円翼で、軽い逆ガル翼になってた。

このすごいＨｅ１１９は、地上テストの段階でやっぱり冷却が足りなくて、機首下面にオイルクーラーを吊り下げなくちゃならなかった。ここでちょっとギュンター兄弟の理想はほころびちゃったな。

そしてＨｅ１１９が飛ぶと、理想はさらに崩れてしまう。安定が悪いのだ。それに当然ながらコクピットからの前方視界も悪い。真ん前がプロペラで塞がってるんだもの。そのコクピットでは、安定性に問題があるからパイロットは操縦とスロットル操作で手いっぱい、プロペラのピッチ変更やらフラップ上げ下げやら、そのほかのいろんな操作は副操縦士がやることになって、しかも二人の間にプロペラシャフトが通ってるから、インターフォンで話さなくちゃならなくて、意思疎通がめんどくさい。離着陸のときなんか大変だ。

それでもＨｅ１１９は理想の高速機、１９３７年11月にはハインケル社のテストパイロット、ゲルハルト・ニチュケとハンス・ディーテルレが速度記録に挑戦、ハンブルク〜ストルプ往復の１０００㎞コースを、積載量１０００㎏で飛んで平均速度５０５㎞／ｈの世界記録を樹立したのだった。悪天候で飛行高度を下げなくちゃならなかったから本当ならもっと速く飛べたはずで、これでもハインケル社としては不本意な成績だった。

ところがそれから１ヵ月もたたないうちに、イタリアの双発機ブレダＢａ88が５２４㎞／ｈで飛んで、この記録は破られた。ハインケル社はすぐに12月に記録奪還のための飛行に挑んだ。しかし復路でエンジンが息をつきはじめ、燃料計がゼロを指した。パイロットのニチュケは近くのトラーフェミュンデに不時着を試みたけど、運悪く飛行場は改修工事中で、排水溝にはまって脚が折れ、機体は近くの小屋に衝突して右翼がもげて全損になっちゃった。燃料切り替えスイッチの故障が原因だったそうだ。

翌１９３８年には試作２号機と試作３号機が飛んだ。３号機は双フロートつきの水上機として作られて、垂直尾翼に背びれがつき、尾部下面にも垂直安定板が付いて、主翼の平面形も生産しやすい直線的な形になった。でも３号機が１９３９年にテストされたときの評価は散々だった。安定性が悪くて危ないんで航続性能テストは完了前に中止、蒸気冷却は蒸気と外気の温度差でリベットが飛んで蒸気が漏れるし、漏れた蒸気が尾翼にかかって氷結するしで、危なくてしょうがない。結局試作３号機は20時間ほど飛んだだけでテストは打ち切られちゃった。

ハインケル社は爆撃機用の試作機としてもう１機を作って、この４号機には胴体後部の上下に７・９㎜ＭＧ１５１機関銃が装備されて、爆弾６００kgを搭載するようになってたけど、空軍も航空省も興味を示さずに終わった。

そのＨｅ１１９に興味を持ったのが日本海軍で、試作２号機と４号機は１９４１年に日本に輸出された。でも２機とも初期のテストで着陸事故を起こして壊れちゃった。Ｈｅ１１９のエンジン配置は、後に海軍航空廠の試作偵察機「景雲」の参考になったんだそうだ。

ハインケルＨｅ１１９については８機作られたという説もあって、不明なところが多いのよ。

イラストで見る
航空用語の基礎知識
basic knowledge

日本が買ったハインケルの飛行機

1923年に海軍が輸入した、ハインケル(カスパー)U-1 潜水艦搭載水上偵察機。

1938年に満州航空が2機買った、小さな4発機、He116。後で大日本航空で郵便機に使われた。

昔々の日本はハインケルの飛行機をいろいろ買ってる。主に海軍と愛知時計電気が輸入して、多くは技術参考にしてるんだけど、中にはHD-25/二式水偵みたいに、ちょっとだけど実用化したのもあった。

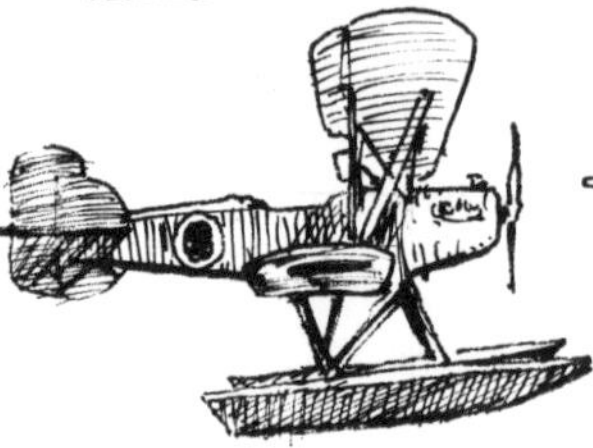

1925年に輸入したハインケルHD-25を愛知時計電機でライセンス生産した、二式水上偵察機。

このころ日本に来たハインケルの飛行機って、塗装やマーキングがわからないのよ。

ドイツで不採用の機ばっかり…。

海軍名はA7He1。

1940年に3機輸入したHe100D。海軍の技術参考機として、陸軍と共同でテストした。海軍名AXHe1。飛燕っぽい。

海軍が中国戦線で陸上局地戦闘機として使うつもりで、1938年に30機発注、12機入手したHe112B-0。

1938年に愛知時計電機が1機輸入、海軍が実験機としてテストしたHe118急降下爆撃機。海軍名DXHe1。でも急降下テスト中に尾翼が壊れて墜落した。愛知時計電機はライセンスを取得してたんだそうだ。

File No. 2

フォードは年式落ち

フォードXB-906

Ford XB-906

全幅：23.7m
全長：15.7m
全高：4.2m
自重：3,785㎏
総重量：6,413㎏
エンジン：プラット&ホイットニーR-1340Eワスプ
空冷星型9気筒（500hp）×3基
最大速度：251㎞/h
実用上昇限度：5,608m
兵装：7.7㎜機関銃×3門
爆弾900㎏
乗員：4〜5名

たしかにこうやって見ると，フォード
XB-906は，ボーイングXB-901
～Y1B-9A
なんかに比べると，
爆撃機としては
やっぱり安易
だよなあ。

フォード・トライモーターは全部で200機近く
作られて，今日もけっこうな数が現存して，
中には元気に飛んでる機体もある。

フォード・トライモーターは，それより前から飛んでた
オランダのフォッカーF.VII 3発旅客機を
なぞってるところもあるけど，フォッカーF.VIIが
鋼管骨組み羽布張り胴体に合板張りの
主翼だったのに
比べて，フォードは
全金属製
だった。

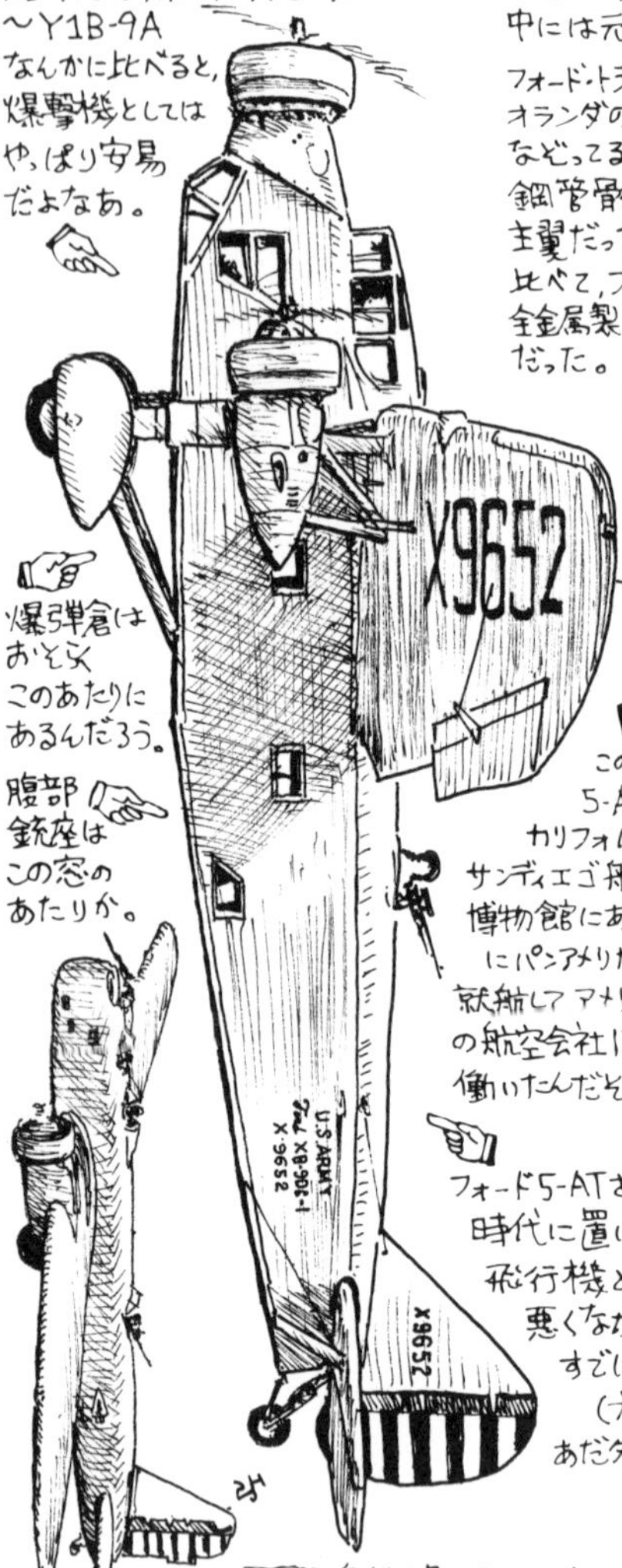

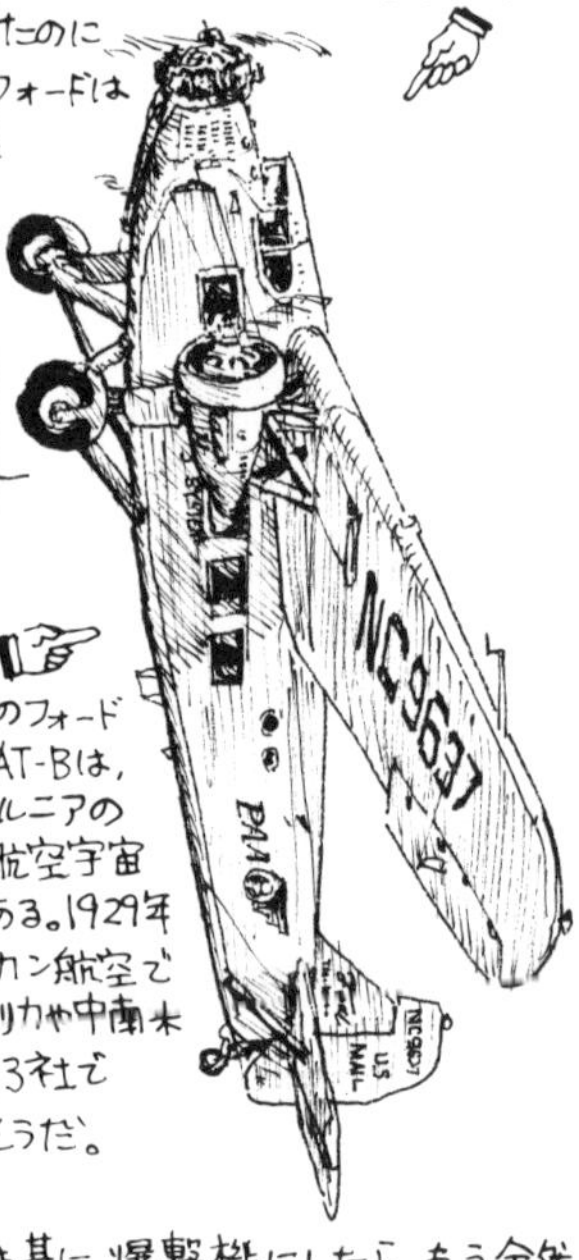

爆弾倉は
おそらく
このあたりに
あるんだろう。

腹部
銃座は
この窓の
あたりか。

このフォード
5-AT-Bは，
カリフォルニアの
サンディエゴ航空宇宙
博物館にある。1929年
にパンアメリカン航空で
就航してアメリカや中南米
の航空会社13社で
働いたんだそうだ。

フォード5-ATを基に，爆撃機にしたら，もう全然
時代に置いてかれちゃった，フォードXB-906。
飛行機としての素性は，元が5-ATだから
悪くなかったんだろうけど，他の飛行機は
すでにもっと先に行ってた。「ティン・グース
（ブリキのガチョウ＝フォード・トライモーターの
あだ名）」の時代は終ろうとしてたのだな。

参考出品：ボーイングXB-901の
実用型として評価試験用に5機作られた
Y1B-9A。600hpエンジンの双発で，つまり
XB-906より少い馬力で，最大速度300km/hに達した。

アメリカ海軍は
フォード5-ATの1機
をヌヌフロートつきの水上機
に改造して，雷撃機として
使えるかどうか，テストした
ことがあったそうだ。

世界の巨大自動車メーカーの一つ、アメリカのフォード社は、実は１９２０～１９３０年代には飛行機も作ってた。フォードの３発旅客機シリーズ、いわゆる「フォード・トライモーター」は、アメリカの航空会社で広く使われてたものだ。そしてフォードの３発機の中には全然ダメだった飛行機もあったのだった。

フォード社が飛行機を作るようになったのは、１９２４年に創設者ヘンリー・フォードが息子エドセルの進言もあって、スタウト・メタル・エアプレーンという小さな飛行機メーカーを買収したのが始まりだった。

フォード社初の飛行機、フォード３－ＡＴは１９２４年に初飛行したけど、成功したのは１９２６年から現れた旅客機４－ＡＴシリーズで、これは80機ぐらい作られた。続いて１９２９年から作られ始めた改良型の５－ＡＴ旅客機も80機以上売れた。このフォードの３発旅客機シリーズ、トライモーターのおかげで、パンアメリカンをはじめ当時のアメリカの航空会社はその後の隆盛の基盤を築けたのだった。

フォードの３発旅客機シリーズは、元のスタウト・メタル・エアプレーンっていう会社の得意技を受け継いで全金属構造だった。頑丈で保守が容易、よく気を配った設計で、使い勝手が良くて扱いやすかった。全金属とはいっても胴体はまだモノコック構造じゃなくて、金属骨組みに波板金属外皮張りだった。波板外板は表面積が大きくなって抵抗が増えるんだけど、頑丈にできる。高翼配置の主翼や尾翼も波板張りだ。

エンジンは４－ＡＴ初期型のライト・ホワールウィンドの２２０hpから５－ＡＴのプラット&ホイットニー・ワスプの４５０hpまで、いずれも空冷星型９気筒で、機首１基、左右主翼下に吊り下げて２基を装備して、座席数は14～19席だった。４－ＡＴと５－ＡＴのフォード３発機は軍用輸送機として、アメリカ陸軍ではＣ－３～Ｃ

－４として、海軍と海兵隊でもＪＲ－２～３、ＲＲ－４～５として数機ずつだけど使われた。

そして１９３１年、フォード社はアメリカ陸軍にトライモーターの爆撃機型を提案した。この頃のアメリカ陸軍の爆撃機は、鋼管骨組み羽布張りで複葉双発のキーストーンＢ－３～６シリーズが主力だった。設計も性能ももう古臭くなってたけど、安いのが取り柄だった。１９２９年の大恐慌でアメリカは超絶不景気になってたんで、予算が乏しい軍としてはキーストーン爆撃機で我慢していたのだった。

しかし１９３０年頃にはアメリカ陸軍は、観測機から単葉機を使い始めていた。当時は双発観測機っていうカテゴリーもあって、つまりは単発機よりも遠くへ飛べて爆弾も落とせる、いわば偵察爆撃機みたいな機体だったんだが、その双発観測機で、単葉機の高速性能が有効だと認識されるようになってきてた。そこで陸軍は、予算厳しき中なれど、当然爆撃機も単葉にしてみたいと思うようになったのだった。

フォード社はそれに応えようとしたわけだが、なにしろ大恐慌で民間航空会社はいずれも苦しい状況になって、旅客機も売れなくなっていた。フォード社は軍用機に活路を求めていたのかもしれないな。

そのフォード社の爆撃機ＸＢ－９０６は、旅客機の５－ＡＴ－Ｃ型（51機作られた）の１機を改造して作られた。胴体下面に爆弾倉を設けて爆弾２０００lb（９００kg）を搭載、機首下面のエンジン背後に爆撃手席を置いて、防御武装は胴体上面と後部背面の７・７mm機銃の銃座と、腹部のトンネルからも後下方に７・７mm機銃が撃てるようにされた。あとエンジンには抵抗を減らすためタウネンドリングが追加された。

このフォードＸＢ－９０６は１９３１年６月に陸軍のテストを受けた。ところが固定脚だしエンジンは吊り下げてるしで支柱が多くて抵抗が大きい。つまり性能が悪い。コクピット後方上面の機銃は機首のプロペラの後流をもろに受けて使いづらいし、腹部の機銃は射界が狭い、と散々な評価だった。

それというのも１９３１年の４月に、ボーイング社が自主開発のＸＢ－９０１試作爆撃機を初飛行させて、これがすごい性能を示してたのだった。ボーイングＸＢ－９０１は低翼単葉の双発機で全金属モノコック構造、しかも引込み脚だった。最大速度は２７９㎞／ｈ、実用上昇限度は５８５２ｍ、上昇速度は２７４ｍ／分。それに対して、高翼で固定脚、金属骨組みに波板外板構造のフォードＸＢ－９０６は最大速度が２５１㎞／ｈ、実用上昇限度５６０８ｍ、上昇速度２３６ｍ／分。そしてどちらも爆弾搭載量は９００㎏だ。

これじゃあ陸軍がフォードＸＢ－９０６に興味を示さなかったのも当然で、さらに悪いことに、フォードＸＢ－９０６は１９３１年９月に急降下のテスト中に引き起こせなくなって墜落、乗員２名が死亡するという事故を起こして失われた。

フォード３発旅客機も、１９３２年に低翼単葉引込み脚で双発のボーイング２４７が現れて、さらにダグラスＤＣ－２が登場すると、とても性能では適わなくなって、注文は途絶えてしまった。それに世の中は折からの大不況で、フォード社は参入から10年に満たない１９３２年に飛行機製造から手を引いちゃったのでした。

イラストで見る
航空用語の基礎知識
basic knowledge

タウネンドリング

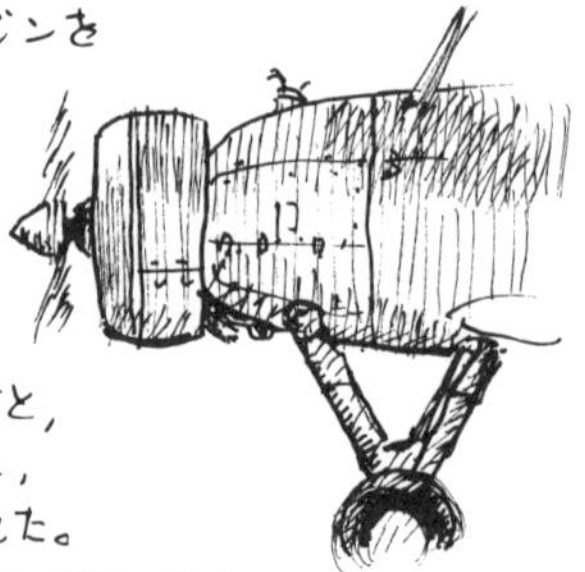

1930年代の飛行機の空冷星型エンジンを
囲んでる、浅い円環状のカバー。
それが「タウネンド・リング」。
1929年にイギリスのヒューバート・C.
タウネンド博士が考案したのだ。

それまでのむき出しの空冷星型エンジンだと、
シリンダーまわりの抵抗が大きかったうえに、
気流が乱れて、それがまた抵抗を増やしてた。
ところが、シリンダーの外側に、翼形断面のリングをつけて
やると、気流の乱れがおさまって、抵抗が大幅に減って
スピードが出るようになったのだった!

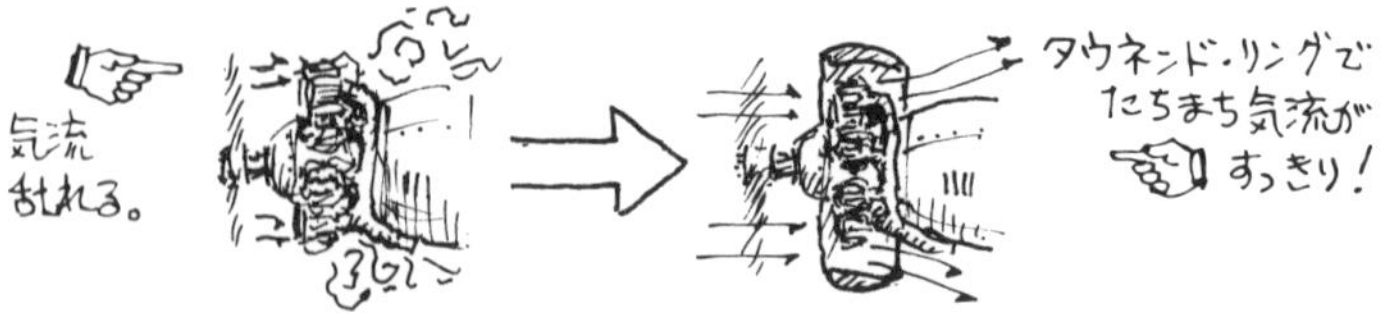

そんなわけで、1930年代には、各国の
軍民いろんな飛行機が、
タウネンド・リングを採用した。
でもね……

でも、同じころにアメリカのNACA
で、もっと深い「NACAカウリング」が
発明されて、こっちの方がもっと抵抗が少くて、エンジンの
冷却も良くなるんで、タウネンド・リングは流行らなくなった。

File No. 3

最初の1歩はつまづきから

FVM J23

FVM J23

全幅：11.2m
全長：6.9m
全高：2.6m
自重：771㎏
総重量：985㎏
エンジン：BMW Ⅲa
水冷直列6気筒(185hp)×1基
最大速度：197㎞/h
実用上昇限度：5,850m
航続距離：330㎞
兵装：8㎜ m/22機関銃×2門
乗員：1名

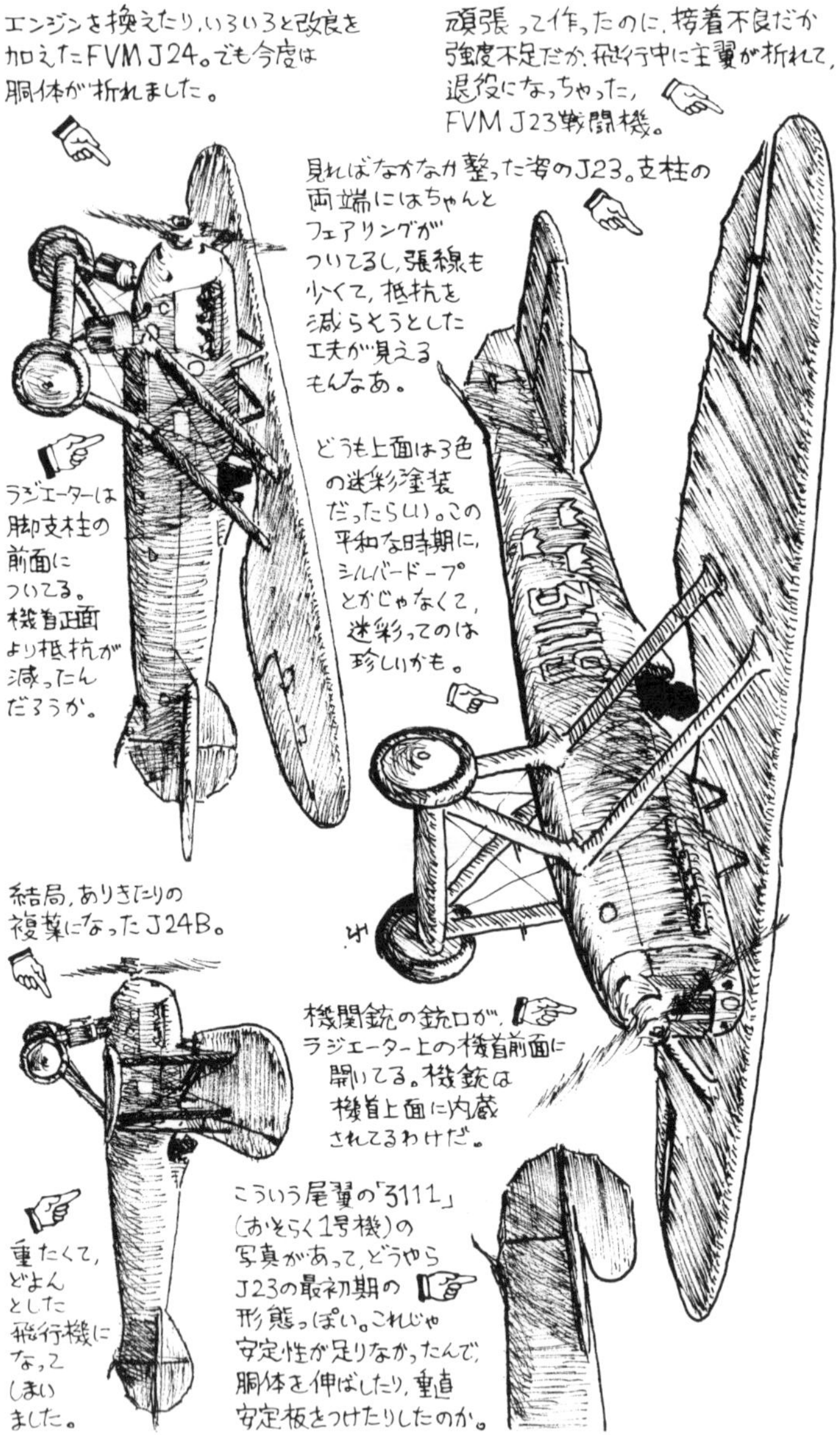
エンジンを換えたり、いろいろと改良を加えたFVM J24。でも今度は胴体が折れました。

頑張って作ったのに、接着不良だか強度不足だか、飛行中に主翼が折れて、退役になっちゃった、FVM J23戦闘機。

見ればなかなか整った姿のJ23。支柱の両端にはちゃんとフェアリングがついてるし、張線も少くて、抵抗を減らそうとした工夫が見えるもんなあ。

ラジエーターは脚支柱の前面についてる。機首正面より抵抗が減ったんだろうか。

どうも上面は3色の迷彩塗装だったらしい。この平和な時期に、シルバードープとかじゃなくて、迷彩ってのは珍しいかも。

結局、ありきたりの複葉になったJ24B。

機関銃の銃口が、ラジエーター上の機首前面に開いてる。機銃は機首上面に内蔵されてるわけだ。

こういう尾翼の「3111」(おそらく1号機)の写真があって、どうやらJ23の最初期の形態っぽい。これじゃ安定性が足りなかったんで、胴体を伸ばしたり、垂直安定板をつけたりしたのか。

重たくて、どよんとした飛行機になってしまいました。

スウェーデンっていう国は今の世界で自国で戦闘機を開発・生産してる数少ない国の一つで、スウェーデンの国産戦闘機はサーブＪ35ドラケンやＪＡ37ヴィゲン、それに近年のＪＡＳ39グリペンみたいに、独特のコンセプトと技術で高い性能と実用性を実現して、つとに名高い。でもそんなスウェーデンだって、作る飛行機が必ず成功するってわけじゃなくて、スウェーデン製のダメ飛行機もあったのだ。大昔のことだけど。

スウェーデンは第１次世界大戦前からフランスとかから飛行機を輸入して陸軍と海軍に飛行機部隊を設立、ライセンス生産もしてた。大戦後には敗戦国のドイツからフォッカーＤ.Ⅶ戦闘機を入手、さらにオーストリアからフェニックスＤ.Ⅲを買ってこれもライセンス生産して、陸軍航空隊で使ったりしてた。ちなみにスウェーデンじゃ１９１３年に海軍航空隊ができて、陸軍航空隊は１９１６年に創設されたんだそうだ。

そのうちフォッカーＤ.Ⅶも古くなってきて、スウェーデンはじゃあ自分のところで戦闘機を作ってやろうと思い立った。その設計と製造は、フェニックスＤ.Ⅲをライセンス生産したＦＶＭ社（「マルメ航空機製造会社」って感じかな）が担当することになった。ＦＶＭ社はすでに偵察機や練習機の設計・開発もしてたから、ちゃんと経験と実績のある会社だったのだ。

この戦闘機の設計は１９２２年に始まって、１９２３年5月に完成、ＦＶＭ・Ｊ23と名付けられた。Ｊはスウェーデン語で戦闘機の頭文字、Ｊ35ドラケンのＪと同じだな。23は１９２３年に作ったことを現わしてる。いうなれば「23式戦闘機」か。初飛行は１９２３年6月だ。

Ｊ23はパラソル翼配置で、第１次世界大戦最末期のドイツ戦闘機、フォッカーＤ.Ⅷを参考にしてたようだ。

でも構造は胴体と主翼が木製骨組みに合板張りで、まだ木製骨組みに羽布張りの構造が主流だった頃だから、これはこれで進んだ構造だった。主翼は２本の桁にリブが付いて、それに厚さ１㎜の合板を張っていた。主翼後縁は中央の操縦席の上のあたりで、ちょっと切欠きがあって、パイロットの上方視界を良くしてる。

　エンジンはドイツ製のＢＭＷⅢａ水冷直列６気筒１８５hp。フォッカーＤ.Ⅶにも使われたエンジンで、スウェーデン陸軍航空隊としては使い慣れてもいたし、在庫もたくさんあったみたいだ。武装は８㎜ｍ／22機関銃が機首上面に２門、っていう当時としては当たり前の水準だな。

　Ｊ23は初飛行で安定性が足りなかったことが分かって、胴体を延ばしたりもしたけど、１９２３年８月には発注５機が全機完成した。当時のスウェーデン陸軍航空隊なんて、そんな規模だったんだな。

　そのＪ23はそれなりに良い性能を示して、スウェーデン陸軍は８月のゴーテンブルクでの国際エアレースでお披露目しようと考えた。そのときに良いところを見せようと、７月に戦闘機隊隊長ゲオルグ・ゲルディンの操縦でＪ23は高度記録に挑戦、当時としては目覚ましい高度７３１４ｍに到達した。この成功は一つにはＢＭＷエンジンの高空性能が良かったおかげで、ＢＭＷ社は今じゃクルマで有名だけど、第１次世界大戦の頃は航空機エンジンを作ってて、特に優れた高高度用気化器で有名だった。

　スウェーデン人は国産戦闘機Ｊ23の高性能に大いに喜んだんだろうと思うけど、ものごとが思った通りにいかないのは世の中どこも同じで、実はＪ23にはダメ飛行機としての素質が隠れていたのだった。それが現れたのは、１９２４年３月15日、軍の評価テスト中のことで、飛行中に主翼が折れてしまったのだ。もちろんＪ23

は墜落、パイロットのアクセル・ノルベリは死亡した。原因はどうやら主翼の接着不良だというが、Ｊ23の先進的な合板張り構造が良くなかった、っていうことだろうか。

この事故で、とにかくＪ23は機体構造の強度が足りてないと判断されて、Ｊ23には改修が加えられたが、結局間もなく全機――といっても製造数５機だから残り４機だが――退役させられたのだった。

ＦＶＭ社とノルウェー陸軍は、せっかくの国産戦闘機なんだからＪ23をさらに改良してＪ24を作った。やはりパラソル翼だけど、もちろん機体構造は強化して、エンジンも３００hpのイスパノスイザ水冷Ｖ型８気筒に改めた。Ｊ24は１９２５年に完成したけど、今度は機体が重くなりすぎて、操縦性が悪くなっちゃった。

しかもＪ24はせっかく機体の強度を良くしたのにそれでもまだ足りなかったようで、急降下テストで今度は胴体が折れてしまった。幸いなことにどうにかうまく着陸できたそうだ。

Ｊ24にはさらに抜本的な改設計が加えられて、とうとうパラソル翼をやめて複葉にして、Ｊ24Ｂになった。しかしＪ24の総重量はＪ23の９８５kgから１２１６kgに増えて、性能の悪い鈍重な機体になってしまった。

そしてこの頃にはフランスのニューポール29みたいな、外国製のちゃんとした戦闘機が買えるようになってきて、スウェーデンは分別よくＪ24の開発をすっぱり諦めたのだった。スウェーデンの自国開発戦闘機の歴史の第一歩は、つまづきから始まったのでありました。

スウェーデン軍用航空機事情

FVM J23は駄目だったけど，1929年にスヴェンスカ社が作ったSA11ヤークトファルク戦闘機は，当時の世界水準の性能で，スウェーデン空軍に採用された。最初のJ5から，J6，J6AヤークトファルクⅡ，J6Bと改良されて，生産数は19機（少なっ！），1938年まで使われた。

ブリストル・ジュピター・エンジンのJ6。7機作られた。

第2次大戦が始まると，中立国スウェーデンは外国から軍用機を輸入できなくなって国産するしかなかった。大戦後は早くからジェット機を作った。

双胴で推進式のサーブJ21。後にジェット化したJ21Rもあった。

1942年の急造戦闘機，FFVS J22。鋼管骨組みに合板張り。200機作られた。

カナードつきデルタ翼のサーブJA37ヴィゲン。攻撃型AJ37とか派生型もいろいろ。

1948年初飛行のサーブJ29トゥナン。

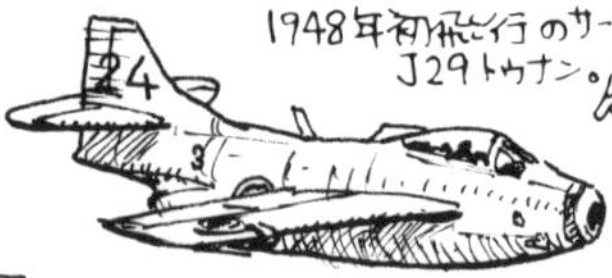

戦闘機ってより攻撃機のA32ランセン。

メーカーはサーブ。

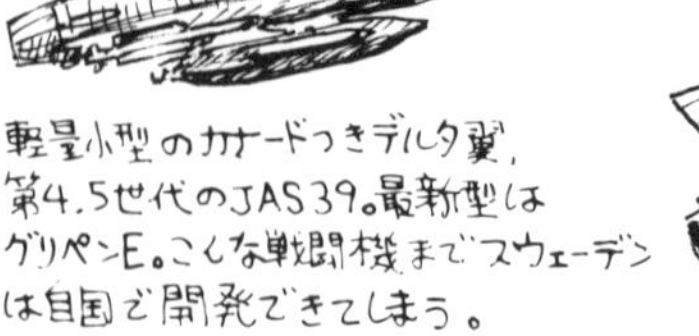

軽量小型のカナードつきデルタ翼，第4.5世代のJAS39。最新型はグリペンE。こんな戦闘機までスウェーデンは自国で開発できてしまう。

マッハ2級のサーブJ35ドラケン。

特異なダブルデルタの主翼。

File No. 4

横殴りのそよ風に

ヤコヴレフYak-50

Yakovrev Yak-50

全幅：8.0m
全長：11.2m
自重：6,901kg
総重量：9,040kg
エンジン：クリモフVK-1
　　　　　ターボジェット（推力2,700kg）×1基
最大速度：1,135km/h
実用上昇限度：16,600m
航続距離：1,100km
兵装：23mm NK-23機関砲×2門
乗員：1名
（データは試作1号機）

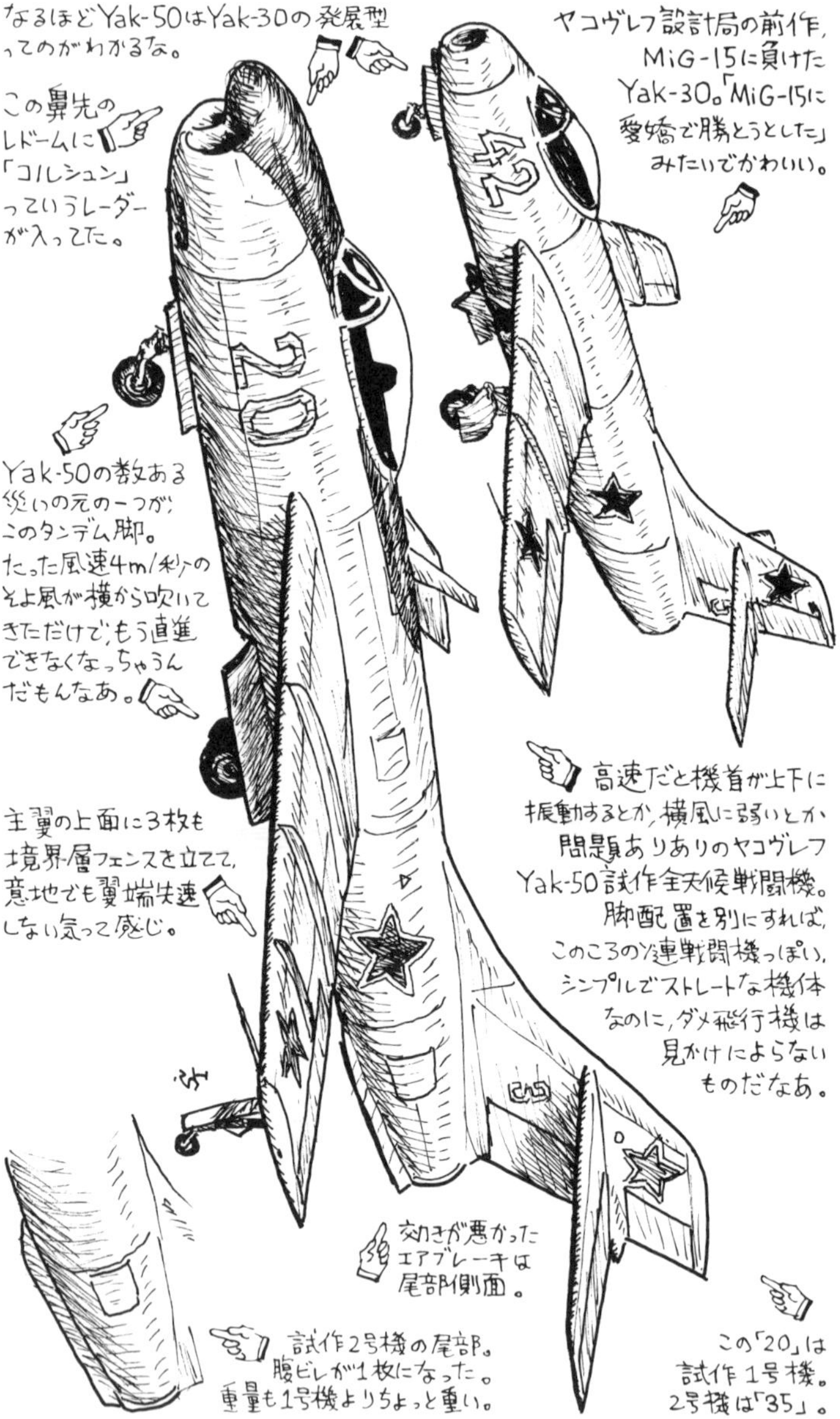
なるほどYak-50はYak-30の発展型ってのがわかるな。

ヤコヴレフ設計局の前作、MiG-15に負けたYak-30。「MiG-15に愛嬌で勝とうとした」みたいでかわいい。

この鼻先のレドームに「コルシュン」っていうレーダーが入ってた。

Yak-50の数ある災いの元の一つが、このタンデム脚。たった風速4m/秒のそよ風が横から吹いてきただけで、もう直進できなくなっちゃうんだもんなあ。

高速だと機首が上下に振動するとか、横風に弱いとか、問題ありありのヤコヴレフYak-50試作全天候戦闘機。脚配置を別にすれば、このころのソ連戦闘機っぽい、シンプルでストレートな機体なのに、ダメ飛行機は見かけによらないものだなあ。

主翼の上面に3枚も境界層フェンスを立てて、意地でも翼端失速しない気って感じ。

効きが悪かったエアブレーキは尾部側面。

この「20」は試作1号機。2号機は「35」。

試作2号機の尾部。腹ビレが1枚になった。重量も1号機よりちょっと重い。

時は１９４８年、東西の冷戦が始まっていた頃、戦闘機や爆撃機もジェット機が実用化されてきた頃のことだ。ソ連空軍はレーダー装備の全天候ジェット戦闘機を作ろうと考えた。

西側の爆撃機が原爆を積んでやってきても、夜だろうが悪天候だろうが迎撃できる戦闘機がほしい、と思ったのだな。ソ連空軍は戦闘機の設計を担ってきた４つの設計局、ラヴォーチキンとミコヤン・グレヴィッチ、スホーイ、それにヤコヴレフに試作機を作らせることにした。

とはいってもまだ戦闘機に搭載できるようなレーダーは初歩的な代物で、性能や信頼性も充分じゃなかったし、大きくて重いし、操作も面倒だった。乗員もパイロットとレーダー手の２人がいた方がよさそうだ。となると機体も自ずから大型になって、それなりの性能を目指すとするとエンジンが二つ要る、つまり双発機だ。

そんなわけで、ラヴォーチキン２００とミコヤン・グレヴィッチＩ－３２０、スホーイＳｕ－15の３機の試作機は、どれもエンジンを前後に配置した後退翼の双発機で、機首にはレーダーを装備した。このうちスホーイＳｕ－15だけは単座だけど、ほかの２機種は並列の複座だった。

というところで、一つ仲間外れがいた。ヤコヴレフ設計局のＹａｋ－50だ。ヤコヴレフは全天候戦闘機の要求に単発機で応えた。小さくて軽い機体にして、性能を良くしようと思ったんだろうな。

Ｙａｋ－50はヤコヴレフ設計局の前作、Ｙａｋ－30の拡大型っぽくもあった。このＹａｋ－30は、ミコヤン・グレヴィッチ設計局のＭｉＧ－15との競争で負けて、試作だけで終わっちゃった機体だ。そのＹａｋ－50は、円筒形の胴体の機首に空気取り入れ口を置いて、空気ダクトは取り入れ口から左右に分かれて胴体内を通って、後部のクリモフＶＫ−1エンジンに繋がる。その空気取り入れ口の上部にレドームがあって、レーダーが入ってる。

主翼は後退角45度で中翼配置、翼上面には左右３枚ずつ境界層フェンスが付く。武装は23㎜Ｎ−23機関砲２門を機首下面に装備する。水平尾翼は垂直尾翼の中段に置かれて、尾部下面には２枚の細長い腹びれがついた。胴体尾部の左右側面にはエアブレーキも設けられた。

それだけなら当時のソ連のジェット戦闘機としてよくある配置や設計なんだけど、Ｙａｋ−50は新しいアイディアを採り入れてた。脚の配置がタンデム式、つまり首脚と主脚が1本ずつ胴体の前後に置かれてたのだ。どうやら主翼を薄くすることで高速性能を良くしようとして、脚を胴体に収めることにしたんだろうな。

胴体前後の脚だけだと、地上で傾くと翼端を地面に擦っちゃうから、翼端近くに小さな補助輪、アウトリガーが装備された。首脚は後方に、ダブルタイヤの主脚は前方に、アウトリガーも主翼の翼端部下面に後方に引っ込む。

Ｙａｋ−50の試作1号機は１９４９年7月に初飛行して、続いて2号機も完成した。2号機は腹びれが拡大されて1枚になったり、無線のアンテナマストが無くなったり、細かいところが1号機と違ってた。ヤコヴレフ設計局側でのＹａｋ−50のテストは１９５０年5月まで約1年にわたって行なわれて、テストじゃＹａｋ−50はなかなか良い性能を示した。最大速度は高度１００００ｍで１０６５㎞／ｈ、高高度でなら緩降下で音速を超えて、マッハ１・03の速度も出せたのだった。

Ｙａｋ−50は１９５０年6月には空軍側のテストに進んだ。テストは1年以上に及んで、空軍のテストパイロットからは、ほかの設計局の試作機より水平飛行での最大速度は高いし、上昇力も優れてると評された。でもテストは完了しないままに打ち切られることになる。というのもＹａｋ−50はこのテストでいろいろと困った点を現わしちゃったのだ。

その一つは、速度がマッハ０・９を越えたあたりから縦安定がおかしくなって、機首が上下に振動することだった。原因については明らかじゃないんだけど、主翼翼端で失速でも起きてたのかもしれない。とにかく機首が揺れるもんだから、機関砲の照準が付けられないし、撃っても当たらない。おまけにエアブレーキも効きが悪い。

それより問題なのは、脚配置のおかげで着陸滑走中に横風を受けると直進するのがすごく難しいことだった。横風の風速が４ｍ／秒を越えると、つまりちょっと風が吹くとまっすぐ滑走できなくなっちゃうのだ。

それに加えてレーダーの開発が不充分だったし、専任のレーダー手が必要なのにＹａｋ−50は単座だし。というわけで問題山積のＹａｋ−50は採用されずに試作だけで終わってしまった。

ほかの設計局の試作機も、それぞれ不満足な機体で、結局このときの全天候戦闘機の試作機はどれも採用にならなかったから、Ｙａｋ−50だけが駄目なわけじゃなかったのだがな。

その後ヤコヴレフ設計局は超音速実験機Ｙａｋ−１０００でまたタンデム脚配置を試して、またもや横風に弱すぎて失敗する。でも１９５２年には双発複座の全天候戦闘機Ｙａｋ−25（当初の名前はＹａｋ−１２０）は、タンデム脚配置だけど、ちゃんと成功作になったのでありました。

イラストで見る 航空用語の基礎知識 basic knowledge　原爆

「原爆」つまり原子爆弾って日本人にとっては何とも嫌な話なんだけども，普通「原爆」っていうと，ウラニウムやプルトニウムの原子核を分裂させて，そのときに出るすごいエネルギーを利用する爆弾のことだ。

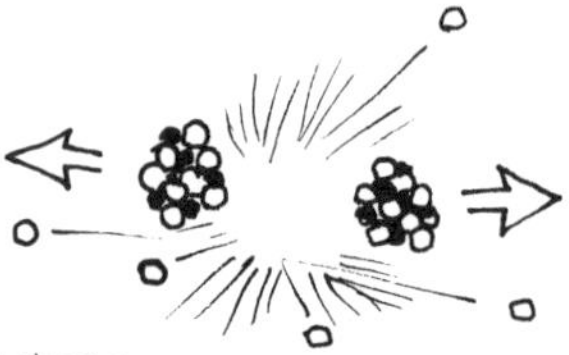

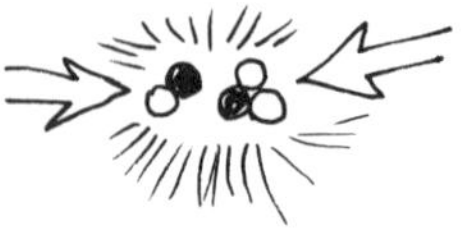

さらにもっと大きなエネルギーが出る，水素原子の核の融合を使うのが「水素爆弾」，つまり「水爆」で，両方合わせて「核爆弾」。

第2次大戦後，原爆を持ってるアメリカはソ連より有利に立ったと思ったけど，すぐにソ連も1949年に原爆実験に成功した。

アメリカ空軍のB-50D。

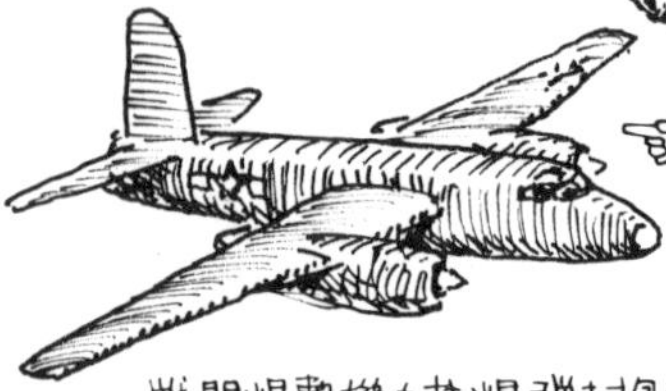

アメリカ海軍はP2V-3哨戒機を原爆用爆撃機P2V-3Cに改造して，空母から飛ばした。

戦闘爆撃機も核爆弾を抱えて突っ込んでくのを仕事にするようになった。

F-105Dサンダーチーフ。

イギリス空軍のヴァルカンB.2。

核爆弾を積む爆撃機は，核爆発のときの熱線から機体と乗員を守るために，熱線を反射する白に，機体全体を塗ったり，胴体下面を塗ったりした。後に低空侵攻用の迷彩になっちゃったけど。

今日もアメリカ空軍のB-2爆撃機は戦略核爆撃任務を担ってる。戦闘機の方でも，アメリカ空軍はF-35Aに核搭載を考えてる。

File No. 5

小さく速くダメだった

アンリオH220

Hanriot H220

全幅：12.8m
全長：7.9m
全高：3.4m
自重：2,678kg
総重量：3,700kg
エンジン：ノームローン14M
空冷星型14気筒（680hp）×2基
最大速度：520km/h
航続距離：850km
兵装：20mm機関砲×2門（前方固定）
MAC7.5mm機関銃×2門（後席旋回）
乗員：2～3名

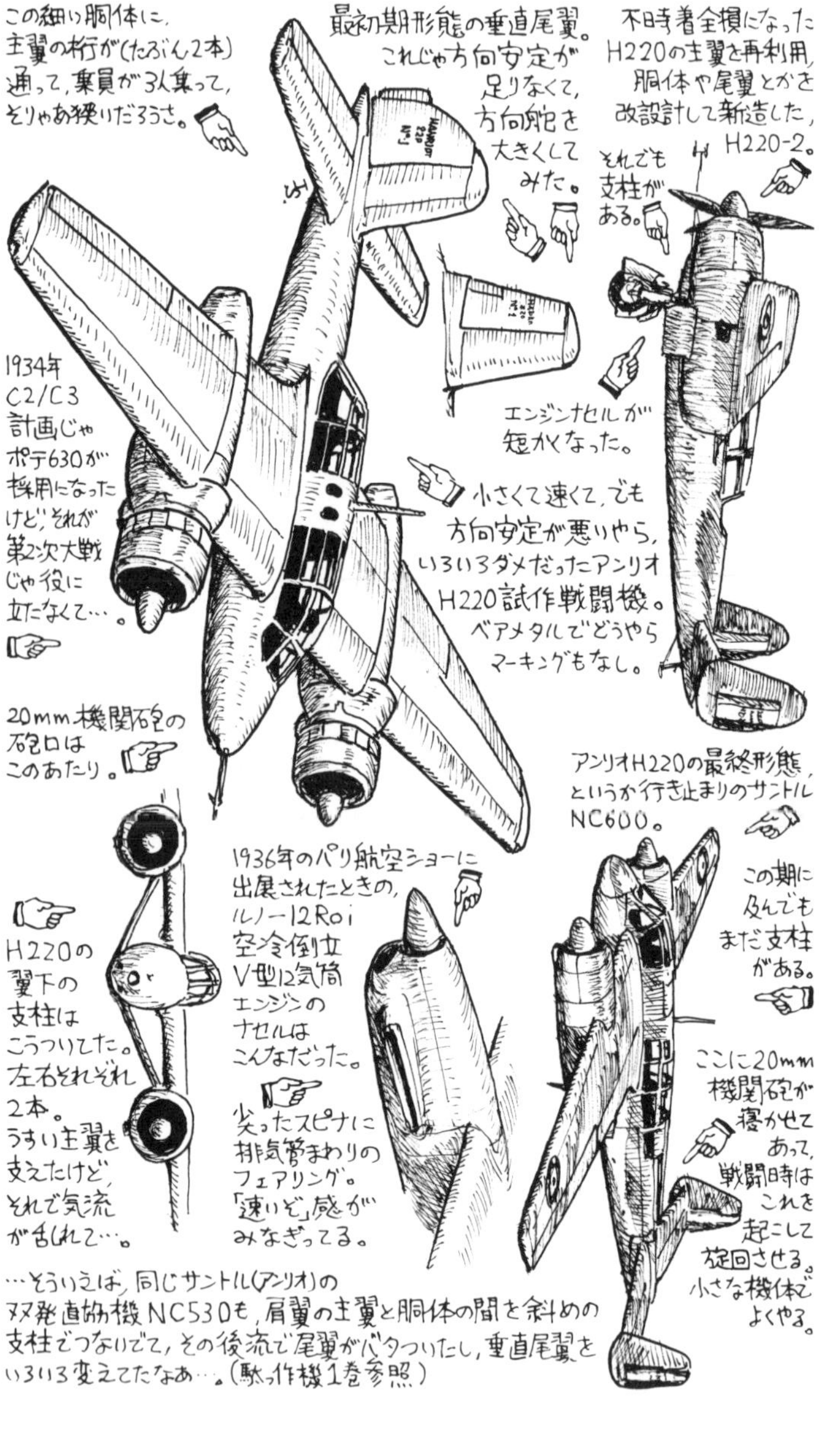
この細い胴体に、
主翼の桁が(たぶん2本)
通って、乗員が3人集って、
そりゃあ狭りだろうさ。
最初期形態の垂直尾翼。
これじゃ方向安定が
足りなくて、
方向舵を
大きくして
みた。
不時着全損になった
H220の主翼を再利用、
胴体や尾翼とかを
改設計して新造した、
H220-2。
それでも
支柱が
ある。
1934年
C2/C3
計画じゃ
ポテ630が
採用になった
けど、それが
第2次大戦
じゃ役に
立たなくて…。
エンジンナセルが
短かくなった。
小さくて速くて、でも
方向安定が悪りやら、
いろいろダメだったアンリオ
H220試作戦闘機。
ベアメタルでどうやら
マーキングもなし。
20mm機関砲の
砲口は
このあたり。
アンリオH220の最終形態、
というか行き止まりのサントル
NC600。
この期に
及んでも
まだ支柱
がある。
H220の
翼下の
支柱は
こうつりてた。
左右それぞれ
2本。
うすい主翼を
支えたけど、
それで気流
が乱れて…。
1936年のパリ航空ショーに
出展されたときの、
ルノー12Roi
空冷倒立
V型12気筒
エンジンの
ナセルは
こんなだった。
尖ったスピナに
排気管まわりの
フェアリング。
「速いぞ」感が
みなぎってる。
ここに20mm
機関砲が
寝かせて
あって、
戦闘時は
これを
起こして
旋回させる。
小さな機体で
よくやる。
…そういえば、同じサントル(アンリオ)の
双発直協機NC530も、肩翼の主翼と胴体の間を斜めの
支柱でつないでて、その後流で尾翼がバタついたし、垂直尾翼を
いろいろ変えてたなあ…。(駄っ作機1巻参照)

１９３４年、フランス空軍は複座〜３座の双発戦闘機Ｃ２／Ｃ３計画を開始した。隣りのドイツでナチスが政権を握った、その翌年のことだな。

同じ１９３４年にフランス空軍は単座単発戦闘機のＣ１計画も始めていて、結論を言うとモラーヌ・ソルニエＭＳ４０５とブロックＭＢ１５１が採用になる。こちらのＣ２／Ｃ３戦闘機計画はＣ１計画と並行して、空中戦で単座単発戦闘機の指揮を執る３座型と、昼間迎撃から爆撃機の護衛、偵察から爆撃までこなす多用途戦闘機の複座型、それと夜間戦闘機の複座型の３つを１機種でまかなおうというものだった。

ちなみにＣはフランス語で戦闘機のシャスール（chasseur）の頭文字。シャスールというのは英語のハンター、狩人のことだから、ドイツ語で戦闘機のことを狩人の意味のイェーガーっていうのと同じようなもんだ。

これに応えて試作された機体の一つが、アンリオＨ２２０だった。アンリオ社は第１次世界大戦の頃からあるメーカーで、主に戦闘機や練習機を多く作っていて、大型機より小型機の方が得意な会社だったみたいだ。

そのアンリオ社が考えた双発戦闘機Ｈ２２０は、思い切って小型の機体だった。全幅は12・８ｍ、全長が７・９ｍ、翼面積は21・２㎡。同じＣ２／Ｃ３計画で試作発注をもらったポテ６３０が全幅16・０ｍ、全長11・１ｍで翼面積32・７㎡だったのに比べると、ふた回りぐらい小さい。特に全長なんか単発単座戦闘機のモラーヌ・ソルニエＭＳ４０５の８・２ｍよりも30㎝ぐらい短い。Ｈ２２０の自重は２６７３kg、総重量３７００kgで、ポテ６３０の２８０８kgと３８５０kgよりもひと回り軽いぐらい。

これでアンリオ２２０はエンジンとして４５０hpのルノー12Ｒｏｉ空冷倒立12気筒を使うつもりだった。ポテ６３０の方は６７０hpの空冷星型エンジンを使ってるから、H２２０はずいぶん小馬力だ。

　最大速度４００㎞／hという要求性能をその少ない馬力で満たすために、アンリオH２２０は小型の機体にしたんだろうけど、それだけじゃなくて主翼も思い切って薄くした。抵抗を少なくしたかったんだろうな。H２２０の主翼は翼厚比、つまり翼弦の長さと厚さの比が12％以下だったという話があるんだけど、薄翼で有名なスピットファイアでも主翼の中ほどで翼厚比が13％だっていうから、H２２０が翼厚比12％以下っていうのはちょっと怪しいかも。

　そんな薄い主翼なんで、強度が頼りなくなっちゃったんだろう、胴体とエンジンナセル近くの主翼下面を結んで左右2本ずつの斜め支柱がついた。せっかく薄翼にしたのに支柱で抵抗が増えてどうするんだろう。

　その胴体は楕円断面の全金属モノコック構造で、幅が０・９mで深さが１・６mだったというから、こちらも思い切って細くしてた。武装は20㎜機関砲が胴体前部に、後席に旋回式に７・５㎜機関銃２門だった。

　アンリオH２２０は完成した試作機が１９３６年11月のパリの航空ショーで屋内展示された。でもこの時点でエンジンがやっぱり馬力不足だろうということになって、空冷星型14気筒で６８０hpのノームローン14Mに換装することになった。

　こうして馬力が強化されたH２２０は、１９３７年9月に初飛行した。テストではたしかにH２２０は速かった。記録した速度は５２０㎞／h、これはMS４０５より70㎞／h以上も速くて、当時のフランス戦闘機中最速だった。

ところがＨ２２０は方向安定がまるで悪かった。原因は垂直尾翼が小さすぎるせいだと考えて方向舵を大きくしたりしたけど、それでも足りない。どうも主翼の下の支柱で乱れた気流が尾翼に当たって、それで垂直尾翼がうまく方向安定を保ってくれなくなってたらしい。それにＨ２２０は速いだけで運動性が良くなかったし、胴体が細すぎて機内の容積も足りなくて、多用途性とか発展性に期待できそうもなかった。

そんなうちに１９３８年2月に右エンジンの減速ギアが壊れて、飛行中にプロペラが吹っ飛ぶという事故が起きた。Ｈ２２０はなんとか不時着したものの胴体がひどく壊れてしまった。胴体構造も弱かったみたいだ。

アンリオ社はＨ２２０の主翼を再利用して、胴体を改設計、尾翼も双尾翼に改めたＨ２２０-2を作って、１９３９年3月に初飛行させた。しかしやっぱり支柱からの乱れた気流で尾翼がバフェッティングを起こす癖は完治しなかった。

ちょうどその頃、フランスじゃ飛行機メーカーが国有化されて、アンリオ社は老舗のファルマン社といっしょにＳＮＣＡＣ（中部国有航空機製造会社）、略して「サントル」社となった。そこでＨ２２０-2を基に主翼も胴体も尾翼も一新した改良型、サントルＮＣ６００が作られて、１９４０年5月、つまりドイツ軍のフランス侵攻の真っ最中に初飛行したけど、もちろんもうどうにもならず、フランスは間もなく降伏して、ＮＣ６００もそこで終わり。ＮＣ６００は正式発注されなかったけど、ドイツ軍がサントル社工場を接収したときには、製作途中の機体が6機あったんだそうだ。

イラストで見る 航空用語の基礎知識 basic knowledge ☞ 翼厚比

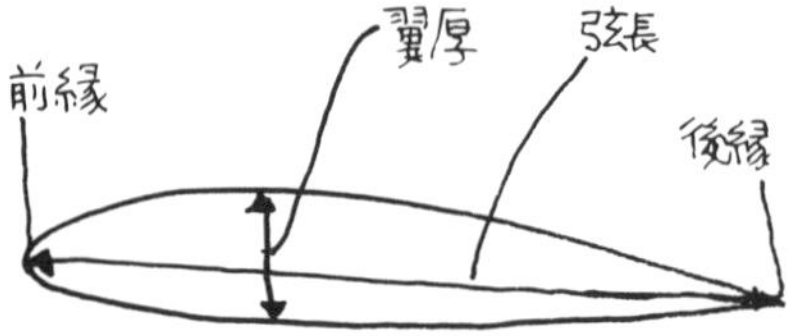

「翼厚比」っていうのは翼の「弦長」、つまり翼の前縁と後縁を結んだ線＝翼弦の長さと、「翼厚」、つまり翼の厚みの一番厚くなったところの厚さとの比で、％で表わす。

ざっくり言えば、翼がどのぐらい厚いか、という数字だ。

翼厚比が小さい、つまり薄い翼の方が抵抗が少ない。第2次大戦の戦闘機だと、薄い翼の代表がスピットファイアで、翼厚比は付け根で13％だった。でも薄い翼は高速向きではあるけど、中にあんまり物が入らないし、強度を強く作ろうとすると、重くなりがちだったりする。

最大速度 652km/h。

ホーカー・タイフーンの翼は付け根で翼厚比18％。頑丈だけど、急降下して速度が上がると、振動が起きたりして、高速域だとイマイチだった。それを改善しようと……

…タイフーンの主翼を付け根で14.5％の薄い翼にしたのがテンペスト。最大速度700km/h。

デルタ翼は翼弦が大きいから、翼を厚くしても、翼厚比を小さくしておける、っていうトクがある。アヴロ・ヴァルカンはぶ厚い主翼の中にエンジンを入れちゃってる。

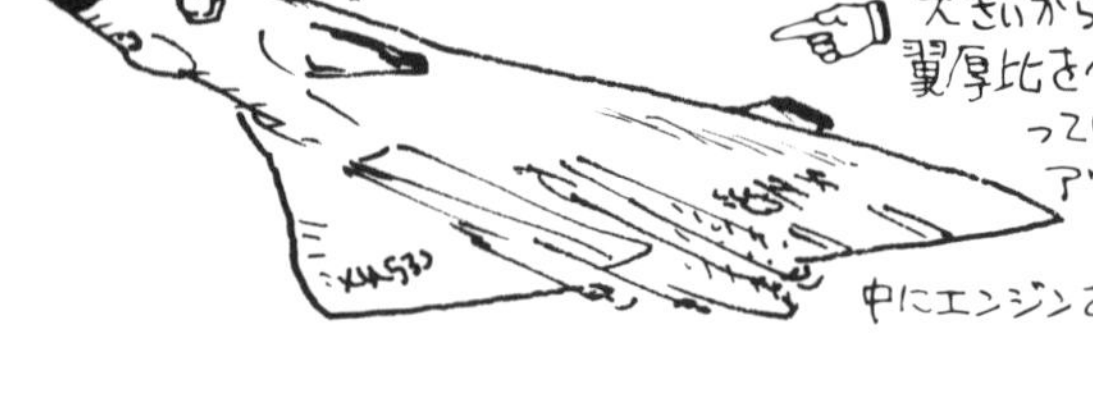

File No. 6

飛べども輝かざるスターフライト

モンステッド-ヴィンセント MV-1スターフライト

Monsted-Vincent MV-1 Starflight

全幅：14.8m
全長：10.5m
自重：1452㎏
総重量：2268㎏
エンジン：コンチネンタルC-85
空冷水平対向4気筒(85hp)×4基
最大速度：257㎞/h
巡航速度：240㎞/h
実用上昇限度：4,877m
航続距離：1,200㎞
乗員：1名
乗客：5名

テスト段階での
登録記号はX77770。

MV-1はこんな具合に
エンジンを主翼内に
埋め込んで装備して、
主翼の後ろのプロペラを
回した。これに加えて、
ヌルんとした胴体や
背の高い垂直尾翼とか、
なるほどコンヴェア
B-36爆撃機に
似てなくはない。

主脚は
ここに
こういう風に
引っ込むように
なってた。

ここが
乗降ドア。
窓が胴体前半に
集中してるところを
見ると、客室は
胴体の前の方に
あるのか！

首脚は
このあたり。

いろいろ考えて、理想とアイデアを盛り込んで
作ったのに、実は市場を完全に見誤ってて、
出来上がってみたら誰も買わない
飛行機になっちゃってた、
モンステッド-
ヴィンセントMV-1
スターフライト。
「スターフライト」って
名前は、設計者が
元ロッキード社だったからか？

そのスターフライトの未来を
奪った、ビーチクラフト18。
第2次大戦中にアメリカ陸軍や
海軍の輸送機や練習機として
大量生産されて、戦争が終わると、
余剰機が超安値
で民間に
放出された。

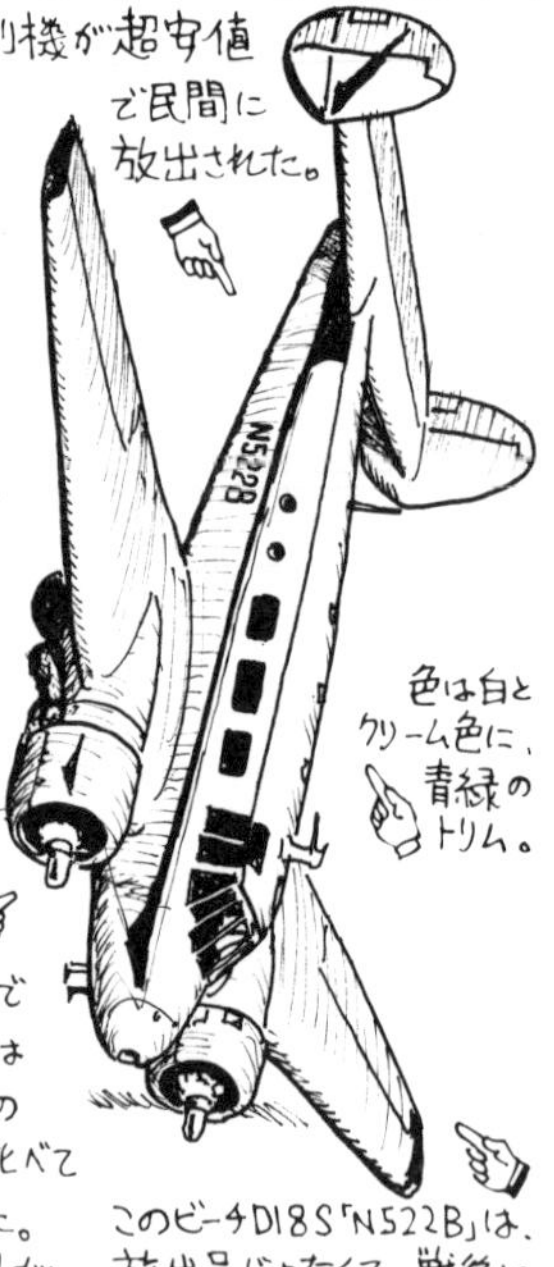

色は白と
クリーム色に、
青緑の
トリム。

MV-1の写真を見ると、
たいてい無塗装ベアメタル
の姿なんだけど、こんな
ストライプを胴体に
描いて、主翼端と
垂直尾翼端を塗ってる
写真もあった。何色だか
わからないけど、たぶん
赤だったんじゃないのか
なあ……なんとなく。

エンジンは450hpの
プラット&ホイットニー-R-985で
合計900hp。最大速度は
346km/hだから、MV-1の
合計340hp、257km/hに比べて
格段に強力で、速かった。
この速度の遅さも、MV-1が
全く売れなかった理由の一つ
だったんじゃないだろうか。とかく
ビジネスマンってせっかちだし。

このビーチD18S「N522B」は、
放出品じゃなくて、戦後に
作られた改良型。患者輸送
に使われて、スミソニアン
博物館に保存されてる。

第2次世界大戦が終わって間もない１９４６年のこと。アメリカ南部ルイジアナ州のニューオーリーンズで、ロバート・M.モンステッドとH.ファーレイ・ヴィンセントという、軍隊帰りの二人のパイロットが、飛行機を作ろうと考えていた。二人とも元陸軍大佐で、ヴィンセントを社長として、モンステッド-ヴィンセントという会社を設立した。

モンステッドとヴィンセントが目指したのは、性能が良くて安全性の高いビジネス機だった。広いアメリカのことだから、それなりの企業には社長と重役、スタッフを乗せてアメリカ国内を飛び回る飛行機が求められる。第2次世界大戦で飛行機も大いに進歩したから、新しい時代に合った飛行機を作って売り出せば商機はある、と考えたんだな。

モンステッドとヴィンセントの下で実際に設計にあたったのは、元ロッキード社の技術者、アート・ターナーで、機体の規模はパイロットと乗客5人の6人乗り、機体構造は当然全金属のモノコック構造だ。双発機だとエンジンが一つ止まっても飛んでられるけど、操縦性が悪くなるし、残るもう1基のエンジンの故障も心配だ。そこでエンジンは4発にした。これならエンジンが二つ止まっても大丈夫だ。

でもビジネス機だからそんな大きなエンジンは要らなくて、合計で３６０馬力ぐらいあればいい。採用したエンジンはコンチネンタルC-85。空冷水平対向4気筒で85hpの小さなエンジンだけど、これの燃料噴射型を使うことにした。燃料噴射だからキャブレターが要らなくて、キャブレターの温度計とかエンジン関係の煩雑な計器を減らせるし、キャブレターの除氷装置も要らなくて、構造も操作も簡単になる。エンジンが4つもある面倒くささをこれで埋め合わせるわけだ。垂直尾翼は大きくして、同じ側のエンジン２基が止まっても方向安定で困らないようにした。

主翼は高翼配置。エンジンは主翼に装備するから、プロペラと地面のクリアランスを稼いで、しかも胴体の客室は地面に近くて乗り降りが楽にできる。

その主翼内にエンジンを埋め込み式に装備して、プロペラは短い延長シャフトを介して、主翼の後縁から後ろ向きに取り付ける。「プッシャー（推進）式」だ。こうすればエンジンとプロペラの位置が客室の後ろの方になるんで、乗客が感じる振動や騒音も小さくできる。エンジンの空気取り入れ口は主翼下面にあって、プロペラは２段切り替えピッチだ。

燃料は８時間は飛び続けられるようたくさん搭載できるようにした。ビジネス飛行で、途中で悪天候に遭ったりしても、雲を避けて遠回りできるように、航続時間はたっぷり取ろうというわけだ。

コクピットは機体の前端に置いて、客室の長さと離着陸時の視界を確保した。航続時間が長いから、客室にはちゃんとトイレも設けたぞ。

そんなこんな、モンステッドとヴィンセントのビジネス機、その名も「MV‐１スターフライト」は、なんだかコンヴェアB‐36重爆撃機のミニチュア版のような姿になった。妙な姿ではあるけどそれなりに考えた仕様で、つまりモンステッドとヴィンセントの理想と野心、それに細かい気遣いのカタチでもあったのだな。

MV‐１スターフライトは１９４８年10月１日に初飛行した。テスト飛行ではスターフライトはちゃんと飛んで、特に主翼がアスペクト比が高くて細長いんで、上昇性能とかは設計段階の見積もりよりも良かったんだそうだ。

　しかしモンステッド–ヴィンセントＭＶ–１は失敗に終わる。そもそものケチのつき始めは、あるテスト飛行で着陸事故を起こして機体を損傷したことだった。これで出資者が引き気味になっちゃった。

　それよりも決定的だったのは、モンステッドとヴィンセントがビジネス機の市場を完全に見誤ったことだった。スターフライトと同じ６～８人乗りの双発以上の機体には、ビーチクラフト18という強力な商売敵がいたのだ。ビーチクラフト18は、アメリカ陸軍や海軍で第２次世界大戦中に軽輸送機Ｃ–45やＪＲＢ–１として、練習機ＡＴ–７、ＡＴ–10として９０００機ぐらい作られて、それが終戦後に余剰機となって、破格の安値で大量に民間に払い下げられた。１９４６年頃の中古機市場でのビーチ18の値段は３００００ドル程度だったそうだ。しかしＭＶ–１にしてみれば、いくらなんでもそんな値段で売るわけにはいかない。

　無名の新興メーカーのモンステッド–ヴィンセントが初めて作った機体で、しかも値段も高いＭＶ–１を買ってみようという人はいなかった。ＭＶ–１にはどこからも引き合いが来ず、売れる見込みは絶えてしまった——あるいは最初からなかった。結局ＭＶ–１は正式の民間登録番号すらもらえないうちに、開発中止になってしまった。ＭＶ–１の機体はルイジアナ州のウェッデル・ウィリアムズ博物館に残ってたんだけど、１９９２年のハリケーンで格納庫が倒壊、機体も壊れてしまった。ＭＶ–１の残骸は後の修復に備えて保管されていたが、２００５年にまたハリケーンに襲われて、ほとんどばらばらになってしまったそうだ。

イラストで見る航空用語の基礎知識 basic knowledge ☞ アスペクト比

「アスペクト比」は、いーかげんに言うと、主翼の細長さの目安だけど、正しくは「翼幅を一辺とする正方形の面積と、実際の翼面積の比」なのであります。

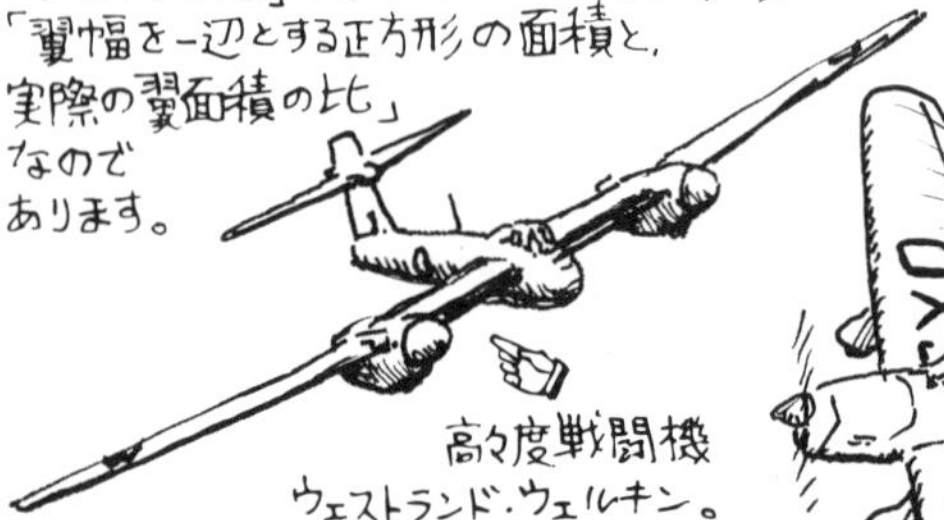

同じ翼面積で比べると、アスペクト比の高い、つまり細長い翼の方が「誘導抵抗」が小さくて、つまり効率のいい翼になる。でも高速になると、主翼が長い分抵抗が増えてきて、トクがなくなっちゃう。主翼が長いと強度も心配になってくるし、丈夫にしようとすると重くなりがちだし。

アスペクト比の高い翼は、あんまり速くなくていいから長く飛んでいたい航空機や、空気の薄い高高度を飛ぶ飛行機で採用してる例が多い。

どちらもロッキード社「スカンクワークス」の名設計者、ケリー・ジョンソンの作。

同じころに同じ人が設計した両機だけど、片やマッハ2でカッ飛ぶ戦闘機と、高高度をゆっくり飛ぶ偵察機だと、主翼の平面形はこんなに違ってくる。

File No. 7

勝った と思ったらそうでもなかった

CANT Z1011

CANT Z1011

全幅：25.0m
全長：17.5m
全高：5.9m
自重：6,100㎏
総重量：9,600㎏
エンジン：イソッタ・フラスキーニ・アッソⅪ RC40
水冷V型12気筒（836hp）×2基
最大速度：370㎞/h
実用上昇限度：7,900m
航続距離：2,000㎞
兵装：ブレダ7.7㎜機関銃×4門
爆弾1,000㎏
乗員：4名
（データは改良後）

そのSM81よりシンプルで性能の良い爆撃機を双発で
作ろうとしたら、なんかダメな飛行機になっちゃった、
CANT Z1011。これは垂直尾翼を大きくして、エンジンを
水冷のイソッタ・フラスキーニ・アッソXI RC40にした、
改修後の姿。たぶん全面アイボリーグレーで
エンジンまわりがベアメタルか、シルバー…かな？
翼上面にファスケスのマークがついてたか
わからないんだけど、つい描いてしまいました。
フィリッポ・ザパタの頭の中にはすでに
Z1007があって、Z1011には
あんまり気が入らなかった…
なんてことはないよなあ。

サヴォイア・マルケッティSM81
「ピピステロ（コウモリ）」。
1935年初飛行で、
エチオピア戦争やスペイン内戦
で使われた。元は1934年の
3発旅客機SM73で、胴体
が太いんで、爆撃機の任務
から退役した後も輸送機
として働いた。生産数
は約540機だった。

初飛行時
の操縦席の窓は
こんな風だった。

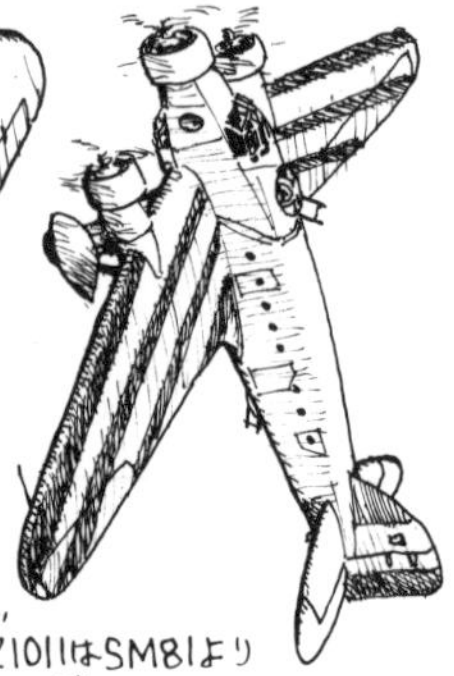

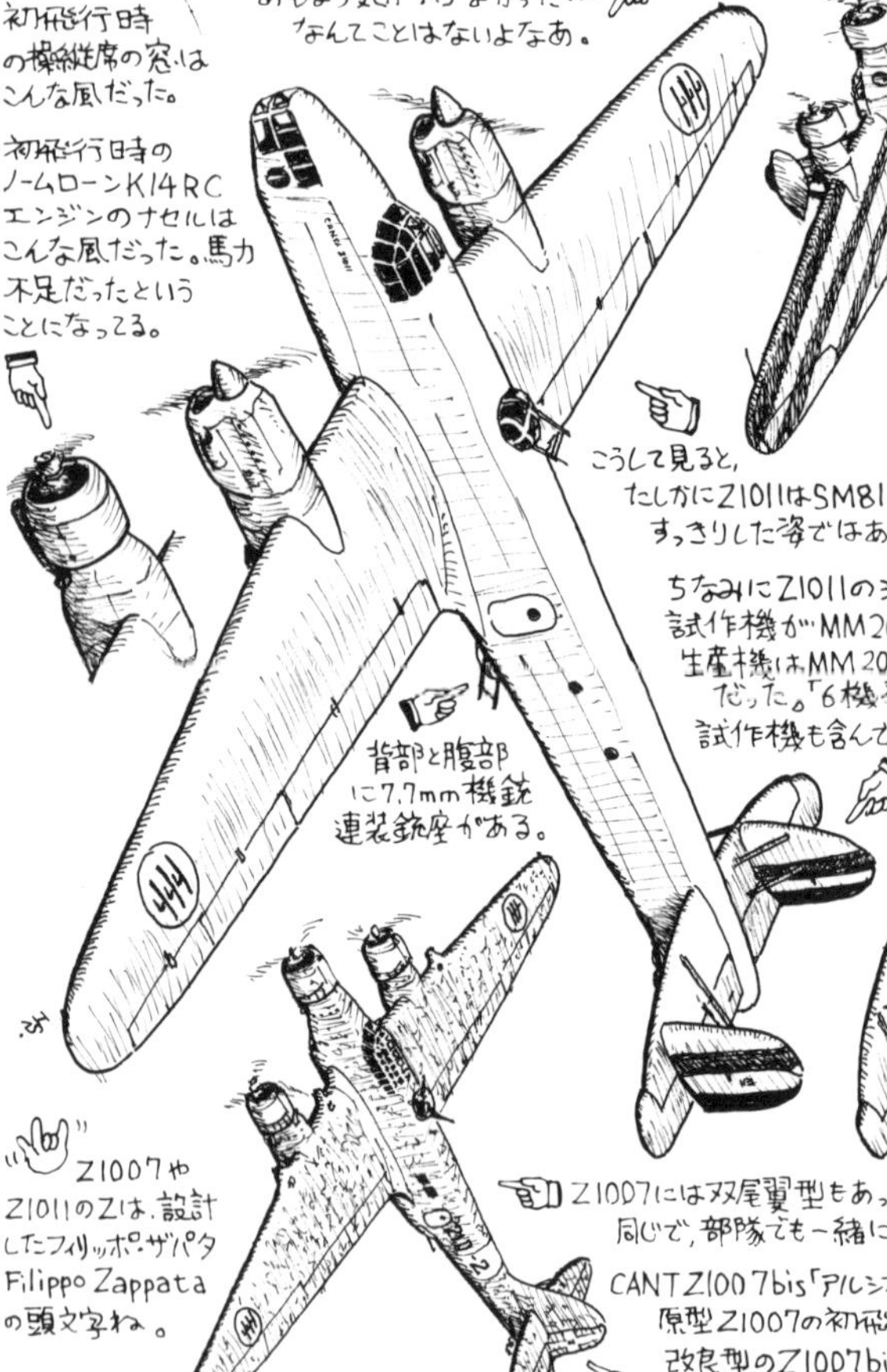

初飛行時の
ノームローンK14RC
エンジンのナセルは
こんな風だった。馬力
不足だったという
ことになってる。

こうして見ると、
たしかにZ1011はSM81より
すっきりした姿ではある。

ちなみにZ1011のシリアルナンバーは、
試作機がMM20541で、5機の
生産機はMM20542〜20546
だった。「6機発注」というのは
試作機も含んでた数なんだな。

背部と腹部
に7.7mm機銃
連装銃座がある。

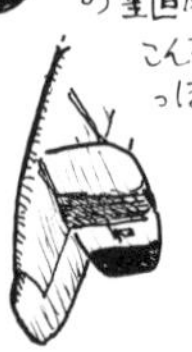

初飛行時
の垂直尾翼は
こんな四角
っぽい形
だった。

Z1007や
Z1011のZは、設計
したフィリッポ・ザパタ
Filippo Zappata
の頭文字ね。

Z1007には双尾翼型もあった。でも型式名は
同じで、部隊でも一緒に使ってたらしい。

CANT Z1007bis「アルシオーネ（カワセミ）」。
原型Z1007の初飛行は1937年で、
改良型のZ1007bisが量産された。
これも木製。乗員には評判が良かった。

昔のイタリアの航空機メーカーの中にＣＡＮＴ社っていうのがあった。ＣＡＮＴとはカンティエリ・ナヴァーレ・トリエスティーノ、訳せば「トリエステ造船所」の略で、その名の通り母体というか親会社はアドリア海の港町トリエステにあるモンファルコーネ造船所だった。

　ＣＡＮＴ社はこの会社の飛行機部門として１９２３年に設立されて、１９３１年に改組されてカンティエリ・リウニティ・デラドリアティコとなって、造船から飛行機まで機械工業全般を扱うようになった。日本でも三菱重工や川崎重工が軍艦や軍用機を作ってたから、ＣＡＮＴ社もそんな感じなんだろうな。

　ＣＡＮＴ社はその出自が示す通り、主に飛行艇や水上機が得意分野で、特に主任設計者フィリッポ・ザパタは数々の成功作を作ってた。特に１９３４年初飛行の単発飛行艇Ｚ５０１は、航続距離記録を樹立して、広く使われた。

　このＺ５０１が頭上を飛んだら子供が泣き出して「ママ、助けて！（イタリア語で『マンマユート！』）」と叫んで、そのせいで「マンマユート」ってあだ名がついたという伝説がある。そういえば「マンマユート団」ってどこかで聞いたな。でも「マンマユート」のあだ名には本当はもっと深刻な理由があったらしいぞ。

　さて、フィリッポ・ザパタは１９３５年10月に双発の爆撃機を空軍に提案した。ちょうどこの前年にイタリア空軍は双発中型爆撃機の要求仕様を出してるんだけど、ザパタの提案はその要求とは別個の、自主的なアイディアだった。

　当時のＣＡＮＴ社は、イタリア空軍の爆撃機増強方針の下、サヴォイア・マルケッティ社の３発爆撃機ＳＭ

81のライセンス生産をすることになってた。でもザパタにしてみれば、原型が旅客機で固定脚のＳＭ81より、自分だったらもっとシンプルで高性能な爆撃機をエンジン２基で作ってみせるわい、と思ったのだろうな。

ザパタが考えたＺ１０１１は引込み脚という点でまずＳＭ81より新しかったし、胴体上部と腹部には引込み式の銃座も付いてた。構造は主翼も胴体も木製骨組みに合板張りの全木製で、胴体は四角い断面だった。ＣＡＮＴ社は造船会社が親会社だから、鉄とか金属の扱いに長けてるかと思ったら、意外や飛行機の方は木製構造が主流だったんだな。尾翼は双尾翼で、水平尾翼には支柱が付く。エンジンにはフランスのノームローンＫ14ＲＣ空冷星型14気筒９５０hpのライセンス生産型を装備する。

これにイタリア空軍も関心を持って、まずは試作機１機を作らせて空軍でテストすることにして、さらに12機を発注したのだった。

Ｚ１０１１は、この頃の爆撃機としてはかっこよくもないし、どこも画期的なところはないけど、それなりに洗練された姿ではあった。Ｚ１０１１は全幅25・０mで全長17・５m、翼面積80㎡、自重は６１００kgで総重量は９６００kgだった。一方、ＳＭ81は全幅24・０mで全長17・８m、翼面積93㎡、自重６３００kgで最大離陸重量９３００kgだから、寸法も重量もほぼ同じ、翼面積はＺ１０１１の方が小さい。ＳＭ81のエンジンは空冷星型９気筒で７００hpのピアッジオＰ.Ｘ–ＲＣ35が３発だ。

ＳＭ81は胴体が金属骨組みに金属外皮張りで主翼が木製、Ｚ１０１１が全木製で、金属と同じ強度を持たせようとすると木製構造は重くなったりするもんだが、Ｚ１０１１はうまく重量を抑えてる。爆弾搭載量はどちらも１０００kg、航続距離も２０００kmで同じ、でも最大速度は３発で固定脚のＳＭ81は３４０km／ｈなのに、双発で合計馬力も少ないＺ１０１１が３７０km／ｈ、実用上昇限度も７０００ｍに対して７９００ｍと、Ｚ１０１１の方が上回ってた。ほら、ザパタはＳＭ81に勝ったじゃないか、と思うと実はこれが間違いだった。

Ｚ１０１１の試作機は１９３６年３月にテスト・パイロットのマリオ・ストッパーニの操縦で初飛行した。その最初の飛行から、ストッパーニはＺ１０１１は馬力不足でしかも方向安定が悪い、と指摘した。

ザパタは尾翼を改設計して、垂直尾翼を拡大、エンジンもイソッタ・フラスキーニ・アッソⅪＲＣ40水冷Ｖ型12気筒８３６hpに換装した。これだと馬力が減っちゃうけど、そもそもノームローンのエンジンは予定の馬力が出てなかったのかもしれないな。

これで１９３６年12月にテストを再開したら、安定性の問題は多少改善されたけど、旋回中に機首が急に下がるという妙な癖が出てきた。ストッパーニも「この問題は深刻だ」と言うくらいで、またも改修が加えられたけど、ＳＭ81より性能は良くても、Ｚ１０１１は操縦性や安定性に問題がありすぎだったのだ。

イタリア空軍のＺ１０１１への期待は冷めて、発注を６機に減らして、それも爆撃機じゃなくて空軍高官の人員輸送機にすることにした。Ｚ１０１１はもちろん第２次世界大戦じゃ何もせず、アヴィアノ基地の爆撃教育隊に１９４３年のイタリア降伏まで残存してたらしいけど、その後どうなったか不明だ。Ｚ１０１１が駄作になったザパタだけど、ほぼ同時に設計した木製の３発爆撃機Ｚ１００７は傑作で、第２次世界大戦でも乗員にも好かれて立派に働いてるのだ。

イラストで見る航空用語の基礎知識 basic knowledge

マンマユートの真実

File No. 8

ひどいものを作った、売った、買った

NVI FK31

NVI FK31

全幅：13.7m
全長：7.8m
全高：3.4m
自重：1,040㎏
総重量：1,800㎏
エンジン：ブリストル・ジュピターⅣ
空冷星型9気筒（450hp）×1基
最大速度：255㎞/h
実用上昇限度：7,200m
航続時間：6時間
兵装：7.7㎜機関銃×2門（胴体固定）
7.7㎜機関銃×4門（主翼固定）
7.7㎜機関銃×2門（後席旋回）
爆弾400㎏
乗員：2名

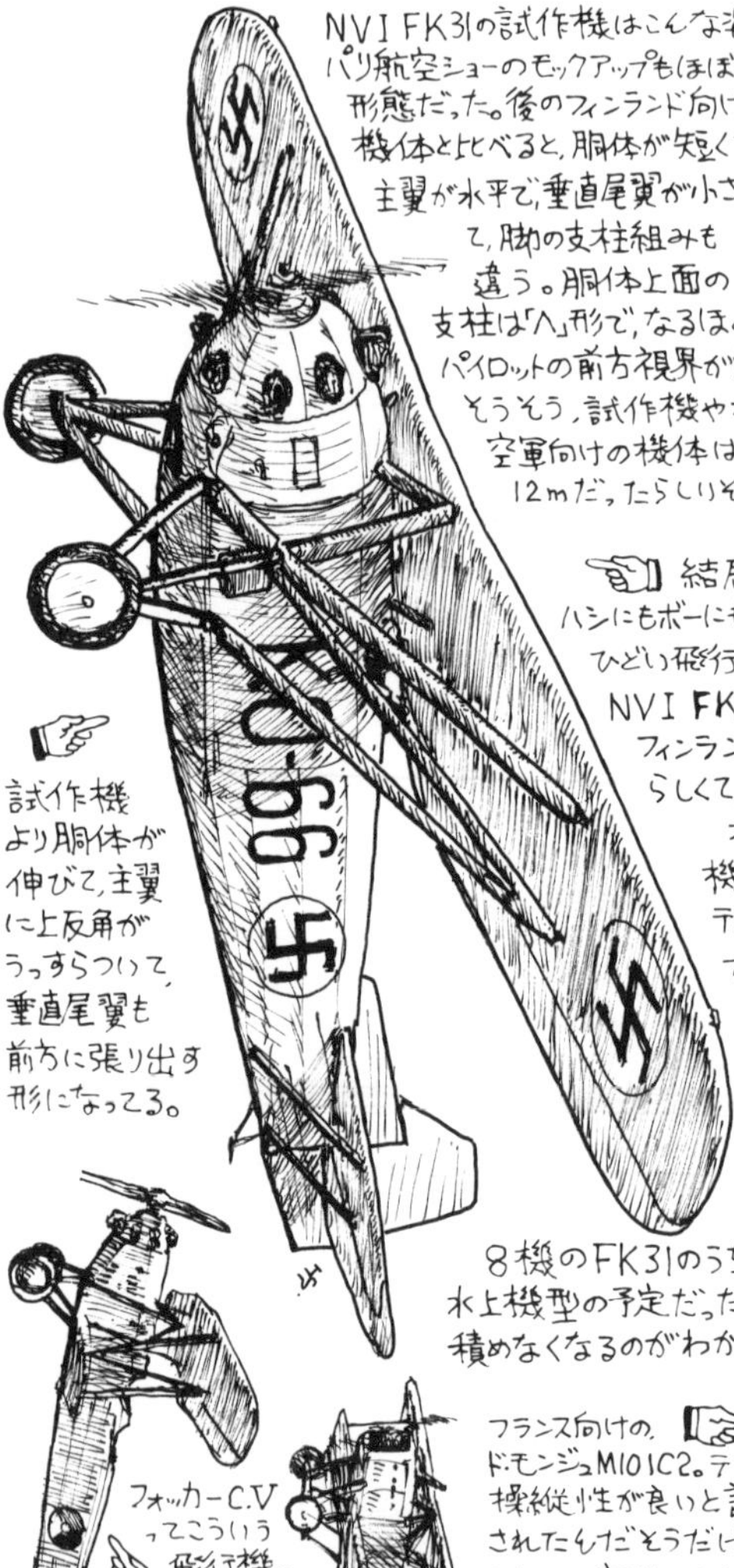

NVI FK31の試作機はこんな姿で、パリ航空ショーのモックアップもほぼこういう形態だった。後のフィンランド向けの機体と比べると、胴体が短くて主翼が水平で、垂直尾翼が小さくて、脚の支柱組みも違う。胴体上面の支柱は「へ」形で、なるほどパイロットの前方視界が悪そうだ。そうそう、試作機やオランダ空軍向けの機体は翼幅が12mだったらしいぞ。

結局のところ、ハシにもボーにもかからない、ひどい飛行機だった、NVI FK31。この「KO-66」はフィンランドのライセンス生産機らしくて、別の「KO-37」のおそらくオランダ製輸入機とは、機首前面や胴体腹部のディテールが細々違ってる。でもどっちで作ったにしてもとにかく使いものにならない飛行機だったことに変わりないのでありました。

試作機より胴体が伸びて、主翼に上反角がうっすらついて、垂直尾翼も前方に張り出す形になってる。

フィンランドが発注した8機のFK31のうち2機は、双フロートつきの水上機型の予定だったけど、水上機型は爆弾を積めなくなるのがわかって、中止になった。

フォッカーC.Vってこういう飛行機。いろんな国（フィンランド含む）に輸出されて、いろんなタイプがある。

ブレゲー14ってこういう飛行機。

フランス向けの、ド・モンジュM101C2。テストじゃ操縦性が良いと評価されたんだそうだけど、後のFK31の評判からするとちょっと信じ難いぞ。これと同じような機体をNVI社はベルギーにも売り込んだけど、オランダ政府の耐空証明みたいな認可が下りなくて、売り込みは失敗した。

作った人が悪いのか、売った会社が悪いのか、買った空軍が悪いのか、誰のせいにせよ、とにかく駄目飛行機はできちゃうものなのだ。

１９２２年のこと、パリ航空ショーにオランダの新興メーカーＮＶＩ社が複座の偵察戦闘機ＦＫ31のモックアップを出展した。ＦＫ31はコンパクトな単葉のパラソル翼機で、エンジンには空冷星型９気筒４５０hpのブリストル・ジュピターを予定して、主翼は木製羽布張り、胴体は前半がジュラルミン骨組みにジュラルミン外皮、後半は鋼管骨組みに羽布張りだった。

このＦＫ31はパリ航空ショーで大きな関心を集めた。その理由の一つは、設計者がフレデリック・コールホーフェンだったことだ。コールホーフェンは第１次世界大戦末期にイギリスのアームストロング・ホイットワース社でＦＫ８複葉複座偵察機を作って、これがかなりの成功作だったんで、設計家として名高かった。

それとＦＫ31が当時としてはすごい重武装だったことだ。ＦＫ31は主翼に４門、胴体前部に２門の固定機関銃と、それに後席に２門の旋回機銃の合計で８門の７・７mm機関銃を装備することになっていた。ＮＶＩ社としてはひとまずオランダ空軍の新型偵察機としての採用を狙ってたけど、この重武装と高性能を売りに、外国にもいろいろ売り込みを図った。

ＦＫ31の試作機は１９２３年６月に初飛行した。モックアップじゃ主翼が胴体上面にほぼくっ付いてて、パイロットの前方視界が心配になりそうだったのが、試作機では多少は間隔が開いたし、脚の支柱組みも整理された。でもすぐにＦＫ31は改設計されて、試作２号機では主翼には上反角が付いて胴体も延長された。どうやら初期形態のＦＫ31は安定性や操縦性に問題があったんじゃないかな。

しかし結局ＦＫ31は、同じくオランダ空軍の偵察機として試作されたフォッカーＣＶに敗れて不採用となる。それでも一応オランダ軍は東インド植民地（今のインドネシアだな）向けに改良型４機を買ってくれて、これらの機体は１９２５年秋に完成した。

またＮＶＩ社はフランスでの代理店のド・モンジュ社を通じて、ＦＫ31をちょっと手直ししたド・モンジュＭ１０１Ｃ２を、１９２５年10月にフランス空軍向けにデモンストレーションしたけど、こちらも売り込みは失敗に終わった。

そしてつい魔がさしてこのＦＫ31を買っちゃった国があった。フィンランドだ。フィンランド空軍は当時使ってた第１次世界大戦もののフランス製ブレゲー14偵察機の後継機を探してたところだった。そこでフィンランド空軍は、早とちりにもＦＫ31の使用実績とかが出そろう前の１９２５年４月に、輸入８機を発注、ライセンス生産権まで買ってしまった。

ところが１９２５年６月、フィンランド側はライセンス生産用の図面が、ちゃんとした製造用図面になってないのに気付く。心配になってＮＶＩ社に行ってみると、７月に引き渡し予定の機体も全然できてない状態だった。あんまりな状況なので、フィンランド側はライセンス生産を中止しようと思ったけど、すでにＦＫ31用のジュピター・エンジンを買い込んでたんで、いまさら中止もできなかった。

ＦＫ31輸入機は１９２６年９月に全機完成して引き渡された。でもこの頃にはコールホーフェンはＮＶＩ社と決別しちゃってたし、ＮＶＩ社自体も経営が傾いてきてたのだった。

フィンランドでのＦＫ31ライセンス生産もえらいことになった。フィンランド側が図面を調べると強度計算ができてない。普通に水平飛行しても壊れそうな構造強度だったのだ。強度計算と構造設計をやり直しだ。しかも製造用図面が来ないんで、輸入機を基にリバースエンジニアリングで製造図面を作る羽目になった。そんな目に遭いながらも、フィンランド側はなんとか１９３０年2月までに6機完成させた。

一方、輸入したＦＫ31は構造が弱くて危ないわ、エンジンの取付けが捻じれてくるわ、燃料タンクは漏れるわ、金属部品は腐食防止が不完全で、すぐに傷み始めるわの有り様だった。機体重量は４００kgも超過して、離陸時になかなか尾翼が上がらない。飛行中の振動がひどい、操縦席と主翼の間が狭くて、パイロットがパラシュートを付けてると脱出できない。という駄目っぷりで、１９２９年7月には飛行停止になってしまった。

ライセンス生産機もひどいもんで、地上滑走中に脚の取付け部分の胴体が凹んできたし、飛んだら飛んだで、風圧で機首部分が歪んで、飛ぶたびに飛行特性が変わっちゃった。いろいろ手直ししながら１９３１年までテストしたけど、実用は不可能と判断されて、１９３２年には廃棄された。ＦＫ31輸入機の飛行時間は10～50時間ぐらい、フィンランド製機に至っては１・５～５・５時間ぐらいしか飛ばなかった。その間に3回不時着したけど、誰も怪我しなかったのはＦＫ31の救いだったのかもしれない。

オランダ植民地軍のＦＫ31も整備の困難で１９３０年には退役している。ＮＶＩ社は１９２７年に倒産、コールホーフェンはその後も飛行機を作ったけど、幸いなことにその多くはＦＫ31よりずっとましだった。

リバースエンジニアリング

飛行機とかの工業製品は普通、仕様書や設計図がまずあって、それに従って作ることで実物ができあがるもんだけど、逆に、実物を基に、何をどうしてどうやって作ったのか探ったり調べたりして作るのを「リバース・エンジニアリング」という。

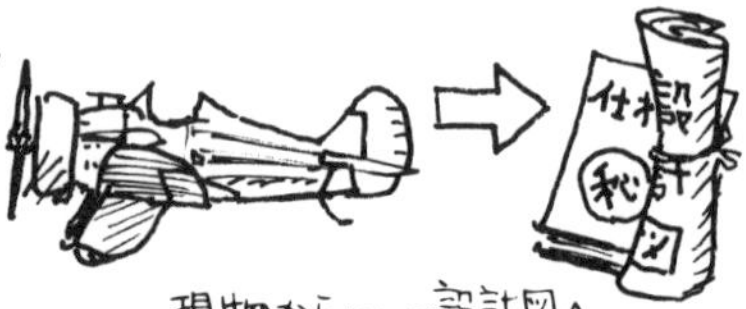

現物から……　……設計図へ

でもB-29のコピーに、ソ連はそりゃあ苦労したらしい。

リバース・エンジニアリングで有名なのはソ連のツポレフTu-4爆撃機。重爆撃機が欲しかったソ連は、アメリカがボーイングB-29を渡してくれないんで、1944年に日本を爆撃した後、ソ連に不時着したB-29をまるまるコピーして、ツポレフTu-4を作った。Tu-4は1947年に初飛行して、約850機が生産された。

リバース・エンジニアリングは実物をバラして各部や部品の寸法を計ればいいってもんじゃなくて、材質や工作、工程とかも探り出さなくちゃならないから大変だ。

ソ連は1942年にアメリカの高級車パッカード8をリバース・エンジニアリングでコピーして、1945年からZIS-110っていうエラい人用リムジンを作った。

パキスタン空軍のF-7P。

中国が1980年代からいろんな国に輸出してるJ-7/F-7戦闘機も、基は1960年代初期に、ソ連のMiG-21をリバース・エンジニアリングしたのが始まり。ソ連と不仲になってて、MiG-21の図面や技術資料がもらえなかった。

中国はコピーしたMiG-21を独自に改良・発展させた。

File No. 9

野心に追いつく機体なし

ブリストル・レーサー

Bristol Racer

全幅：7.7m
全長：6.6m
重量：不詳
エンジン：ブリストル・ジュピター
　空冷星型9気筒(510hp)×1基
最大速度：352㎞/h(予定)
乗員：1名

もっと速く，350km/hへ，
といろんなアイデアとともに
突き進もうとしたら，1920年代
の技術が全然ついて
来られなかった，ブリストル・
レーサー。当時としては
後の世のベルX-1みたいな
感じだったのかなあ？

ブリストル・ブレット。レーサーより前，1920年半ばに
初飛行，その年の「エアリアル・ダービー」では3位に
終わり，450hpのジュピターIIエンジンをつけて，
この姿に改造された。1921年の
レースでは227km/hを
出して2位だった。

として ブリストル・レーサー
は，ブレットを上回る
圧倒的な速さを，
ジュピター・エンジン
で目指したのだった
……が！

主脚の脚柱は，
胴体の溝
に収まる
ように湾曲
してる。

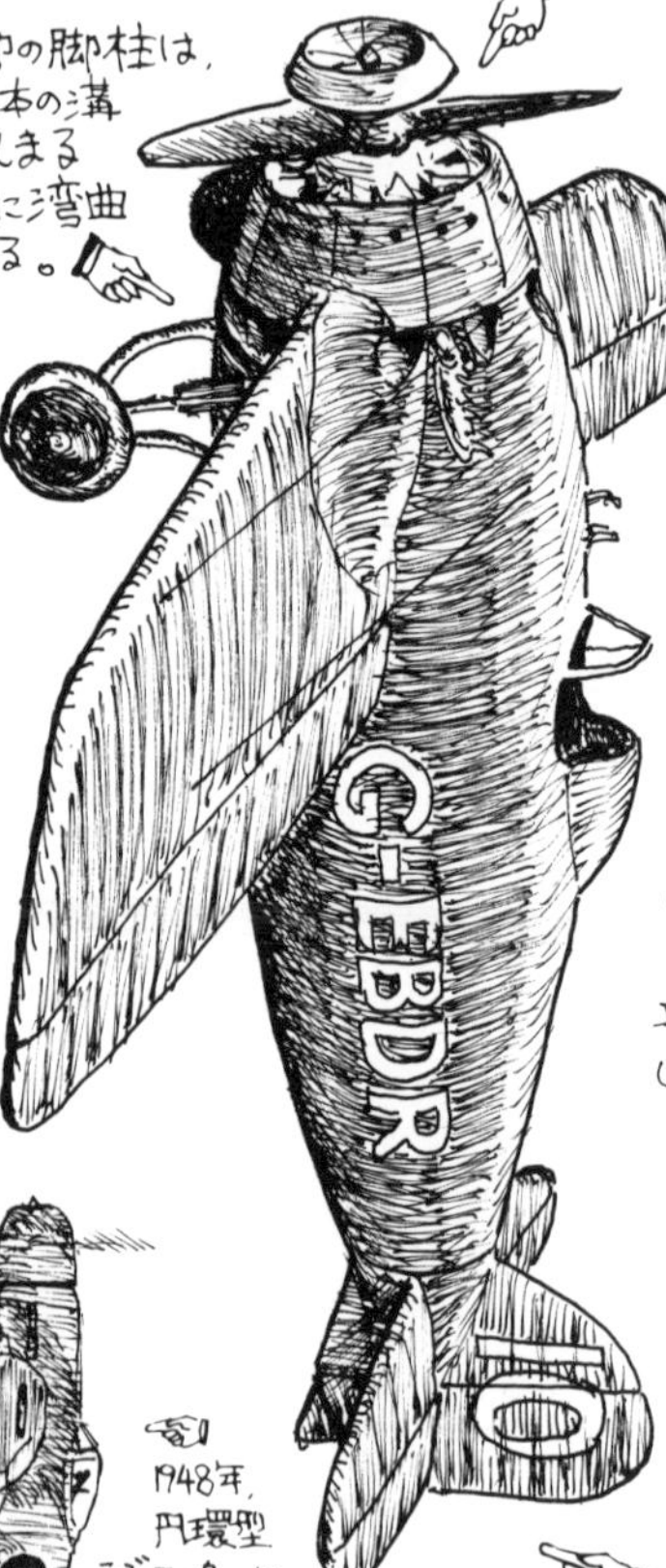

電気スタンド
の笠みたいな
スピナ。内側には
自転車のスポーク
みたいに張線が
張ってあった。
スピナ前面には穴が開いてて，
空気が通るようになってたんだが，
それって後の世の「ダクテッド・スピナ」
の先駆か？ とにかく，タウネンドリング
もカウリングもない時代に空冷星型
エンジンによる抵抗を少しでも小さく
しようとしたんだなあ。

ブリストル・レーサーは全面まっ赤
の塗装で胴体前部側面
には白い筆記体の文字で
“Bristol”の文字が書かれて，
登録記号G-EBDRと，垂直
尾翼の「10」も白だったようだ。

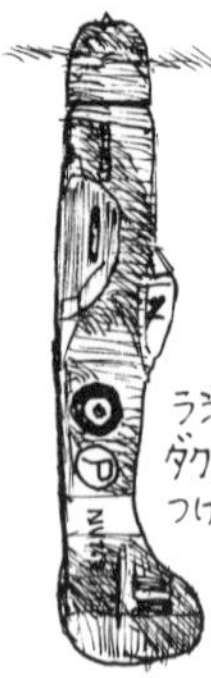

1948年，
円環型
ラジエーターに，
ダクテッド・スピナを
つけてテストした，
ホーカー・
テンペストV
（NV768）。

ブリストル・レーサーのこの姿は，
補助翼が大きくて，主翼と胴体を
結ぶ張線があって，スピナがついてるから，おそらく
4回目の飛行の前後あたりなんじゃないだろうか。
「改良されて整流板がついたスピナ」が
どんなもんなのか，写真がなくてわかんないのよ。

イギリスのブリストル社は、飛行機だけじゃなくて、ペガサス、ハーキュリーズ、セントーラスとかの空冷星型エンジンのメーカーとしても名高いけど、ブリストル社がエンジンを作るようになったのは、第１次世界大戦後の１９２０年に、倒産したコスモス社っていう小さなエンジン・メーカーを引き取ったことからだった。

コスモス社が開発した空冷星型７気筒エンジンのジュピターは、当時としては軽くて高出力、信頼性も整備性も優れた良いエンジンで、ブリストル社はその製造権を手に入れた。ブリストル社は１９２０年に、このコスモス・ジュピターを使った高速実験機ブレットを作って、コスモス社とは縁があったのだな。

しかしジュピター・エンジンはイギリスの飛行機用エンジンの市場では新顔で、実績も知名度も無かった。そこでブリストル社は、ジュピター・エンジン装備の高速機を作って、どこかの航空レースで勝って、ジュピターの高性能を見せつけてやろう、と考えた。

ブリストルの高速レース機の概案は１９２１年11月にまとまり、１９２２年１月には詳細設計に入った。目指す速度は３５４km／h、当時のイギリス空軍の主力戦闘機は、第１次世界大戦最終段階で配備された、複葉のソッピース・スナイプだったけど、その速度が２００km／hだったから、すごい目標を立てたもんだ。

このレース機は単葉中翼で、主翼は小さく、張線もない片持ち翼にする。当時のことだから構造は木製羽布張りで、前後２本の桁は鋼鈑と木材を張り合わせたものだった。この短い主翼翼端は大きく後退して、後縁は全長にわたって補助翼が付く。しかも補助翼は翼弦長（ざっくりいうと翼の前後長さ）の１／４もあった。

胴体は抵抗の少ないずんぐりした流線型で、こちらは合板のモノコック構造で、内部には円環状のタガがはまって、そのタガを自転車のスポークみたいに鋼線で締めていた。胴体と主翼の取付け部にはフェアリングが付く。特別チューンのジュピター・エンジンは胴体の中に収めて、エンジンの気筒の間にはダクトとバッフルが設けられた。木製2枚ブレードのプロペラには合板製の大型スピナがついた。

しかもこのブリストル高速機、１９２０年代初期なのに、脚が引込み式になっていた。さらに、操縦席には密閉式のキャノピーも設計されたけど、結局取り付けられなかった。

ブリストル社はこの高速レース機に「ブリザード」という名前を提案したけど、航空省からは認められなくて、単に「ブリストル・レーサー」と呼ばれることとなった。なんにせよ、ブリストル・レーサーはこの１９２０年代初期にしては、とんでもなく先進的なアイディアの塊だった。しかしながら、問題は実際の機体がアイディアに追いついてなかったことにあった。

ブリストル・レーサーは１９２２年6月に完成、7月にテストパイロットのシリル・Ｆ.ユーウィンスの操縦で初飛行した。ところが離陸したとたん、補助翼が全然効かないことが分かった。ユーウィンスはなんとか飛行場を一周して着陸したが、大きな補助翼を動かすと、片持ち式の主翼の強度が弱いんで捻じれが生じて、補助翼の効果を打ち消しちゃってたのだ。

そこで空気抵抗が増えるのを我慢して、主翼に張線を付けて捻じれを抑えることとして、2回目の飛行に臨んだ。すると今度は離陸直後に機体前部で大きな破壊音がして、左翼前縁の羽布が裂けて、ピトー管が吹っ飛んだ。ユーウィンスはエンジンが壊れたと思ったが、機体は順調に上昇している。とにかく着陸してみると、スピナが無くなっていた。初飛行のときはスピナは無塗装だったけど、整備員がかっこよくしようと思ってしっかり塗装したら、その塗料の重みで遠心力が大きくなって、スピナが空中分解したのだった。

3回目の飛行ではなんとかまともに飛んだけど、スピナ無しだったので、速度は全然出なかったし、とにかく補助翼の効きが過敏すぎる。そこで補助翼の操縦性をなんとかしようと、ユーウィンスの提案で、操縦桿と補助翼操縦系統の間にカムとローラーを噛ませてみた。この機構で、操縦桿を少し振れば補助翼が少し動いて、大きく振ると補助翼も大きく動くという機構だ。

これが地上テストでは確かにうまく機能したんだが、4回目のテスト飛行に離陸すると、補助翼が全然動かない。飛行状態になると補助翼が操縦系統といっしょにたわんで、操縦系統とカムが離れちゃった。つまりユーウィンスが握る操縦桿は、補助翼と全然繋がらなくなったのだ。

これでカム機構は外して、補助翼の面積を40%に縮めた。問題のスピナは、プロペラとは別にして、回転しない整流カバーにしたんだけど、飛行テストだとこの新型整流用スピナのおかげで機体前部の気流がかえって乱れちゃった。

このスピナの問題をはじめ、次から次の問題の解決に時間を取られてるうちに、ブリストル・レーサーは狙い通りの速度を出せるか怪しくなってきた。パイロットのユーウィンスも、見込はなさそうだと進言して、レーサーは7回飛行した時点で開発中止になってしまった。6回目と7回目の飛行じゃ、脚の引込みはうまくいったんだそうだ。良かったな。

イラストで見る 航空用語の基礎知識 basic knowledge ☞ ピトー管

飛行機の機首先端や翼端、
翼下面とかに細い棒が出てるでしょ？
プラモデルだと、なにかと
折れちゃうやつ。あれは
本当は棒じゃなくて管。
ピトー管っていう管で、飛行機の速度を
計るための大事なものなのだ。折らないでね。

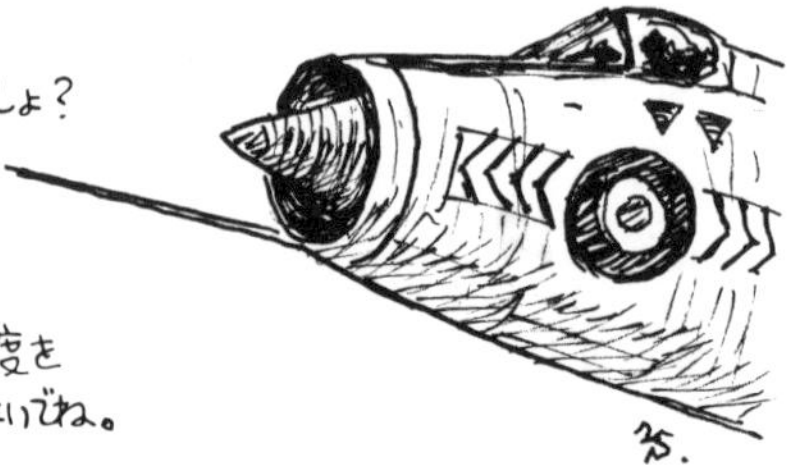

18世紀フランスのアンリ・ピトー
Henri Pitotって人が考え出した。

ピトー管は2重になっていて、内側の管は
先端の穴から空気を取り込んで、
その流れの圧力(全圧)を計る。
外側の管は、側面の穴から
空気を入れて、流れと
関係のない空気の
圧力(静圧)を計る。
この「全圧」と「静圧」の
差から速度を割り出す。

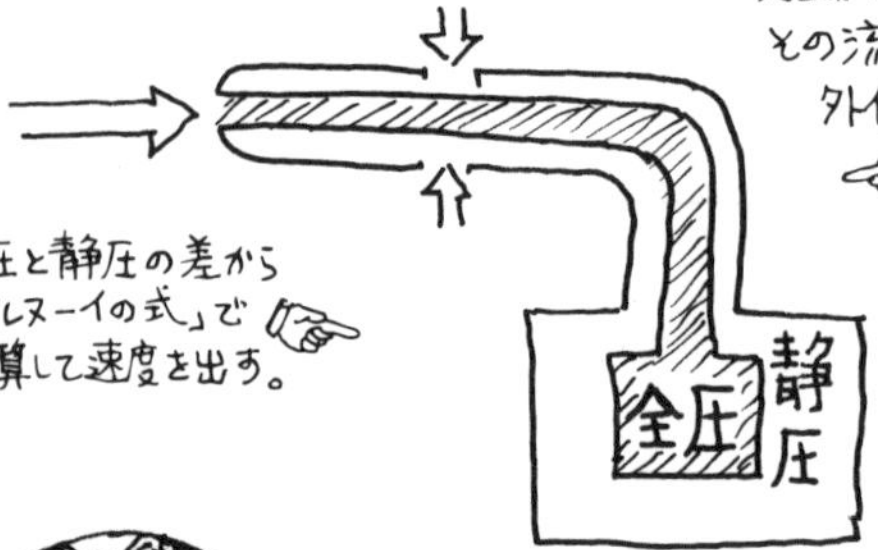

全圧と静圧の差から
「ベルヌーイの式」で
計算して速度を出す。

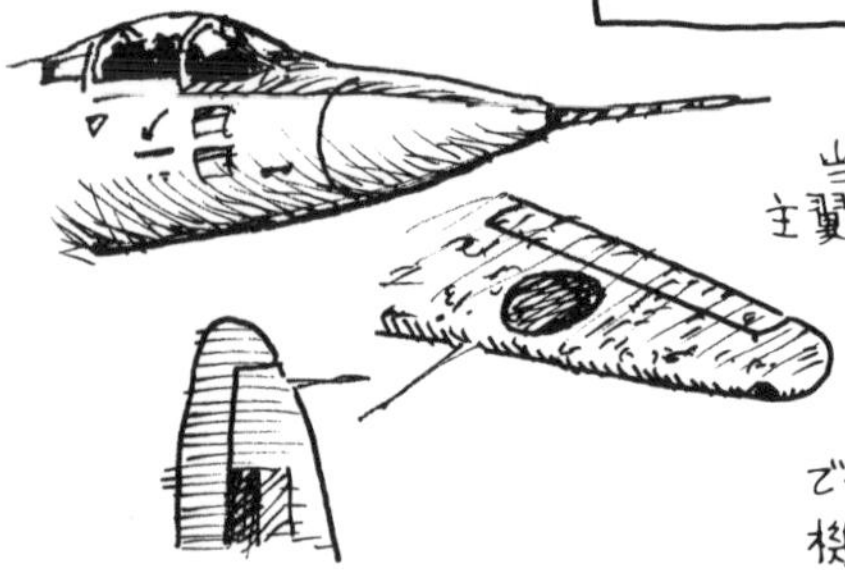

ピトー管にはまっさらな気流を
当ててやりたいんで、機首先端や
主翼の翼端に近いあたりの前縁、
あるいは垂直尾翼とかに
取り付けられてきた。

でも最近の戦闘機だと、
機首先端にピトー管があると、
レーダーの邪魔になるんで、
機首側面についてたりする。
旅客機も、
側面に
複数
つけてる。

ピトー管の穴にハチが巣を作って、ピトー管からの
速度データが狂って、旅客機の操縦システムが
異常を起こして墜落、
なんて事故もあった。

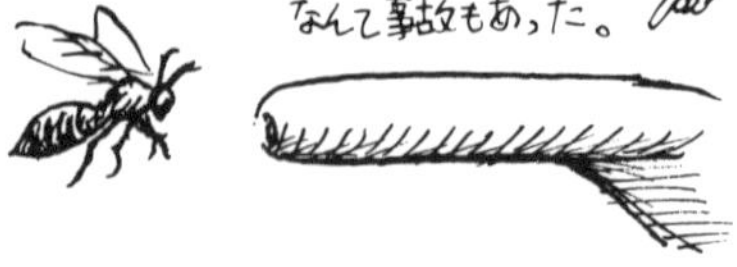

File No. 10

でも お高いんでしょう？

ノースアメリカンXB-21 ドラゴン

North American XB-21 Dragon

全幅：29.0m
全長：18.8m
全高：4.5m
自重：8,656kg
総重量：12,362kg
エンジン：プラット&ホイットニー R-2180-Aツインホーネット
空冷星型14気筒（1,200hp）×2基
最大速度：354km/h、
実用上昇限度：7,620m
航続距離：最大4,990km
兵装：7.62mm機関銃×5門
爆弾最大4,536kg
乗員：7名

ノースアメリカンXB-21，社内名称NA-21，後にNA-39。性能じゃB-18Aより断然いいけど，値段は倍近い。値段じゃB-17の「25機生産なら1機196730ドル」の2/3程度だけど，それなら4発のB-17の方が断然優れてる。かくしてXB-21の運命は究まってしまったのでありました。

爆撃機が欲しいけど予算が……，それなら大丈夫，ダグラスB-18Aは驚きのおトク価格。ただし，性能は価格相応なので，その点はご了承ください。

もらったシリアルNo.は「38-485」。

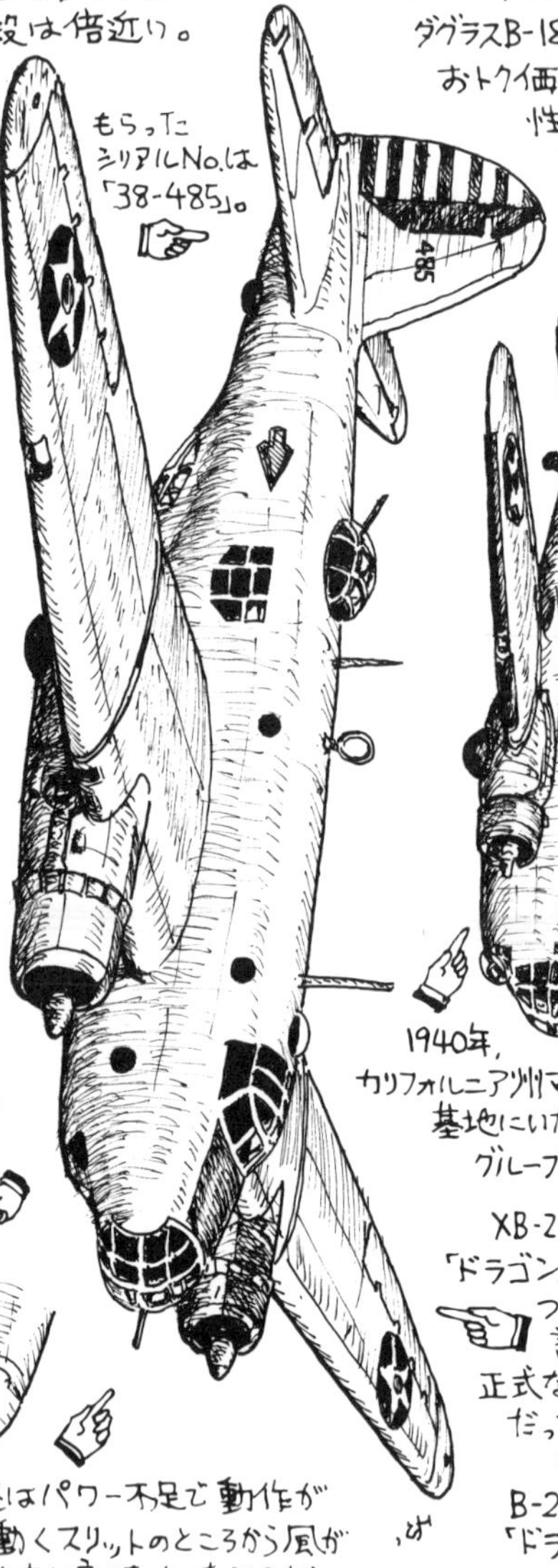

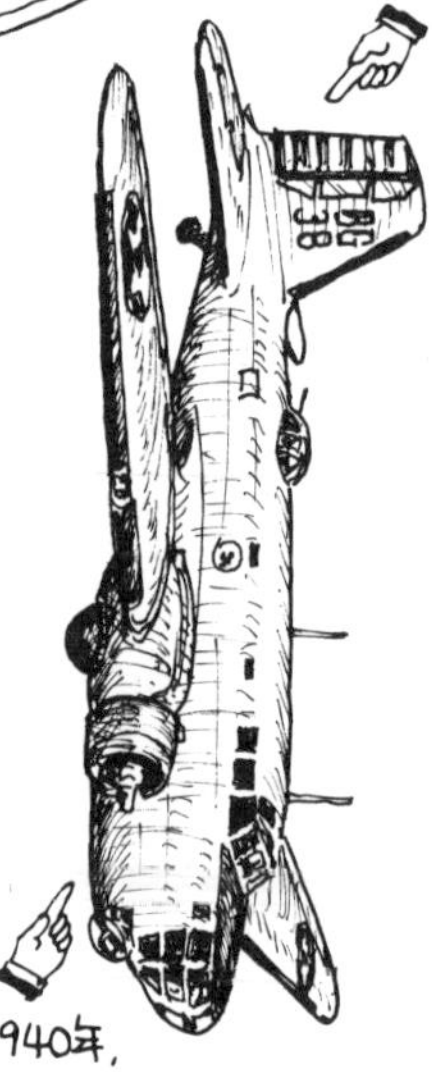

1940年，カリフォルニア州マーチ・フィールド基地にいた，第7爆撃グループのB-18A。

最初は排気タービンは，ナセルの上面に置かれてたんだけど，後にナセル外側の側面に移された。

初飛行のときは，銃座がなくて，代わりにこんな金属のカバーがついてた。

XB-21はしばしば「ドラゴン」って名前がついてたように言われるけど，正式なニックネームだったのかなあ。後のダグラスB-23はたしかに「ドラゴン」だったみたいだけど。

XB-21の動力銃座はパワー不足で動作が遅いし，機関銃の動くスリットのところから風が吹き込んで，あまり出来が良くなかったそうだ。

アメリカ陸軍航空隊が、まだ戦略爆撃機の大部隊を作ろうと決心する前の１９３６年のこと、新型の爆撃機の要求仕様「36-５２８」というのがメーカー各社に提示された。

当時のアメリカ陸軍が爆撃機でやろうとしたのは、アメリカ本土に向かってくる敵の艦隊（たぶん日本の）を洋上はるかで迎え撃って、空からの爆撃で叩きつぶすことだった。

そのためにすでにアメリカ陸軍はボーイング社に４発のＹＢ-17をとりあえず評価試験用に発注してたし、ダグラス社には双発のＢ-18を量産発注していた。でも予算がないから、高いＹＢ-17は少ししか買えなくて、安いＢ-18で数を揃えることにした。アメリカは海に挟まれてるから、爆撃機はたくさん必要だったのだ。今度の爆撃機要求はＢ-18を補完する、もうちょっと性能の良い爆撃機を求めるものだった。

これに応えて、当時はまだ新興だったノースアメリカン社はＮＡ-21という設計案を提示した。ノースアメリカン社は高等練習機ＢＴ-９（その発展型が後のＴ-６テキサン）で成功を収めつつあるところだった。

ＮＡ-21は当時としてはかなり野心的な機体で、機体構造はもちろん全金属製で引込み脚、エンジンはプラット&ホイットニーＲ-２１８０-Ａ空冷星型14気筒１２００hpの双発で、エンジンナセルは主翼下面に貼り付けられて、その上面にターボスーパーチャージャーを装備する。このターボチャージャーで高度１万２０００ｍぐらいを飛ぶつもりで、乗員には酸素供給装置が付く。

爆弾搭載量は約４・５トン、防御武装は機首と胴体背部の動力銃座、胴体側面左右、それに腹部に７・62㎜機関銃各１門の計５門を装備するという、当時としてはなかなかのものだった。

こんなＮＡ－21は、ＤＣ－２旅客機を基にしたダグラスＢ－18よりずっと逞しい感じで、爆撃機らしい姿だった。でも全体的な配置はＢ－18によく似てて、爆撃機設計に経験の無かったノースアメリカン社は、先行他社のモデルを参考にしたんだろうか。ＮＡ－21でちょっと妙な点があるとすれば、両翼のエンジンナセルと胴体の間を水平の支柱で繋いでるところぐらいだ。なんか振動の問題でもあったんだろうか。

ＮＡ－21の試作機は１９３６年12月には完成して、12月22日にカリフォルニア州ロサンゼルスのマインズ・フィールド飛行場（後のロサンゼルス国際空港だ）で初飛行した。初飛行のときは機首と背部の動力銃座は未装備で、銃座の形の金属製のフェアリングを付けて飛んだ。

ＮＡ－21は社内テストでは概ね良好だったけど、尾翼がバフェッティングを起こすのと、ターボチャージャーが過回転してエンジンの温度が上がりすぎるという問題があった。この問題は排気タービンをナセル上面から外側側面に移したら解決した。

ＮＡ－21は軍の要求通り、１９３７年にはオハイオ州ライト・パターソン基地に送られて、軍のテストを受けた。この試験では、同じ要求で作られたダグラス社のＢ－18Ａと比較評価されることとなった。Ｂ－18Ａは前作Ｂ－18の改良型で、ダグラス社としては手堅く、そして安さで勝負するつもりだったようだ。

テストではＮＡ－21はＢ－18Ａを大きく上回る性能を示した。機体の寸法も重量もＮＡ－21の方がＢ－18Ａよりひと回り大きいんだが、爆弾搭載量はＮＡ－21が最大４５３６㎏に対してＢ－18Ａは１９９６㎏、防御武装はＮＡ－21が７・62㎜機関銃５門で、Ｂ－18Ａは３門、航続距離はＮＡ－21が最大４９９０㎞、５００㎏爆弾８

発を積んでも１０６２kmなのに、B-18Aは最大３３８０km、通常だと９００kmだった。

速度ではNA-21が最大速度３５４km／hで巡航速度３０５km／hに比べて、B-18Aは３４８km／hと２６９km／hだった。最大速度はたいして違わないけど、巡航速度の差が大きい。これで実用上昇限度はNA-21が７６２０m、B-18Aが７２８５mだった。つまりどこをとってもNA-21の方がB-18Aより優れてた。

しかし性能が良ければいいってもんじゃなかった。機体価格だ。ノースアメリカン社がNA-21に付けた値段は、50機生産した場合の機体単価が12万２６００ドルだった。それに対してB-18Aはたったの６万３９７７ドル、NA-21は倍近く高いのだ。もちろんB-18Aは元が旅客機で開発費は安いし、最初の量産型B-18の単なる改良型で実質上追加生産だから、量産効果も加わって、驚きの価格でご提供できたのだ。

なんとか少ない予算で爆撃機を揃えようとしていたアメリカ陸軍にとっては、とにかく安いB-18Aの方がありがたくて、NA-21は性能は良いんだけど、とても量産発注できる機体じゃなかった。それにどうせ高い値段で買うなら、NA-21よりさらに大きくて高性能の４発のボーイングB-17の方が良かったから、NA-21は不採用で試作1機だけで終わってしまった。

NA-21は改修で社内名称がNA-39に改められて、１９３９年には陸軍が購入してくれてXB-21の正式名称ももらえたけど、それだけのことだった。もしアメリカ陸軍がNA-21の価格と性能に納得して、B-17の方を諦めてたら、第２次世界大戦はどうなってたんだろうな。

ボーイングB-17 フライングフォートレス

ボーイングB-17の原型、モデル299は、1934年の多発爆撃機要求に応えて、ボーイング社が自社資金で作って、1935年7月に初飛行させた。価格が高くて、ダグラスB-18に負けちゃったけど、陸軍はその性能と将来性を諦めなかった。

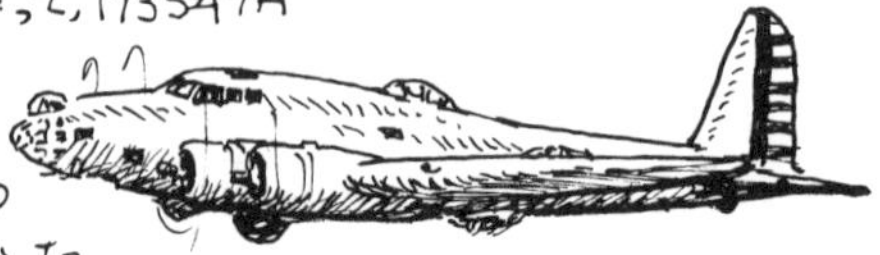

B-17C。38機生産。

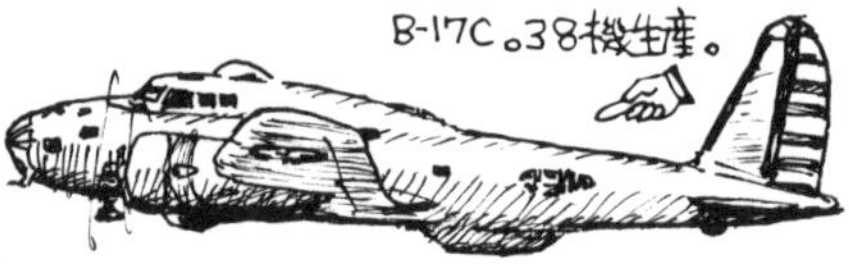

アメリカ陸軍は少い予算をやりくりして、評価試験用機YB-17、Y1B-17を作らせて、実用型B-17B(39機)、B-17C(38機)、B-17D(42機)を生産させていった。

アメリカ軍がヨーロッパで使った最初のB-17はE型だった。

1941年から512機が作られたB-17E。垂直尾翼が大きくなって背ビレもついて、動力銃座を装備して、本格的な実戦機になった。

尾部銃座もE型から。

B-17E～Gはドイツ爆撃に猛威をふるったけど、損失も多くて、生産数の1/3近くが失われたともいう。

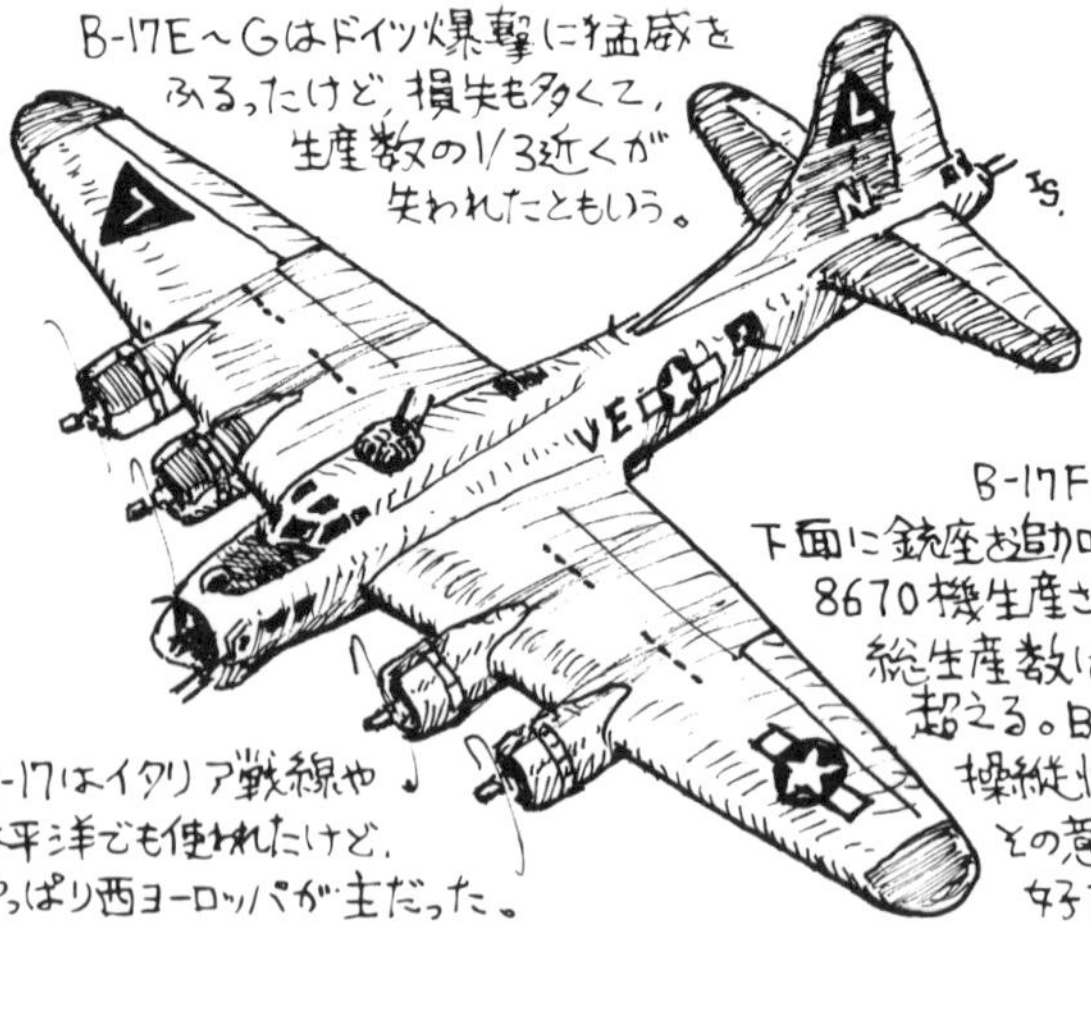

3405機生産されたB-17Fに続いて、機首下面に銃座を追加したB-17Gが8670機生産された。B-17の総生産数は12700機を超える。B-17は頑丈で操縦性にクセがなくて、その意味では乗員に好まれたそうな。

B-17はイタリア戦線や太平洋でも使われたけど、やっぱり西ヨーロッパが主だった。

File No. 11

売りつけられたのは不良品

シェラFF6

Kjeller FF6

全幅：11.8m
全長：7.3m
全高：3.6m
重量：不明
エンジン：イスパノスイザ8A
水冷V型8気筒（150hp）×1基
最大速度：130㎞/h（予定）
武装：7.7㎜機関銃×2門（推定）
乗員：2名

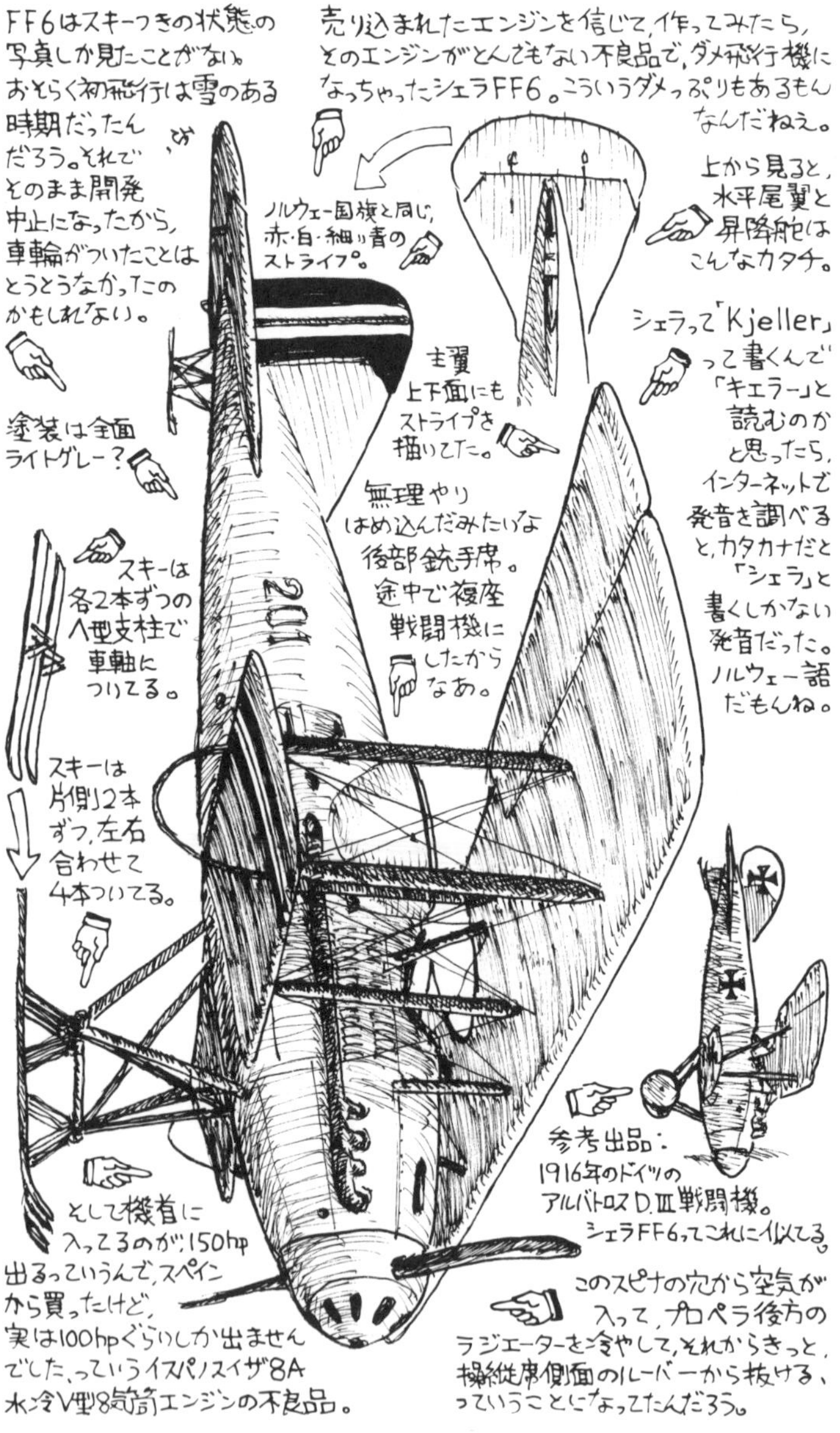

FF6はスキーつきの状態の写真しか見たことがない。おそらく初飛行は雪のある時期だったんだろう。それでそのまま開発中止になったから、車輪がついたことはとうとうなかったのかもしれない。

売り込まれたエンジンを信じて、作ってみたら、そのエンジンがとんでもない不良品で、ダメ飛行機になっちゃったシェラFF6。こういうダメっぷりもあるもんなんだねえ。

ノルウェー国旗と同じ、赤・白・細い青のストライプ。

上から見ると、水平尾翼と昇降舵はこんなカタチ。

シェラって「Kjeller」って書くんで「キエラー」と読むのかと思ったら、インターネットで発音を調べると、カタカナだと「シェラ」と書くしかない発音だった。ノルウェー語だもんね。

主翼上下面にもストライプを描いてた。

塗装は全面ライトグレー？

無理やりはめ込んだみたいな後部銃手席。途中で複座戦闘機にしたからなあ。

スキーは各2本ずつのヘ型支柱で車軸につけてる。

スキーは片側2本ずつ、左右合わせて4本ついてる。

参考出品：1916年のドイツのアルバトロスD.Ⅲ戦闘機。シェラFF6ってこれに似てる。

そして機首に入ってるのが、150hp出るっていうんで、スペインから買ったけど、実は100hpぐらいしか出ませんでした、っていうイスパノスイザ8A水冷V型8気筒エンジンの不良品。

このスピナの穴から空気が入って、プロペラ後方のラジエーターを冷やして、それからきっと、操縦席側面のルーバーから抜ける、っていうことになってたんだろう。

北ヨーロッパはスカンジナビア半島のノルウェーで飛行機が作られるようなったのは、第１次世界大戦が始まる前年の１９１３年のことだった。なんでもエイナー・セム・ヤコブセン大尉が１９１２年にフランスに行ったときに、モーリス・ファルマンの飛行機を見てきて、帰ってから記憶を基に設計図を描いて、ファルマンＭＦ７のコピー機を作ったんだそうだ。

それから１年後の１９１４年にはオスロの北、リレストレムにあるシェラに国営の飛行機製作所を設立、フランスやイギリスの飛行機をコピーしたり、それらを基にした飛行機を作るようになった。ノルウェー陸軍に飛行隊が編成されたのも同じ１９１４年のことだった。

そんなわけで、第１次世界大戦が終わった１９１９年には、ノルウェーもまだまだ小規模ながら、一応飛行機を製造する態勢はできていたのだ。そしてそこにスペインから耳寄りな話が入ってくる。フランス製の航空機用イスパノスイザ８Ａエンジンが５基あるから買わないか、というのだ。

イスパノスイザの水冷Ｖ型８気筒エンジンは、１９１４年に開発され、初期型のイスパノスイザ８Ａは出力１５０hpと当時としてはかなり強力で、フランス空軍の主力となったスパッドＳ.Ⅶ戦闘機をはじめ、いろんな機体に装備されて広く使われた。大戦中に改良されて、出力は１８０hp、２００hpと向上して、大戦末期には排気量を拡大して３００hpを出すものまで現れた。イスパノスイザ８シリーズは、イギリスやアメリカ、イタリア、ロシアでもライセンス生産されて、つまり優秀なエンジンだった。

ノルウェーに売り込まれたイスパノスイザ８Ａは、初期型で１５０hpしか出ないから、１９１９年の時点じゃパワーがちょっと物足りない。でもそれまでノルウェーが作った飛行機のエンジンは70～90hp程度だったから、それに比べたら格段に強力だった。ノルウェーの航空産業も生まれて間もないことだし、とりあえず第1次世界大戦の普通の軍用機なみの性能の飛行機を国産開発するなら、１５０hpもあれば充分と考えられたんだろう。それにきっと値段も安かったんじゃないかな。第1次世界大戦が終わって、各国とも軍備縮小でいろんな装備品とか放出してただろうから、このスペインからのイスパノスイザエンジンもそんな「出もの」だったのかもしれない。

とにかくノルウェー陸軍はこのイスパノスイザ８Ａエンジンを買い込んで、これを使って単座の戦闘機を国産開発することとした。担当するのはシェラの国営飛行機工場、この当時はまだ陸軍飛行機工場という名前だったらしい。機体名称はＦＦ６、陸軍名はＴ２だった。ヘレッセン博士を設計者に、１９１９年の秋から設計作業が始められた。

ＦＦ６は単座戦闘機のはずだったけど、ノルウェー陸軍は途中から複座戦闘機に変更した。この頃は複座戦闘機はいろんな方向に射撃できて有効な機種と考えられてたし、複座なら偵察にも使えて便利、という考えもあったんじゃないだろうか。ノルウェー陸軍の航空部隊も小規模だったし、予算も少なかったろうから、１機種でいろんな用途に使える飛行機が望ましかったろう。

ＦＦ６は複葉で、主翼は木製骨組みに羽布張りで、上翼より下翼の方が小さくて、上下翼とも翼端が斜めに切れてる。胴体は木製モノコック構造で流線型、機首の先端には大きなスピナが付く。その後端に食い込むような形で一枚ものの水平尾翼が取り付けられる。垂直尾翼は3角形で、方向舵は先端が丸い。ＦＦ６でちょっと面白いのは、ラジエーターがエンジン前方のプロペラ後方に置かれて、大きなスピナに空気取り入れ用のスリットが開いてるところだ。

　という具合に特徴を並べると、ＦＦ６の機体は、第1次世界大戦中のドイツのアルバトロスＤⅢ～Ⅴ戦闘機によく似てる。第1次世界大戦に負けてドイツは飛行機製造を禁じられるんだけど、技術者がノルウェーに渡ってヘレッセン博士を手伝ったのか、ヘレッセン博士がドイツで勉強したのか、どうもＦＦ６にはアルバトロスの影響があったようだ。実際、シェラ飛行機工場は後にドイツ製の飛行機のライセンス生産をしてる。

　シェラＦＦ６の機体は設計開始から2年後の１９２１年に完成、初飛行した。そしてその初飛行で、2年間の努力はすべて無駄になった。いろいろと飛行特性がひどかったんだが、それに加えて全然遅いのだ。設計時の見積もりだと、最大速度１３０㎞／ｈは出せるはずだったのが、１００㎞／ｈで飛ぶのがやっとだった。調べてみると、エンジンの出力が１５０hpどころか１０３hpしか出ていなかった。どうやらノルウェー陸軍はスペインから不良品のエンジンを掴まされてしまったようだ。

　そもそもこのエンジンを前提にしてＦＦ６は作られたのに、そのエンジンがこんな有り様じゃ前提から崩れ去ってるわけで、ＦＦ６はこの初飛行を最後に開発中止になってしまった。

　エンジンの開発失敗で駄目になった飛行機はいろいろあるけど、買ってきたエンジンが粗悪品だったせいで駄目飛行機になった、っていうのはこのシェラＦＦ６ぐらいじゃないかな。

ノルウェー空軍

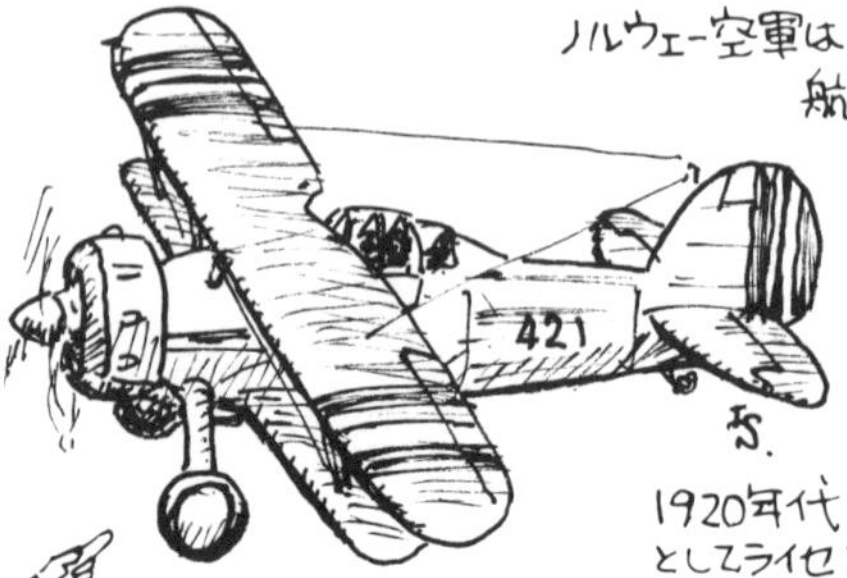

ノルウェー空軍は1944年11月に、陸軍と海軍の航空隊さ統合して設立された。
当時ノルウェーはドイツの占領下だったから、
つまりイギリスに逃れてイギリス空軍で戦ってた、ノルウェー人で編成された。

1920年代にシェラ工場で「FF7ハウク」としてライセンス生産した、ドイツのハノーヴァーCL.Ⅴ複座戦闘機。

1940年にドイツ軍が侵攻してきたときのノルウェー陸軍の主力戦闘機は、12機のグロスター・グラジエーター。必死に戦ったんだけど…。

1940〜42年にアイスランドで働いてた。

イギリス空軍の亡命ノルウェー人部隊の一つ、No.330スコードロンのアメリカ製ノースロップN3P-B水上偵察機。

スピットファイアのノルウェー人部隊も2つあったし、他のいろんな部隊にもノルウェー人パイロットが配属されて戦った。

第2次大戦後のノルウェー空軍は…

ノルウェー空軍のインシグニア。
青白の円の中に、赤・白・青線のペナント。

F-86Fや

F-5A/Bとか……

CF-104とか……

今じゃF-16を使ってて、F-35Aさ導入してる。
JSM対艦ミサイルはノルウェー製だ。

File No. 12

働かざる者、飛ぶべからず

ラテコエール570

Latecoere 570

全幅：23.4m
全長：18.8m
全高：6.5m
自重：5,841kg
総重量：10,080kg
エンジン：イスパノスイザHS14Aa
　空冷星型14気筒980hp×2基
最大速度：469km/h
実用上昇限度：8,800m
航続距離：2,000km
兵装：20mmイスパノスイザHS9機関砲×2門
　（背部・腹部の引込み式銃座）
　500kg爆弾×2発（翼内）
　200kg爆弾×5発（胴体内）
　100kg爆弾×1発（胴体内）
乗員：4名

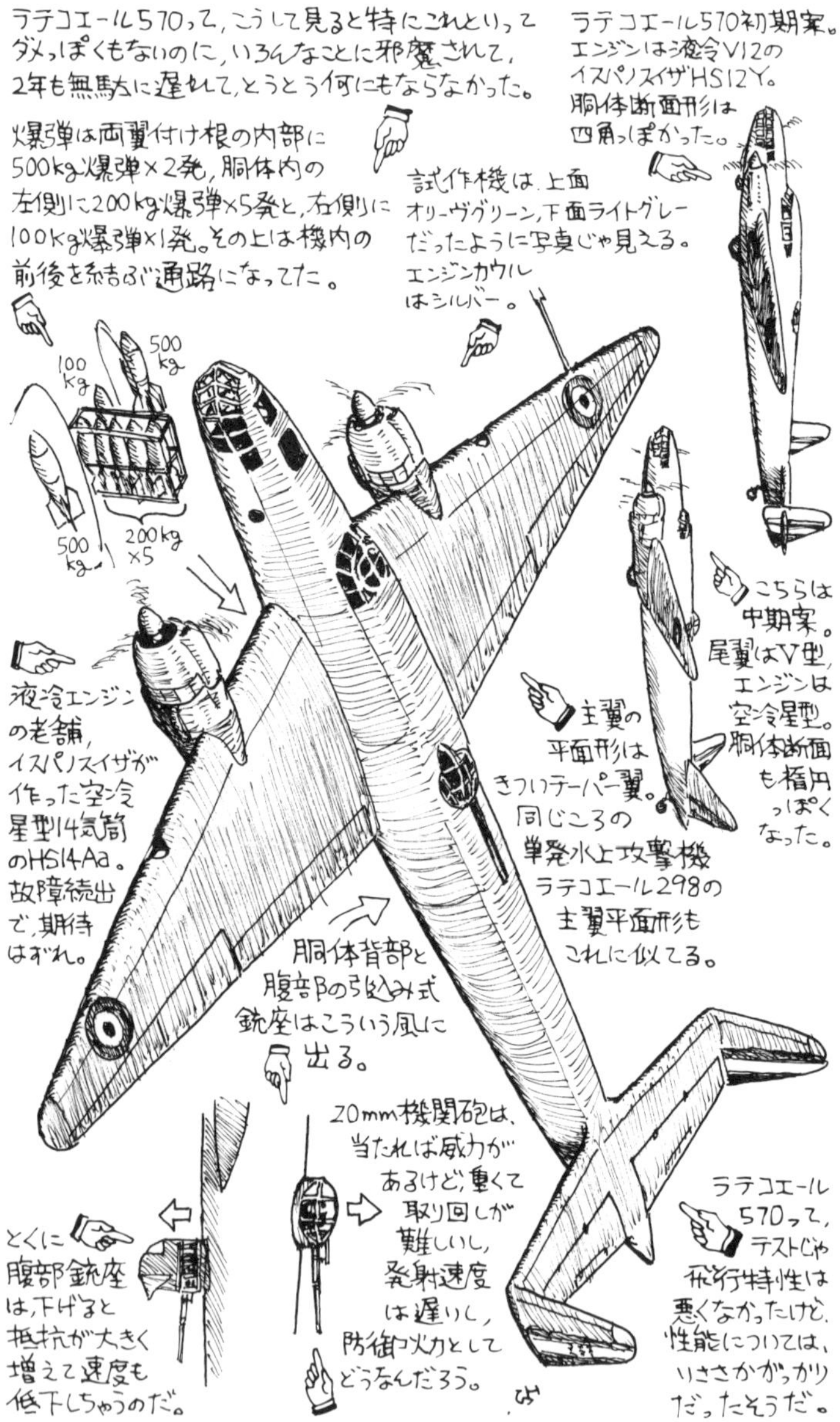

ラテコエール570って、こうして見ると特にこれといってダメっぽくもないのに、いろんなことに邪魔されて、2年も無駄に遅れて、とうとう何にもならなかった。
ラテコエール570初期案。エンジンは液冷V12のイスパノスイザHS12Y。胴体断面形は四角っぽかった。
爆弾は両翼付け根の内部に500kg爆弾×2発、胴体内の左側に200kg爆弾×5発と、右側に100kg爆弾×1発。その上は機内の前後を結ぶ通路になってた。
試作機は、上面オリーヴグリーン、下面ライトグレーだったように写真じゃ見える。エンジンカウルはシルバー。
500 kg
100 kg
500 kg
200kg ×5
液冷エンジンの老舗、イスパノスイザが作った空冷星型14気筒のHS14Aa。故障続出で、期待はずれ。

こちらは中期案。尾翼はV型、エンジンは空冷星型。胴体断面も楕円っぽくなった。

主翼の平面形はきついテーパー翼。同じころの単発水上攻撃機ラテコエール298の主翼平面形もこれに似てる。

胴体背部と腹部の引込み式銃座はこういう風に出る。

とくに腹部銃座は、下げると抵抗が大きく増えて速度も低下しちゃうのだ。

20mm機関砲は、当たれば威力があるけど、重くて取り回しが難しいし、発射速度は遅いし、防御火力としてどうなんだろう。

ラテコエール570って、テストじゃ飛行特性は悪くなかったけど、性能については、いささかがっかりだったそうだ。

フランスのラテコエール５７０は、ひょっとしたらちゃんとした爆撃機になって、第２次世界大戦でそれなりに働いたかもしれない機体だった。ところがラテコエール５７０は１機が作られただけで、ろくにテストもされずに、フランスの敗北とともに消えてしまった。

設計が悪かったわけじゃない。ラテコエール５７０はわずかなテストでもそれなりの性能と、良好な飛行特性を示してた。それなのにこんな終わり方になったのは、当時のフランスの航空工業と政府の航空政策のせいだったのだ。

そもそもの始まりは、１９３４年11月にフランス航空省が提示した、新型４座爆撃機「Ｂ４」を求めるＡ－21計画だった。航空省が求めたのは、爆弾１０００kgを積んで１５００km飛べて、最大速度４００km／ｈで高度４０００ｍを飛ぶ爆撃機、つまりフランス国内からドイツの主要な都市や工場を爆撃する機体だ。

それまでのフランス爆撃機が固定脚で支柱だらけの鈍重なのばっかりだったのに対して、このＡ－21計画じゃ、ちゃんと引込み脚や可変ピッチプロペラ、機関砲装備の引込み式銃座など、いろんな新技術の採用も求めてた。

Ａ－21計画の予定表としては、各メーカーからの試作機が１９３７年にはできてきて、試作機の審査を４月に開始、その年のうちには採用機を決めて、生産に入って、１９４０年にはそれまでの爆撃機をすべてこのＡ－21計画の新型爆撃機に入れ替えるつもりだった。

このＡ－21計画で試作機を作ることにしたのが、リオレ・エ・オリヴィエとアミオ、ロマノ（後に撤退）、それにラテコエールの各社だった。ラテコエールは水上機や飛行艇を得意にしてたけど、陸上機も作るし、少し前にはどうにもならない鈍くさい試作陸上／水上爆撃機ラテコエール５５０という機体も作ったことがあった。

ラテコエール社では１９３５年3月から新爆撃機５７０の検討と設計を始めた。初期案では、機体は全金属製で、胴体はモノコック構造、きついテーパーの主翼は中翼配置で胴体との間に大きなフィレットが付いて、尾翼は双尾翼。エンジンは液冷Ｖ型12気筒のイスパノスイザＨＳ12Ｙ８７０hpをとりあえず考えた。

しかしこれではどうも馬力不足になりそうだ。ちょうどイスパノスイザは、この会社にしては初めてといっても良い空冷エンジンを開発中だった。14気筒のＨＳ14Ａａは９７５hpも出る予定で、航空省もこのエンジンにえらく期待をかけていた。ラテコエール５７０もこのＨＳ14Ａａにエンジンを切り替えることにした。

機体の方も設計が進むにつれ、主翼を低翼配置にしたり、いろいろ変わっていって、一時期はＶ型尾翼も考えられた。でもＶ型尾翼だと背部の機関砲銃座の後方射界が悪くなりそうなんで、やっぱり普通の双尾翼に戻して、主翼フィレットも無くして、最終的な設計案になった。

ラテコエール社はこの設計案を１９３６年末に航空省に提出したけど、この間にフランスじゃ政権が左翼の人民戦線政府に替わって、航空省の開発政策も変わっちゃった。爆撃機の要求も改まって、最大速度は４７０km／hに引き上げられた。そんなわけでラテコエール社は航空省と何度も協議を重ねなくちゃならなかった。しかも期待のイスパノスイザＨＳ14Ａａ空冷エンジンが開発に難航、信頼性がえらく低かった。ラテコエール社はエンジンはこれで良いのか、ほかのエンジンの代替案を考えるべきか、説明しなくちゃならなかったり、いろいろなことで時間がかかっちゃった。

そして１９３７年4月にラテコエール５７０は試作発注をもらったんだが、それからがまた大変だった。なにしろ左翼政権ができるくらいだから、フランスじゃ労働組合が強くなってて、ラテコエール社の南仏トゥールーズ工場でも、１９３７年中の従業員のスローダウンで作業の進捗速度は10％に低下して、労働組合の指示による職場放棄で従業員の70％がいなくなってしまった。おかげで製造は全然進まず、しかたなくバイヨンヌの別の工場に作業を移さなくちゃならなかった。ラテコエール社によると、会社全体で１９４０年初めまでに労働問題のせいで無駄になった時間は23ヵ月におよぶという。ラテコエール５７０試作機は、１９３９年8月になってやっと初飛行した。計画の予定より2年遅れだ。１９４０年初めにはオルレアン－ベルシーの中央航空試験所でテストを受けたけど、航空省も空軍もラテコエール５７０にはもうまるで関心がなかった。

すでにA-21計画の爆撃機はリオレ・エ・オリヴィエＬｅＯ４５１が採用になって部隊配備も始まってたし、アミオ３５０系も量産発注されてたから、ラテコエール５７０は必要無くなって、そのための生産態勢も作ってられなかったのだ。ラテコエール５７０試作機は１９４０年にドイツ軍の手に落ちて、それから先の運命は不明だ。

実はリオレ・エ・オリヴィエＬｅＯ４５１は、生産工数がやたらかかる飛行機で、量産するのは大変で数が揃わなかった。アミオ３５０の方も、アミオ社の生産態勢が弱体で、量産がいっこうに進まなかった。ラテコエール５７０がダメ飛行機っていうより、当時のフランスがダメ航空政策、ダメ航空工業だったのかもしれないな。

リオレ・エ・オリヴィエ Le0451

「第2次大戦のフランス最良の爆撃機」といわれるリオレ・エ・オリヴィエLe0451。1934年A-21計画の勝者。

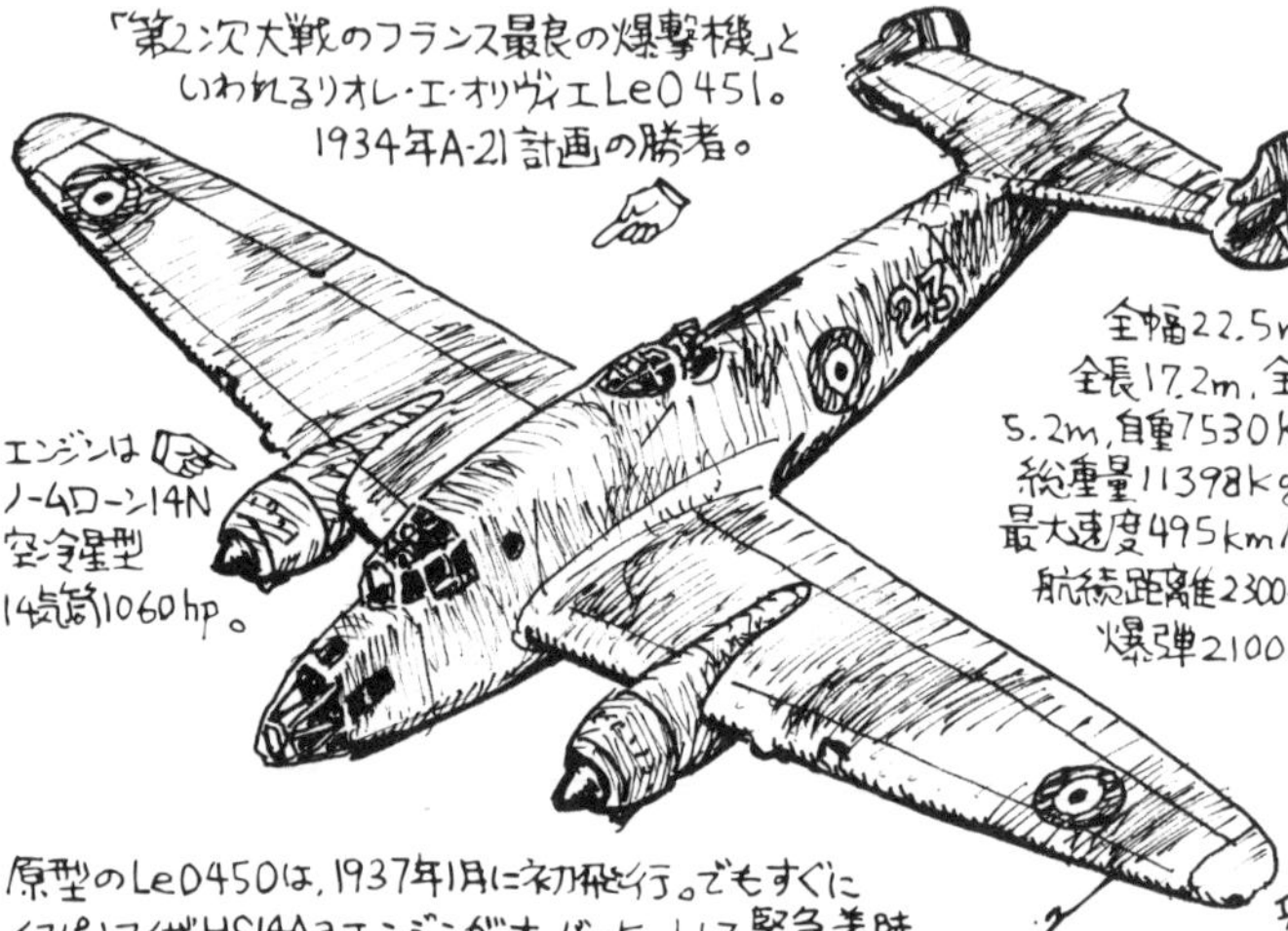

エンジンはノームローン14N空冷星型14気筒1060hp。

全幅22.5m，全長17.2m，全高5.2m，自重7530kg，総重量11398kg，最大速度495km/h，航続距離2300km，爆弾2100kg。

原型のLe0450は，1937年1月に初飛行。でもすぐにイスパノスイザHS14Aaエンジンがオーバーヒートして緊急着陸。

その後もエンジンの信頼性の低さに苦しめられて，結局，ノームローンのエンジンに変更した。

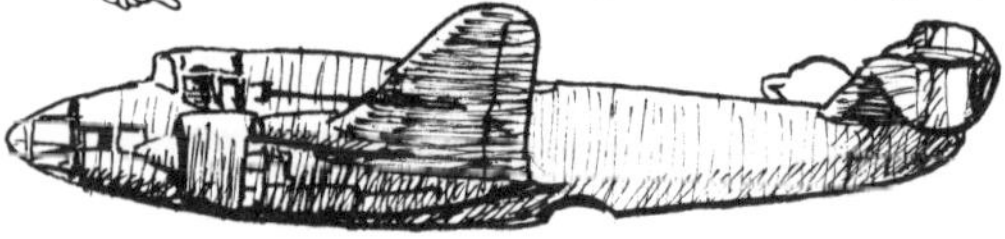

「パーツ割りが細かすぎて部品が多い」みたいなもんか?

Le0451は性能はいいけど，製造に手間がかかり，1機作るのに45000人・時間もかかった。つまり量産に適した設計じゃなかった。しかも部品や装備品の生産も遅くて，量産は進まなかった。

ヴィシー政権下では，シリアでイギリス軍と戦ったりもした。

1940年5月のドイツ軍のフランス侵攻時には，192機が空軍に引き渡されてた。でもなけなしのLe0451も，地上支援に投入されて，大きな損害を出した。

File No. 13

魔女は足をすくわれて

ウェストランド・ウィッチ

Westland Witch

全幅：18.6m
全長：11.5m
全高：3.5m
自重：1,533kg
総重量：2,744kg
エンジン：ブリストル・ジュピターⅥ
　空冷星型9気筒(420hp)
　(後にジュピターⅧ(480hp)×1基)
最大速度：225㎞/h
実用上昇限度：5,790m
兵装：ヴィッカース7.7㎜機関銃×1門(前方固定)
　ルイス7.7㎜機関銃×1門(後席旋回)
　爆弾最大235kg
乗員：2名

アーサー・ダヴェンポートがせっかくいろいろ工夫をこらして作ったのに、脚が弱くて、何回か着陸すると支柱が歪んできて、結局不採用に終った単発軽爆ウェストランド・ウィッチ。性能も大したことなかったし。

ウェストランド社のアーサー・ダヴェンポートが、1920年代半ばに作った、パラソル翼機の一つ、ウィジョン。原型ウィジョンⅠが改修されてⅡになって、生産型ウィジョンⅢが18機、ⅢAが5機作られた。現存してる機体もある。

ウィジョンWidgeonとは日本でいう「ヒドリガモ」の類のこと。

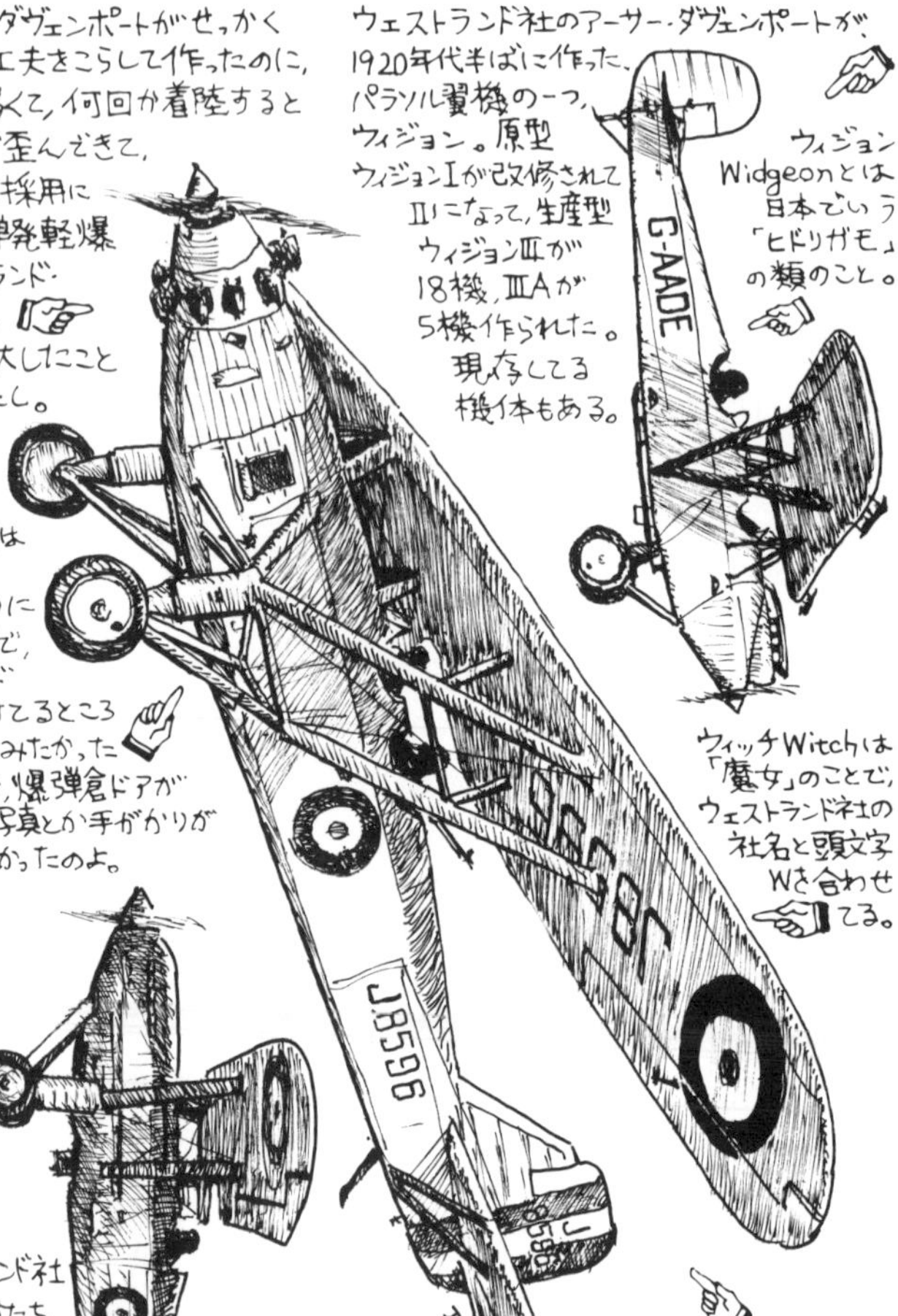

爆弾倉はたぶんこのあたりにあるはずで、できればドアを開けてるところを描いてみたかったんだけど、爆弾倉ドアが開いてる写真とか手がかりが全然なかったのよ。

ウィッチWitchは「魔女」のことで、ウェストランド社の社名と頭文字Wを合わせてる。

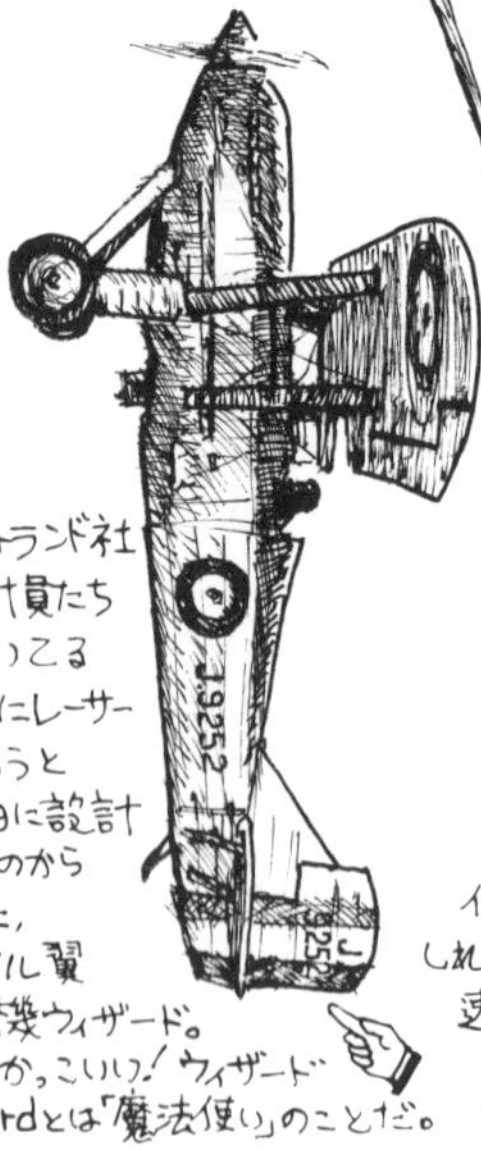

ウェストランド社の設計員たちが、空いてる時間にレーサーを作ろうと自主的に設計してたのから始った、パラソル翼戦闘機ウィザード。すごくかっこいい！ ウィザードWizardとは「魔法使い」のことだ。

1920年代後半っていうと、まあ平和な時代だったから、難のある新型機をなんとしてでも改良して採用しなくても、次の仕様で仕切り直せばいいや、ってことだったのかもしれない。しかしすでに、ホーカー・ハートが「戦闘機より速い爆撃機」として姿を現わしつつあったのだ。
ついでにいうと、ウィッチは1931年まで、パラシュートとかのテスト用機として使われたんだそうだ。

１９２５年のこと、イギリス空軍に部隊配備されつつあった単発爆撃機フェアリー・フォーンが実はこれがひどい飛行機で、それに代わるまともなホーカー・ホースレーが初飛行していた。当時のイギリス航空省は、新型機が初飛行する頃に次の後継機の計画を始めるのが通例で、この年の23／25仕様で、ホースレーの後継となる高高度単発爆撃機を求めることにした。

　これに応えて、グロスター社とホーカー社、ハンドレーページ社とブラックバーン社、それにウェストランド社が設計案を提出、それぞれ試作機の発注をもらった。

　実はホースレーが爆撃だけじゃなくて、沿岸の対艦攻撃にも使える雷撃機として作られてたんで、航空省はこの23／25仕様と並行して雷撃機仕様の24／25というのも提示してて、メーカーは23／25の爆撃機と24／25の雷撃機をいっしょの機体として設計することもできた。

　各社の試作機のうち、ホーカー社のハリアー、グロスター社のゴーリング、ハンドレーページ社のヘア、ブラックバーン社のビーグルは爆撃機と雷撃機の両狙いで、雷撃機のみを提案して試作発注をもらったのがヴィッカース社のヴィルデビースト、そしてウェストランド社のウィッチは爆撃機のみだった。

　この時代のこと、各社の試作機はほとんどが複葉機だったが、ウェストランド・ウィッチだけはパラソル翼の単葉機だった。主任設計者のアーサー・ダヴェンポートはこの頃パラソル翼に凝っていて、軽飛行機のウィジョンや自主試作戦闘機ウィザードでパラソル翼を採用してた。このウィッチ爆撃機でも抵抗を少なくしたり、構造を簡単にしたり、あるいは下方視界を良くしたりという利点を考えてたんだろう。

それだけじゃなくて、ウィッチは胴体の構造も進歩的で、グロスター・ゴーリングやハンドレーページ・ヘア、ブラックバーン・ビーグルが木を主体とした骨組み構造だったのに、ウィッチはホーカー・ハリアーと並んで胴体が金属骨組みで、四角い断面のジュラルミンのチューブを使った、当時としては新しい構造だった。

しかもウィッチは、この時代の爆撃機としては珍しく、胴体内に爆弾倉を設けてた。爆弾倉のドアはバネ仕掛けで閉まってて、爆弾を投下すると爆弾の重さでドアが開く、という至って分かりやすい仕組みになってた。

胴体内から爆弾を落とすときに邪魔にならないよう、ウィッチの脚は左右の車輪を結ぶトランスアクスルの無い独立型だった。他社の試作機も24／25雷撃機仕様に合わせて、胴体下に魚雷を吊るすために左右独立式の主脚にしてた。

エンジンは航空省が高高度爆撃機を求めてたんで、排気タービンのスーパーチャージャー付き空冷星型９気筒のブリストル・オライオン４９５hpが推奨されてた。このオライオンっていうエンジンの正体は、４２０hpのブリストル・ジュピターⅥにターボスーパーチャージャーを付けて、高空性能を良くしようとしたものだ。

各社の試作機も、このオライオンエンジンを当て込んでたけど、当時の技術じゃスーパーチャージャーのタービンや、圧縮した空気が漏れないケーシングがうまく作れなくて、オライオンの開発は失敗しちゃった。そこでウィッチを含め、各社ともブリストル・ジュピターにエンジンを換装して試作機を作ったのだった。

ウェストランド・ウィッチ試作機（シリアルＪ８５９６）は１９２８年1月末に初飛行した。社内テストじゃ小さな問題があったけど、4月にはマートルシャム・ヒースのＡ＆ＡＥＥ（航空機および兵装試験場）に送られて、航空省のテストを受けた。その結果、爆撃機としての安定性が良くて、速度も速くはないけど充分だし、おおむね好評ではあった。ただし着陸速度が１００㎞／ｈと当時の飛行機にしちゃ高いのが難点とされた。

しかしそれ以上にウィッチの問題は脚が弱いことだった。マートルシャム・ヒースのテストでは脚が壊れる事故が何度か起きたし、着陸を重ねるうちに支柱組みが歪んできたりした。マートルシャム・ヒースの滑走路がデコボコしていたというせいもあったようだが、イギリス空軍基地の滑走路がどこも平坦とは限らない。脚が弱いっていうのはやっぱり大きな難点だ。ウィッチの場合は、胴体に爆弾倉を付けて、独立型の脚にしたのがまずかったのかもしれない。

そんな理由でウェストランド・ウィッチは不採用に終わった。それをいえば23／25仕様はどの機も脚の難点や性能の不足で不採用だったから、ウィッチの一人負けじゃなかった。

そして実は、この23／25仕様が出された１９２５年、フェアリー社はフォーンより68㎞／ｈも速いフォックス軽爆撃機を自主開発で初飛行させてた。またウェストランド・ウィッチが初飛行したのとほぼ同じ頃には、ホーカー社が自主開発したハート軽爆撃機が初飛行、ウィッチより70㎞／ｈも速い２９８㎞／ｈというとんでもない高速を発揮した。

イギリスの高速軽爆撃機の方向性は、航空省の仕様じゃなくて、これらメーカーの自主開発によって定まっちゃったのだな。その意味じゃウィッチを含めた23／25仕様の爆撃機は徒労だったのかもしれない。

イラストで見る航空用語の基礎知識 basic knowledge　今回ご登場のみなさま

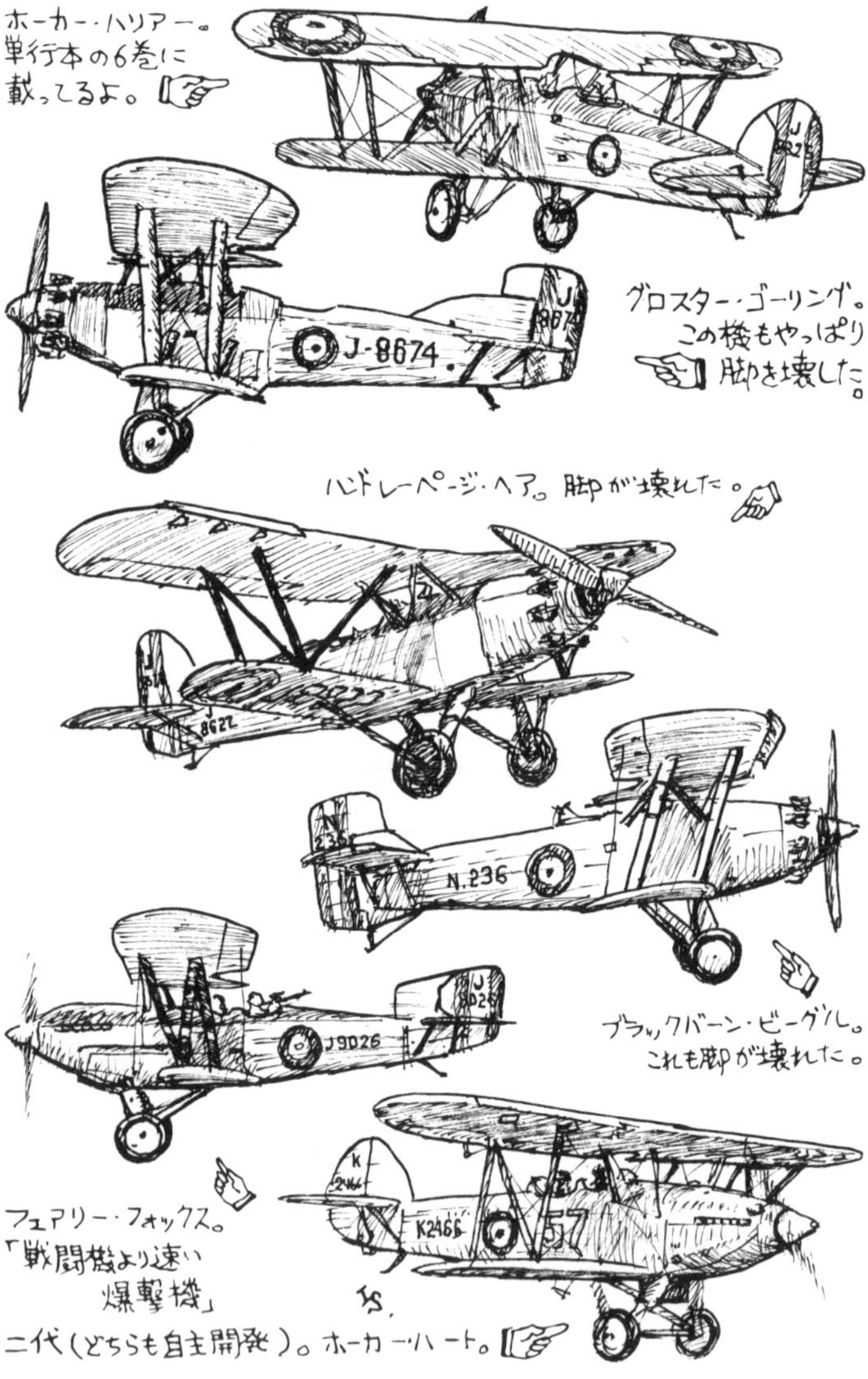

File No. 14

ダメな2機が同じ日に……

アヴィア57/アヴィア156

Avia 57 / Avia 156

(アヴィア57)
全幅：22.5m
全長：15.9m
自重：5,100kg
総重量：8,600kg
エンジン：イスパノスイザ9Vdr
空冷星型9気筒(575hp)×3基
最大速度：300km/h
実用上昇限度：4,000m
航続距離：1,200km
乗員：2名
乗客：14名

(アヴィア156)
全幅：15.1m
全長：10.6m
自重：2,305kg
総重量：3,740kg
エンジン：アヴィアHS12Ybrs
液冷V型12気筒(860hp)×1基
最大速度：350km/h
実用上昇限度：6,200m
航続距離：950km
乗員：2名
乗客：6名

こちらも飛行特性がおかしくて，
強度も足りなかったアヴィア57。
1935年4月12日，アヴィア156の
墜落からおよそ7分後に，
きりもみに入って空中分解，
墜落してしまった。見た目はとくに
ヘンなところも危なそうなところも
ない飛行機だけどなあ…。
あ，そうそう，アヴィア57は
操縦が
とても重かった
そうだ。

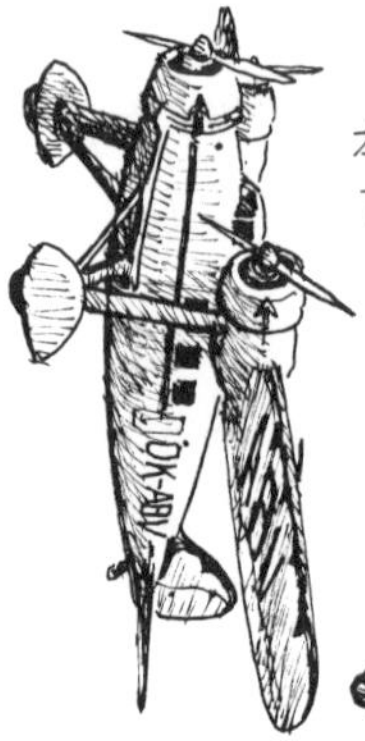

ネベサル設計チームの
第1作，アヴィア51。
本当はこの前に引込み脚の
アヴィア50を設計したけど，
政府の製造承認
が下りなかった。

登録記号は
OK-AVB。

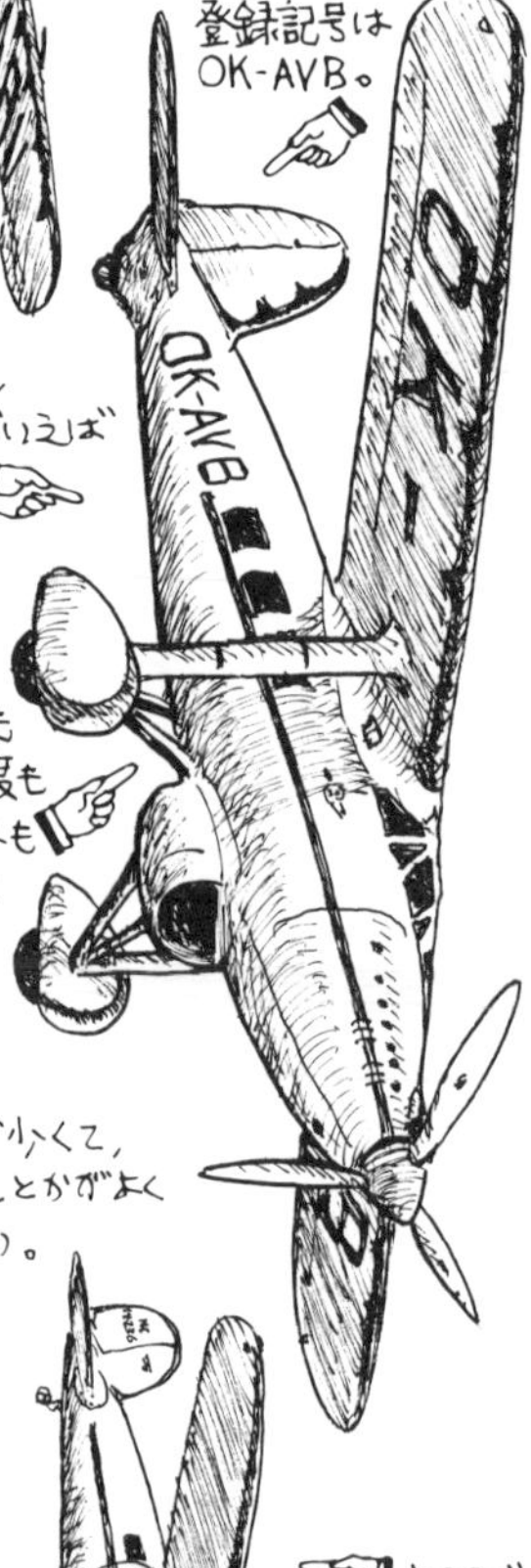

アヴィア156って，
単純に見た目でいえば
かっこいい。
かっこいいのに…。

アヴィア156。
片持ち単葉。
飛行特性も
機体の強度も
怪しくて，視界も
悪くて，1935年
4月12日に
空中分解
して墜落。

写真が少くて，
ディテールとかがよく
わからない。

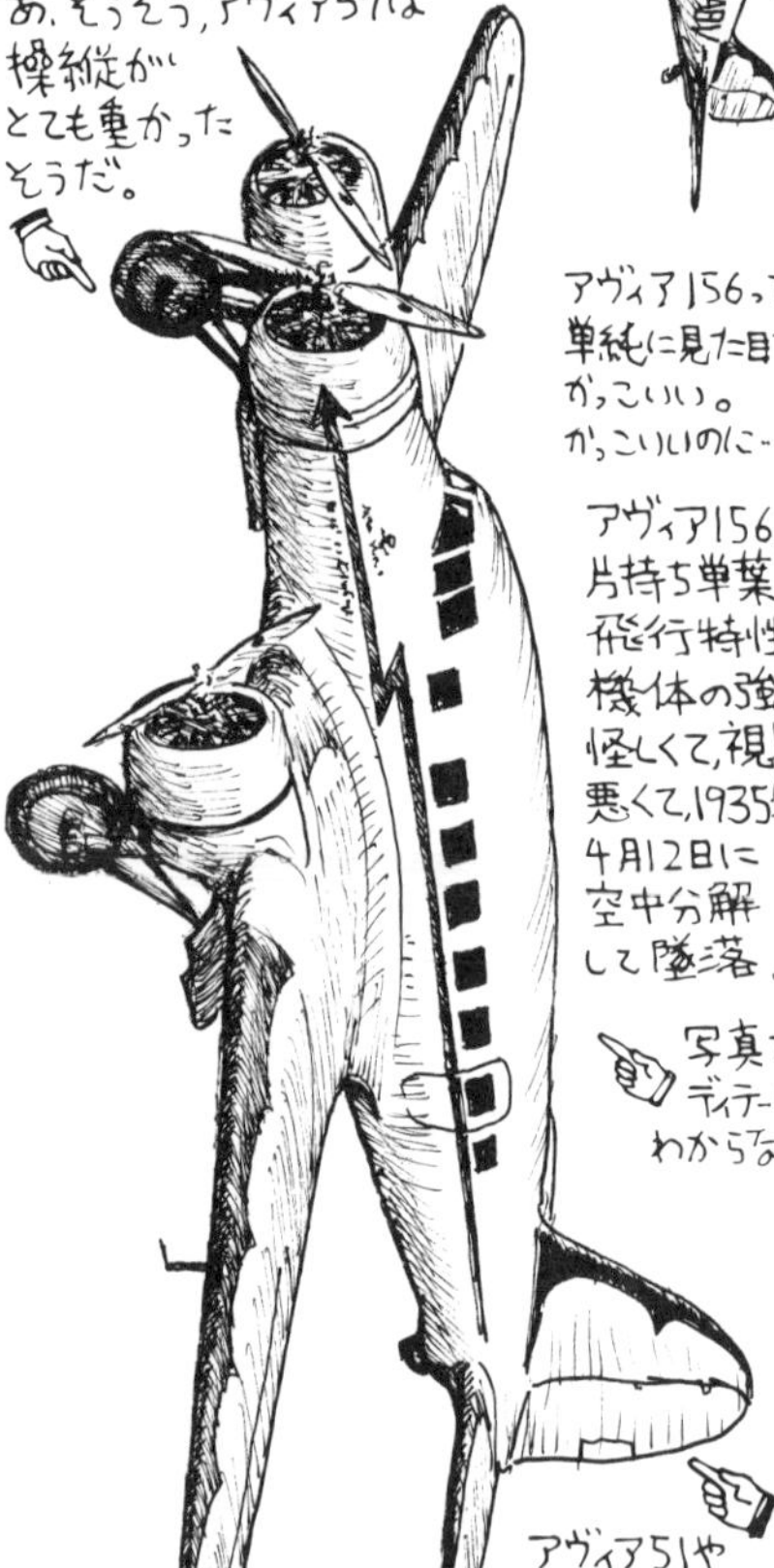

アヴィア51や
156と同じく，
銀色（ベアメタル？）
に赤いトリムの塗装だったようだ。
でもアヴィア57の登録記号がわからないのよ。

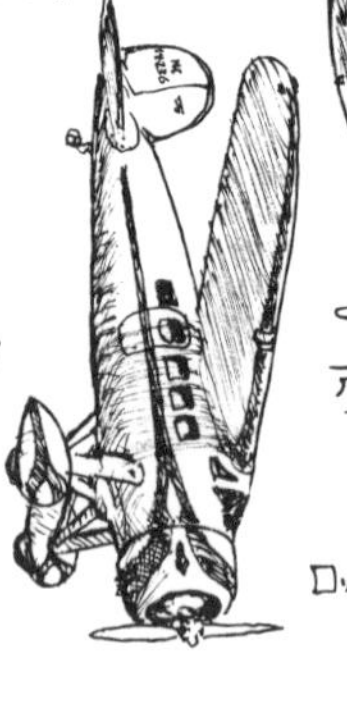

ところで
アヴィア156って，
高翼で片持ち
単葉のところ
とか，この
ロッキード・ヴェガ
に似てない？

中部ヨーロッパにある今のチェコとスロヴァキアの二つの国は、１９９２年に連邦制を解消するまではチェコスロヴァキアっていう一つの国だった。そもそもは１９１８年に第1次世界大戦が終わって独立するまでは、オーストリア‐ハンガリー帝国の一部だった。

チェコスロヴァキアは独立前から工業が盛んで、１９２０～３０年代にはいくつもの飛行機メーカーがあって、アヴィア社にアエロ社、プラガ社やレトフ社といったところが主だったとこ。ほかにも特異な自動車で有名なタトラ社も飛行機を作ったし、戦車や火砲で名高いスコダ社も、後のナチスドイツ支配下で飛行機を作ってる。

１９３０年代、そのチェコスロヴァキアの飛行機メーカーの一つ、アヴィア社はスコダ社から主任設計者としてロベルト・ネベサル博士を招いた。アヴィア社はそれまでフランチセク・ノヴォトニーを主任設計者に、いろんな軍用機で成功を収めていたが、ネベサル博士を中心にもう一つ設計チームを作ったのだった。ネベサル博士はアメリカに留学して、金属構造など当時のアメリカの最新航空技術を学んできた人だったようだ。

そんなネベサル博士の経験を活かして、設計チームは民間機を担当することになって、高翼で自社製アヴィアR‐12空冷星型エンジン3発、固定脚で6席の旅客機アヴィア51を１９３３年10月に初飛行させた。アヴィア51はチェコスロヴァキア航空が3機を買ってくれたけど、座席数が少ないのと、なにしろ振動がひどいんで、すぐに退役、後にスペイン動乱が起きると、エストニア経由でスペイン人民戦線政府側に売り払われてしまった。

アヴィア社ネベサル設計チームは、アヴィア51の初飛行前から、早くも次の旅客機の設計に取りかかった。

今度はもっと新しい機体だ。胴体は金属モノコック、低翼の主翼は金属構造で一部羽布張り、先進的なことに引込み脚だ。エンジンは３発だけど、アメリカのライト・サイクロンをフランスでライセンス生産したイスパノスイザ９Ｖｒｄ空冷星型９気筒５７５hp、座席数は14席だから、アメリカ最新のダグラスＤＣ−２と同じぐらいだ。

この新型旅客機アヴィア57は、１９３４年１月に初飛行した。ところが飛行特性がおかしくて、水平飛行してると機体が左に振られるし、フルスロットルにすると機首が跳ね上がるんで、スロットルを絞らなくちゃならないうえに、振動もひどい。胴体や主翼の羽布部分が膨らんじゃう。どうも後部の構造の強度が足りない。テストパイロットのヴァクラヴ・コティは「こんなの飛ばせられない」と書き記してるくらいだ。

当然パイロットは欠点を指摘したけど、設計陣は信用してくれなくて、そのくせ試験飛行に同乗するのは断る、というありさまだった。

その一方、ネベサル設計チームはアヴィア57とほぼ並行して、別の機体の設計も進めていた。それがアヴィア１５６で、アヴィア51と同じく６人乗りで、金属構造と羽布張りの混成の高翼機で単発、エンジンはアヴィア社でライセンス生産してるイスパノスイザＨＳ12Ｙｂｒｓ液冷Ｖ型12気筒８６０hpの単発だった。

アヴィア１５６は１９３４年９月に初飛行したが、こっちもこっちで水平飛行中でも姿勢が定まらない、旋回すると機体が滑り落ちる、主翼の強度が足りないのか飛んでると10％ほど上反角が増えちゃう、視界が悪い、窓が割れる、と難点がたくさん現れた。

アヴィア社はアヴィア57とアヴィア１５６の両方が両方ともダメ飛行機なので、欠点をなんとか改善しようとしたけど、なかなか効果は得られないまま、テスト飛行を繰り返していた。

そんな中、１９３５年4月12日の午後、アヴィア１５６が工場のあるプラハ-レトナニ飛行場からテスト飛行に離陸した。続いてアヴィア57も同じく離陸した。しかし午後1時21分、アヴィア１５６は左の主翼が突然折れて、次いで尾翼も破壊、そのままポレラディという村の近くに墜落した。それから7分後、今度はアヴィア57が飛行中に錐もみに入り、主翼と尾翼が胴体から離れ、さらに胴体も分解して、ヴィノールという村の外れの森に墜落した。アヴィア１５６の墜落地点から８㎞と離れていないところだった。

アヴィア１５６のパイロット、ヴァクラヴ・コティと機関士のヨセフ・フィアラ、それにアヴィア57のパイロットのシリル・ノヴォトニーと機関士エドゥアルド・シュミードの4人がこの墜落で命を失った。

アヴィア社ではこの墜落を両機が空中衝突したものではないかと考えたらしい。パイロットに原因があることにしたかったんだろうか。しかし事故調査の結果、機体に問題があることが明らかになった。２機のダメ飛行機は、ダメ飛行機であるが故に、同じ日のほぼ同じ時刻に、ほぼ同じ場所に墜落したわけだ。

これでアヴィア社の民間機計画は打ちきりになって、後は軍用機に力を注ぐことになる。ネベサル博士がその後もアヴィア社で飛行機の開発に携わったかは不明だけど、１９３９年にナチスドイツの支配を逃れて家族を連れてアメリカに移住してる。

イラストで見る
航空用語の基礎知識
basic knowledge

チェコスロヴァキア

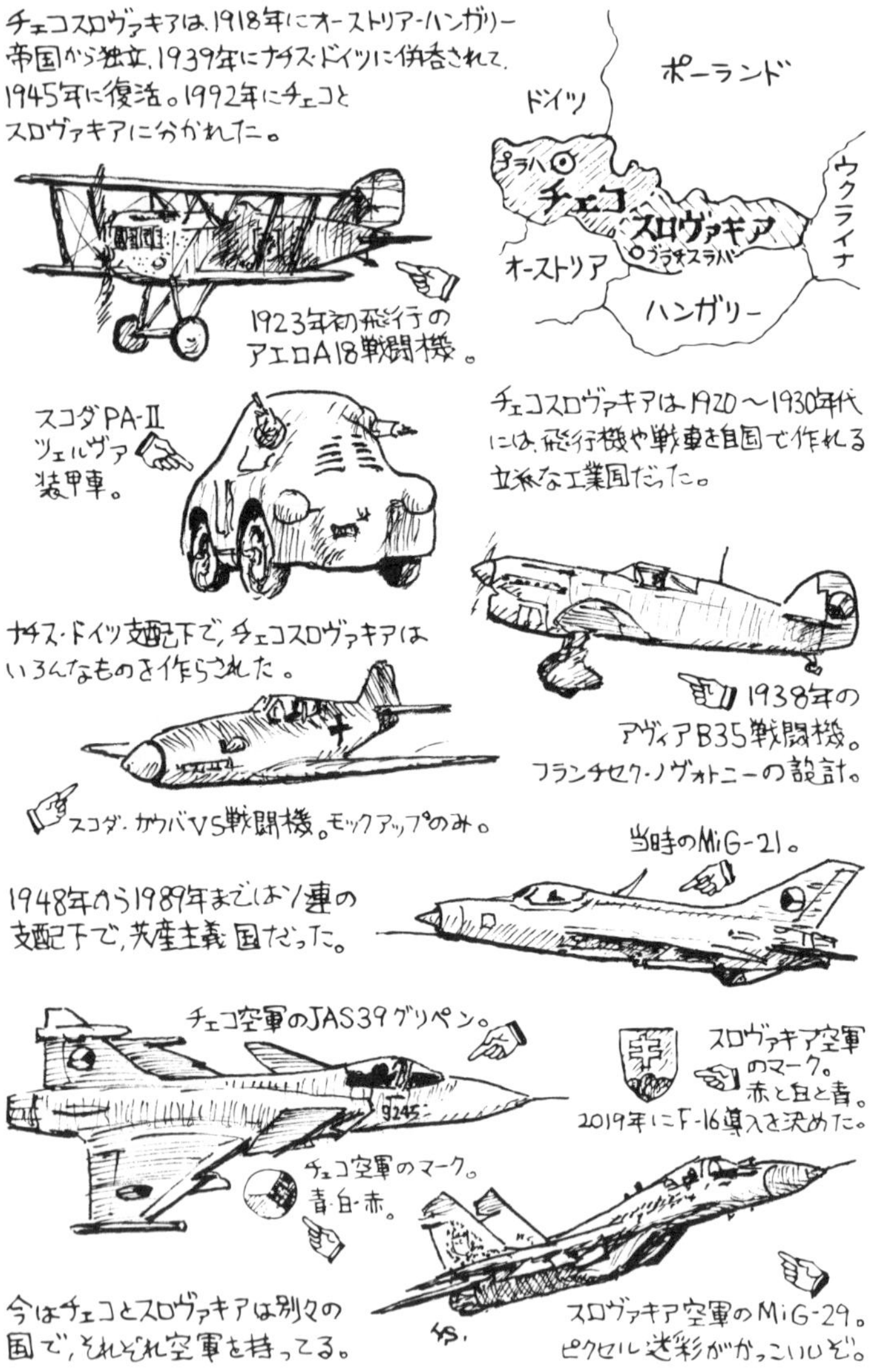

File No. 15

受け取り拒否！

スコダ・カウバSK257

Skoda-Kauba SK257

全幅：7.6m
全長：7.1m
全高：1.8m
総重量：1,030㎏
エンジン：アルグスAs410
空冷倒立V型12気筒(485hp)×1基
最大速度：350㎞/h
武装：不明
乗員：1名

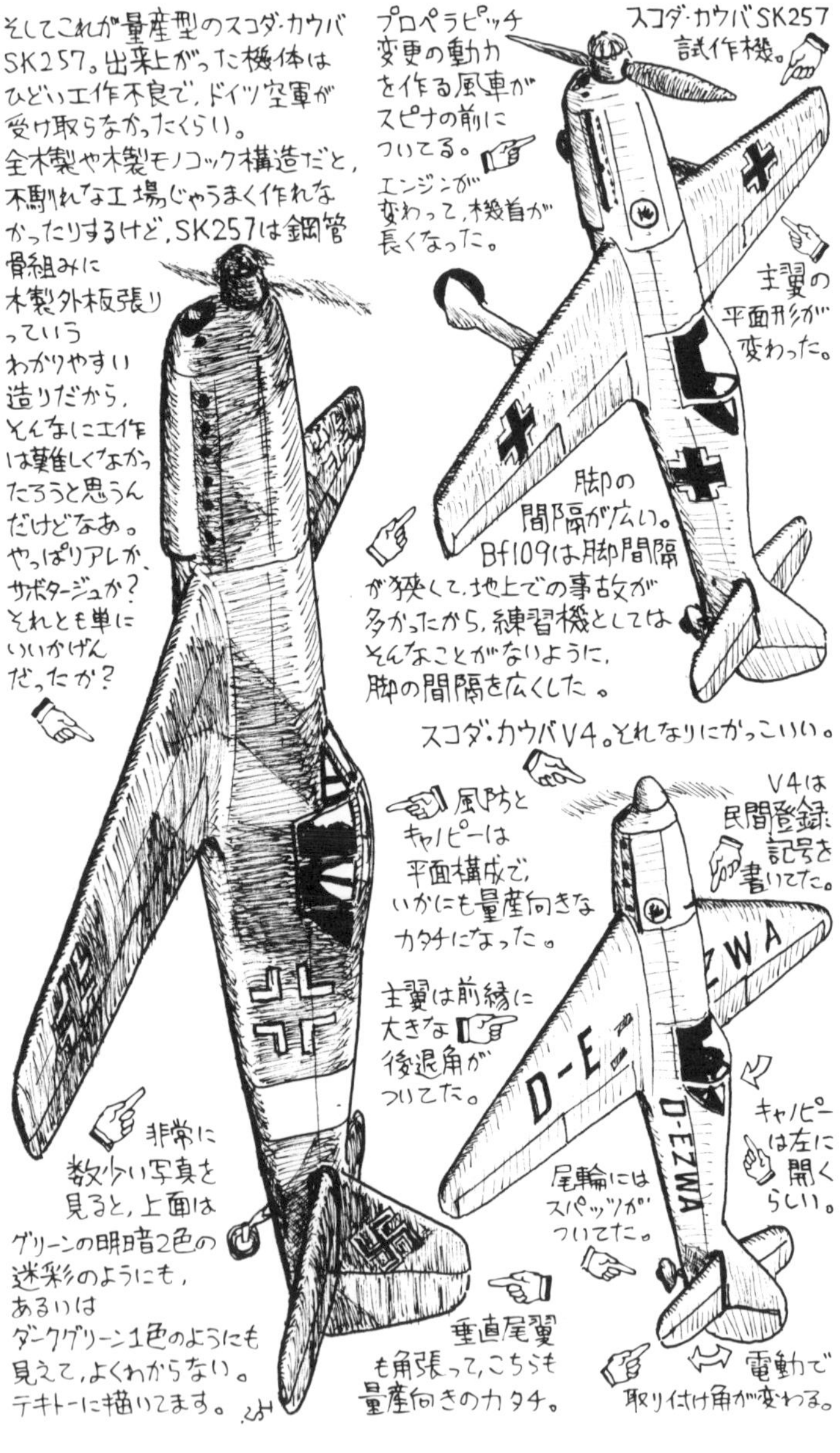
そしてこれが量産型のスコダ・カウバSK257。出来上がった機体はひどい工作不良で、ドイツ空軍が受け取らなかったくらい。

全木製や木製モノコック構造だと、不慣れな工場じゃうまく作れなかったりするけど、SK257は鋼管骨組みに木製外板張りっていうわかりやすい造りだから、そんなに工作は難しくなかったろうと思うんだけどなあ。やっぱりアレか、サボタージュか？それとも単にいいかげんだったか？

プロペラピッチ変更の動力を作る風車がスピナの前についてる。

エンジンが変わって、機首が長くなった。

スコダ・カウバSK257試作機。

主翼の平面形が変わった。

脚の間隔が広い。Bf109は脚間隔が狭くて、地上での事故が多かったから、練習機としてはそんなことがないように、脚の間隔を広くした。

スコダ・カウバV4。それなりにかっこいい。

風防とキャノピーは平面構成で、いかにも量産向きなカタチになった。

V4は民間登録記号を書いてた。

主翼は前縁に大きな後退角がついてた。

D-E
ZWA
D-EZWA
キャノピーは左に開くらしい。

尾輪にはスパッツがついてた。

非常に数少い写真を見ると、上面はグリーンの明暗2色の迷彩のようにも、あるいはダークグリーン1色のようにも見えて、よくわからない。テキトーに描いてます。

垂直尾翼も角張って、こちらも量産向きのカタチ。

電動で取り付け角が変わる。

今のチェコとスロヴァキアがいっしょだった頃のチェコスロヴァキアっていう国は、１９３８年にナチス・ドイツに西部のズデーテン地方をむしり取られて、さらに翌１９３９年には残りの国土もドイツの保護領にされて、つまりはドイツに呑みこまれてしまった。チェコスロヴァキアは小さいながらもれっきとした工業国で、自動車や機関車はもとより、飛行機や戦車も自国で作ってたんだが、第２次世界大戦になるとそういった産業もナチス・ドイツのための兵器生産に働かされるようになった。

その第２次世界大戦の最中の１９４２年のこと、オーストリア人技術者のオットー・カウバがドイツ航空省（ＲＬＭだな）に、飛行爆弾のアイディアを持ち込んだ。無人で飛んでいって、目標に突っ込んで爆発するというもので、今なら巡航ミサイルって呼ばれるところだ。

カウバはどういう筋だかドイツ空軍総司令官元帥にしてナチス・ドイツ副総統のヘルマン・ゲーリングと知り合いで、そのせいもあったんだろうか、航空省はカウバのアイディアを採用して開発させることにして、チェコスロヴァキアの重工業メーカー、スコダ社の傘下に、スコダ・カウバ航空機という会社をプラハに設立した。この会社は研究と設計専門で、実際の機体製造は別の会社が請け負うことになってた。

カウバはここで飛行爆弾のアイディアの実証のために小型の有人実験機Ｖ１Ａというのを作った。無尾翼のプロペラ機で、後退角のついた主翼の後縁からブームを伸ばしてそこに補助翼が付くという妙な配置の機体だ。

Ｖ１Ａはドイツ人パイロットが乗りたがらなかったので、チェコ人パイロットを脅して操縦させて初飛行した。ところがチェコ人パイロットはナチス・ドイツの飛行爆弾に協力するのを嫌って、初飛行で離陸に失敗したように見せかけてわざと墜落、機体は壊れてしまった。
カウバはＶ１Ａの改良型Ｖ２実験機を作って、今度はちゃんとドイツ人パイロットの手で飛行したが、ノーズヘビーで安定が悪かった。それを改良しようとしているうちに、１９４３年に飛行爆弾はフィーゼラー社のＦｉ１０３が採用されて、これが後のＶ１になった。

また壊れたＶ１Ａの機体を直して、普通の形式のＶ３も作ったけど、これはまあ習作といったところだろうか。

この頃ドイツ空軍は、戦闘機パイロットをたくさん養成しなくちゃならなかったが、その練習用の機体が足りなかった。実戦機Ｂｆ１０９は地上での操縦が難しくて、訓練生が乗るとすぐ壊されてしまうので、練習用にはもったいなかった。フランスから分捕ったドヴォワティーヌＤ５２０もあったけど、これはこれで扱い難い飛行機で、初心者には優しくなかった。

そんな事情があったんで、カウバはＶ１ＡやＶ３と並行して、１９４２年に単座の戦闘機用練習機としてＳＫＶ４を提案、航空省から試作機４機を作らせてもらった。

Ｖ４は低翼で引込み脚の機体で、大きな前縁後退角のついた主翼は、鋼管製の桁に鋼製リブを溶接して木製外板張り、胴体も鋼管骨組み木製外板、尾翼も木製というシンプルな構造だった。Ｖ４の主脚は電動引込み式で、間隔を広くとっていた。Ｂｆ１０９の脚の間隔が狭くて、地上での操縦性が問題だったから、それを避けたんだな。水平尾翼は電動で迎え角が変わって、トリムを調節するようになっていた。エンジンはアルグス10Ｃ−３空冷倒立Ｖ型８気筒、７・９㎜機関銃１門の装備が可能だった。

スコダ・カウバＳＫ Ｖ４はテスト飛行で良好な操縦性と性能を示したんで、ドイツ航空省は実用型ＳＫ２５７を開発するように命じた。ＳＫ２５７の試作機は、Ｖ４にくらべて主翼平面形が変わって前縁後退角が無くなって翼端が角張り、非力だったエンジンは、空冷倒立Ｖ型12気筒４８５hpのアルグスＡs４１０エンジンに換装されて、機首も長くなった。

この試作機は１９４３年に初飛行して、良い成績だったんで航空省は１０００機を発注、スロヴァキアのトレンシンの工場で生産することになったが、発注数は間もなく１００機に減らされた。ＳＫ２５７生産型は、試作機に比べて方向舵が角ばった形になって、風防とキャノピーも単純な平面を組み合わせた形になった。量産を楽にしようと思ったんだろうな。

ところが完成したＳＫ２５７量産機は工作がひどくて出来が悪かった。ドイツ航空省の基準に達しないほどの工作不良で、１９４４年に５機作られたところで受領を拒否されてしまった。どこがどうひどかったのか、具体的には分からないんだけど、ひょっとしたらスロヴァキア人がドイツ軍の兵器を作りたくなくて、わざといい加減に作ったのかなあ。

そんなわけでスコダ・カウバＳＫ２５７は不出来で引き取り拒否に終わってしまった。オットー・カウバはその後、小さな実験機や初等練習機を作った。ほかにもモックアップだけで終わった戦闘機Ｖ５や、計画だけのラムジェット推進の戦闘機Ｐ14を考えたりもした。大戦後にはカウバはオーストリアに戻って、二人乗りの軽飛行機ＯＫ-15を１機作って、スクーターも設計したけど、あんまり売れなかったようだ。

イラストで見る
航空用語の基礎知識
basic knowledge

オットー・カウバ作品集

オットー・カウバのスコダ-カウバV1A。アヴィア社のテスト・パイロット ペートル・シロキーが、ゲシュタポに脅されて操縦して初飛行した。シロキーは離陸直後に、わざとエンジンのスイッチを切ったり入れたりして不調にみせかけた末に、エンジンを止めて、機首から地面に突っ込ませた。

V1Aはでんぐり返って大破，シロキーは意識を失ったけど命を失わずにすんだ。全幅6m，全長4.5m，総重量600kg，エンジン：ヒルトHM504（105hp）。

改良型のV2。

V1Aを直して作ったV3。

モックアップだけで終ったV5戦闘機。こんな感じ？っていう想像図。

DB603エンジンで765km/h！

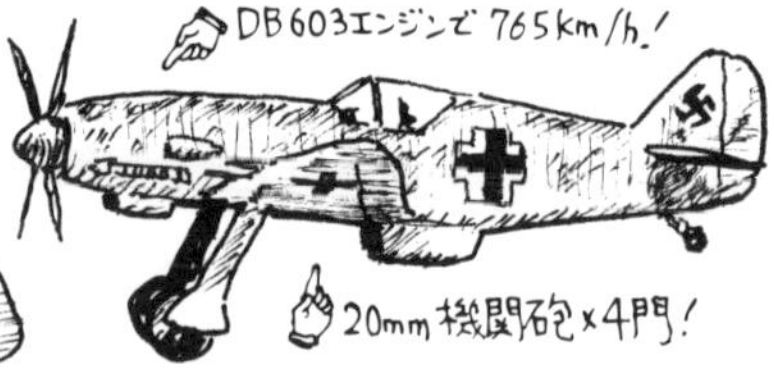

20mm機関砲×4門！

双胴の実験機V6。

パイロットは腹ばい。

ラムジェット戦闘機P.14。計画段階で終り。

並列複座だ。

初等練習機の試作機V8。

オーストリアに戻って，1956年にOFW社で作った，OK-15。操縦性に難ありで，1機作っただけ。SK V4やV8の面影があるな。

File No. 16

安くてもいらない！

CANSA FC12

CANSA FC12

全幅：11.0m
全長：8.5m
全高：2.6m
自重：1,600kg
総重量：2,350kg
エンジン：フィアットA30RA
水冷V型12気筒(600hp)×1基
最大速度：425km/h
実用上昇限度：7,600m
航続距離：110km
兵装：50kg爆弾×4発
ブレダSAFAT12.7mm機関銃×4門
乗員：2名

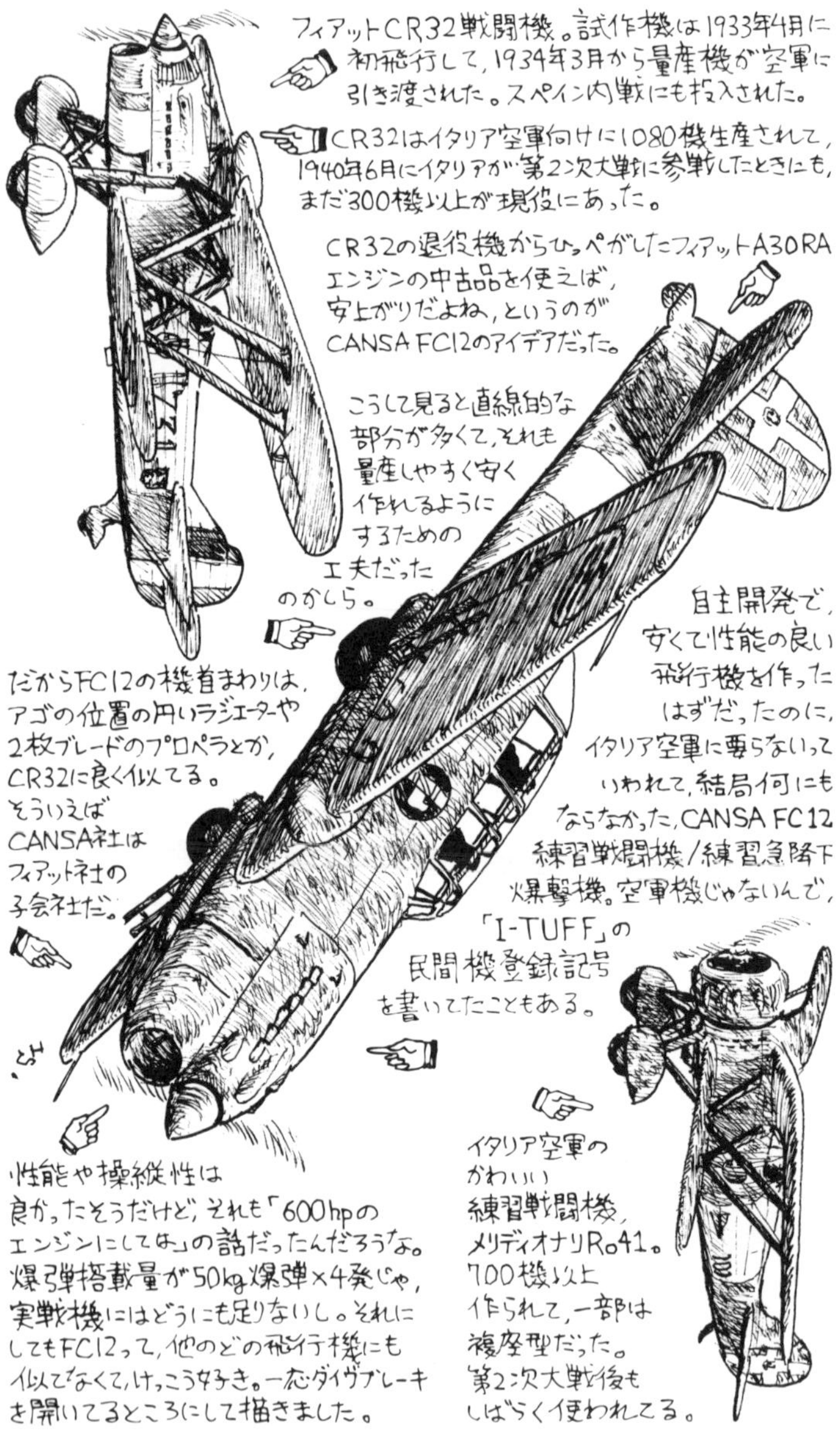
フィアットCR32戦闘機。試作機は1933年4月に初飛行して、1934年3月から量産機が空軍に引き渡された。スペイン内戦にも投入された。

CR32はイタリア空軍向けに1080機生産されて、1940年6月にイタリアが第2次大戦に参戦したときにも、まだ300機以上が現役にあった。

CR32の退役機からひっぺがしたフィアットA30RAエンジンの中古品を使えば、安上がりだよね、というのがCANSA FC12のアイデアだった。

こうして見ると直線的な部分が多くて、それも量産しやすく安く作れるようにするための工夫だったのかしら。

自主開発で、安くて性能の良い飛行機を作ったはずだったのに、イタリア空軍に要らないっていわれて、結局何にもならなかった、CANSA FC12練習戦闘機／練習急降下爆撃機。空軍機じゃないんで、「I-TUFF」の民間機登録記号を書いてたこともある。

だからFC12の機首まわりは、アゴの位置の円いラジエーターや2枚ブレードのプロペラとか、CR32に良く似てる。そういえばCANSA社はフィアット社の子会社だ。

性能や操縦性は良かったそうだけど、それも「600hpのエンジンにしては」の話だったんだろうな。爆弾搭載量が50kg爆弾×4発じゃ、実戦機にはどうにも足りないし。それにしてもFC12って、他のどの飛行機にも似てなくて、けっこう好き。一応ダイヴブレーキを開いてるところにして描きました。

イタリア空軍のかわいい練習戦闘機、メリディオナリRo.41。700機以上作られて、一部は複座型だった。第2次大戦後もしばらく使われてる。

１９３０年代末のこと、イタリア北部はミラノの近くのカメリにあった、フィアット傘下の飛行機メーカー、ＣＡＮＳＡ社は空軍の戦闘機パイロット養成用の練習機を自主開発してみることとした。

イタリア空軍では複葉戦闘機のフィアットＣＲ42が配備されてるところだったが、新世代の単葉引込み脚の戦闘機もぼちぼち導入されつつあった。それなら戦闘機パイロットの訓練のために単葉で引込み脚の練習機がほしかろう、とＣＡＮＳＡ社は考えたのだった。イタリア空軍はすでに１９３５年には戦闘練習機として、複葉で単座のメリディオナリＲｏ41を採用してた。ＣＡＮＳＡ社は、その新世代版を狙ったようだ。

でもイタリア空軍は予算が乏しい。当時のイタリアはムッソリーニ率いるファシスト政権下で軍備増強に気合いを入れてたけど、そもそもイタリアの経済力が大したことなかったのだ。イタリア空軍も爆撃機勢力の充実には予算を注ぎこんでたけど、練習機にはそんなにお金をかけられる状況じゃなかった。

じゃあ、というわけでＣＡＮＳＡ社はジャコモ・モッソを主任設計者に、このＦＣ12戦闘練習機でなるべく安い機体を目指した。安ければ空軍も採用しやすい、という皮算用だな。

まずＦＣ12の機体には貴重なアルミニウム合金は使わない。胴体前半が鋼管骨組み、後半が木製骨組みに合板張りという構造で、主翼もどうやら木製だったらしい。

脚は後方引込み式で、後ろに主翼下面の脚収納バルジに引込む。でも脚をひねったりはせずに、そのまんま引き上げるんで、車輪は収納時もバルジからちょっとはみ出る。こういうメカニズムもなるべくシンプルにするのだ。

さらに機体価格を安く抑えるためにエンジンは中古を使う。これまでの主力戦闘機だったフィアットＣＲ32がＣＲ42と交替して退役するんで、ＣＲ32が使ってたフィアットＡ30ＲＡ水冷Ｖ型12気筒エンジンが余るし、旧式化して退役しつつあるメリディオナリＲｏ37も同じエンジンを使ってて、これも余剰品がある。こういう余りものを使えばエンジンを新規に作らなくても済むのだ。６００hpしか出ないし、旧式なエンジンだけど、そこは安いから仕方がない。

ＦＣ12は練習機だから複座で、もちろん前席が訓練生で後席が教官。イタリア戦闘機はキャノピー無しだったり、半開放式のキャノピーだったりするのが多いが、ＦＣ12は前後席一体の密閉式キャノピーだった。そんなこんなの節約で、ＦＣ12は１機20万リラという破格の低価格にできあがったそうだ。とはいえ当時のイタリアのほかの機体の値段や当時の貨幣価値が分からないんで、20万リラといわれても安さの感じがつかめない。まあ、とにかく安かったんだろう。

ＣＡＮＳＡ社は１９３９年の末頃からＦＣ12試作機の製造に取りかかって、１９４０年６月19日には完成した機体を空軍に見せた。イタリアが第２次世界大戦に参戦した直後のことだな。ただし試作機は、早く空軍に見てもらいたかったんで、このときはとりあえずコクピットはキャノピー無しの開放式だったんだそうだ。

ＦＣ12は１９４０年10月にテストパイロットのファウスト・モローニの操縦で初飛行した。キャノピーが本来の密閉式になったのは、この後のことだったようだ。ＦＣ12はテストでは、イタリア空軍の練習機の性能水準を越える性能を示した。

ところが大きな問題があった。イタリア空軍はこういう飛行機はいらないのだった。戦闘練習機としては、性能は低いし複葉だけどＲｏ41があるし、実戦部隊を退役したフィアットＣＲ32をそのまま戦闘機訓練部隊に回せば済む話で、実際に空軍はその方針だった。いくら性能が良くても安くても、いらないものはいらないのであって、空軍はＦＣ12を採用する気が全然なかった。ＣＡＮＳＡ社はＦＣ12の自主開発のときに、その状況に気がつかなかったのか？

そこでＣＡＮＳＡ社は、今度はＦＣ12を急降下爆撃機の練習機、また対地攻撃機として空軍に売り込んでみることにした。ＦＣ12は木製主体の構造だけど頑丈なんで、急降下爆撃に適してると考えたんだな。

ＦＣ12は主翼上下面にダイヴブレーキを追加して、爆弾吊り下げ装置を取り付けて、50kg爆弾4発を搭載できるようにした。さらにブレダＳＡＦＡＴ12・7㎜機関銃を機首上面に2門、翼内に2門装備した。

こうして改造されたＦＣ12はテスト飛行し、やっぱり良好な性能を見せた。空軍側のテストでも成績は良かった。良かったんだが、やっぱりイタリア空軍はこういう飛行機は求めてなかったし、なにしろもう第2次世界大戦に首を突っ込んじゃって、第一線機を作るのが精いっぱいで、いまさら急降下爆撃用練習機どころじゃなかった。

ＦＣ12は結局1機が作られただけだった。ＣＡＮＳＡ社は外国に売り込もうとしたけど、もちろん注文は無かった。ＦＣ12試作機が最後にどうなったのか、今となっては分からない。ＦＣ12は飛行機としてはちゃんとしてたんだけど、メーカーが需要を完全に見誤ったせいで、いらない飛行機として終わったのでした。

イラストで見る 航空用語の基礎知識 basic knowledge　複座機

時は1908年3月29日、フランスの飛行家レオン・ドラグランジュがアンリ・ファルマンの飛行機に乗って飛んだのが、史上初の「飛行機の乗客」だそうだ。すると、そのときのヴォワザン製アンリ・ファルマンHF I が史上初めての「複座機」ということになる。アメリカのライト兄弟も、1905年のライト・フライヤーIIIを1908年に「乗客1人を乗せられるようにした」っていうぞ。

1910年ごろには、いろんな複座機が作られるようになった。例えば1911年のフランスのドペルデュッサン・タイプTとか。

第1次大戦になると、空から偵察したり、爆弾を落としたり、敵機に機関銃を撃ったり、パイロットは操縦で忙しいから、そういう仕事をする人間をもう1人乗せるようになった。

イギリス軍のRAF RE8 偵察・爆撃機。

アヴロ504K 練習機。

パイロットが仕事に専念してる間、後ろを守る銃手を乗せた複座もあった。

ダグラスSBD ドーントレス 急降下爆撃機。

操縦訓練用の練習機も訓練生と教官の複座だ。

デハヴィランド・モスキートNF.XII。

第2次大戦でレーダーが使われるようになると、レーダーの操作が大変なんで、専任のレーダー手を乗せた、レーダーつき夜間戦闘機が現れた。それ以来、レーダー手とパイロットの「複座戦闘機」が永らく使われてきた。F-14トムキャットもそうだ。

「マヴェリック」と……

…「グース」の2人組。

File No. 17

10年の徒労

リオレ・エ・オリヴィエLeO H43

Lioret et Olivier LeO H43

全幅：16.0m
全長：11.0m
全高：3.9m
自重：2,462㎏
総重量：3,409㎏
エンジン：イスパノスイザHS9Vb
空冷星型9気筒（730hp）×1基
最大速力：230㎞/h
航続力：3時間40分
実用上昇限度：4,000m
武装：ダルヌ7.5㎜機関銃×1門（右翼内固定）
ダルヌ7.5㎜機関銃×1門（後席旋回）
75㎏爆弾×2発（胴体下）
乗員：3名

そしてこれがリオレ・エ・オリヴィエ LeO H43。
計画開始から初飛行に4年、それから
部隊運用に6年かかって、そのときにはもう
すっかり時代遅れで、
しかもいろいろ駄目な
飛行機だった。
何のための10年
という時間
だったん
だろう?

グールドゥー・ルスール812HY
3座水上偵察機。LeO H43は
これの後継機を目指してた。
グールドゥー・ルスール
810～813シリーズは
1930年から部隊
配備されて、
合計で
76機が
作られた。

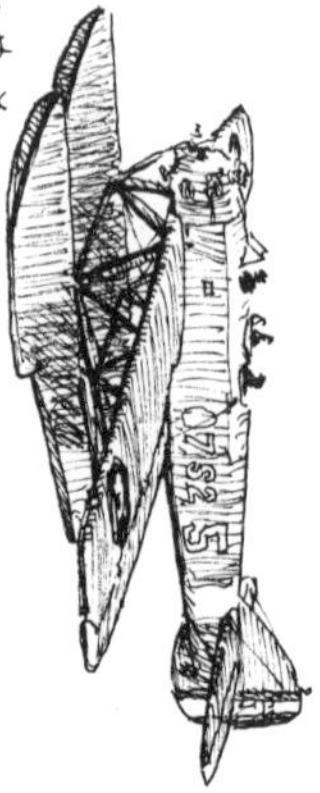

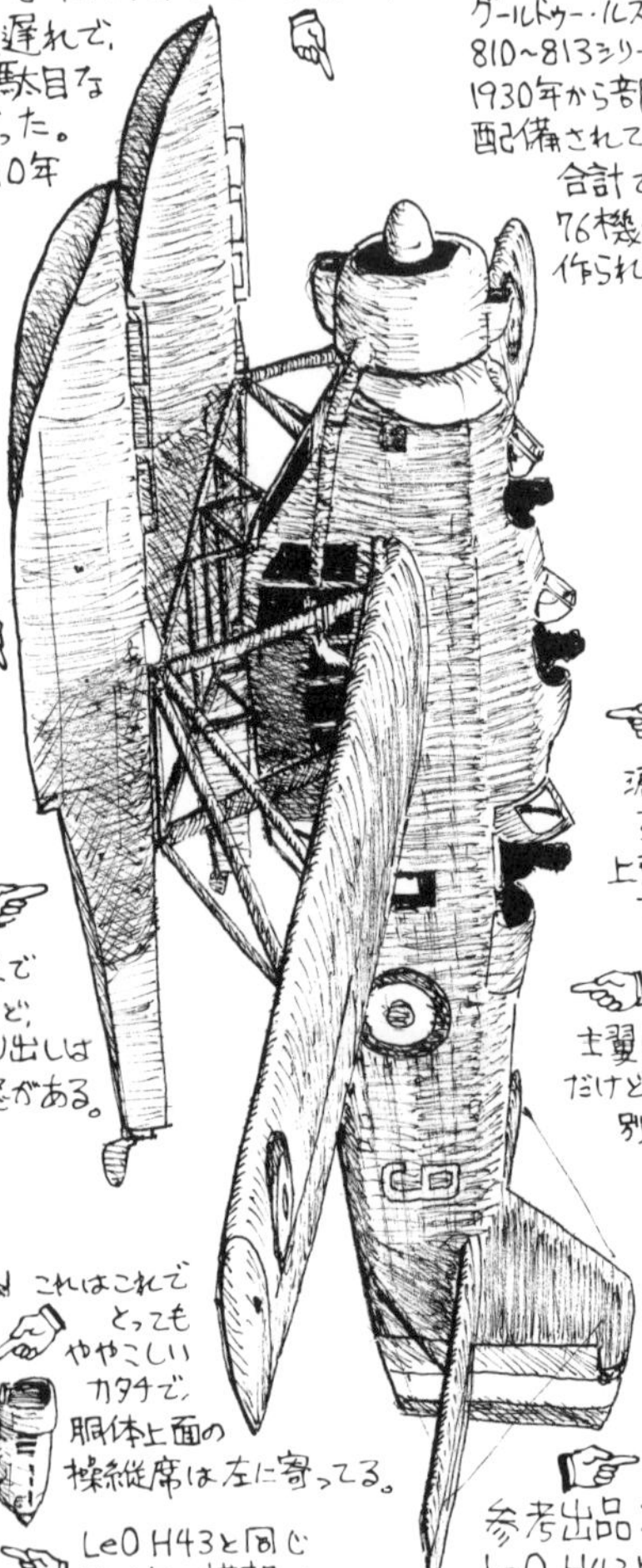

フロートの
このあたりに、
400ℓ入りの
燃料タンク
が入ってる
んだが、
リベットの穴
からガソリン
が漏れる。

このころのフランスの
飛行機の例に
漏れず、とにかくやたらと
支柱が多い。塗装は
上面が暗めのブルーグレー、
下面がそれより明るめの
グレーだったらしい。

支柱が邪魔で
よく見えないけど、
胴体下の張り出しは
後ろ側にも窓がある。

主翼は後方折りたたみ式
だけど、外側の支柱を外して、
別の支柱に替えるみたい。

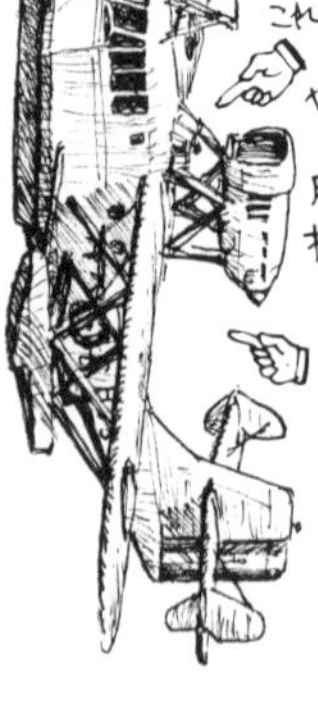

これはこれで
とっても
ややこしい
カタチで、
胴体上面の
操縦席は左に寄ってる。

LeO H43と同じ
1930年の構想で
作られた、ロワール130
艦載飛行艇。
1937年から
部隊配備されて、
124機生産。

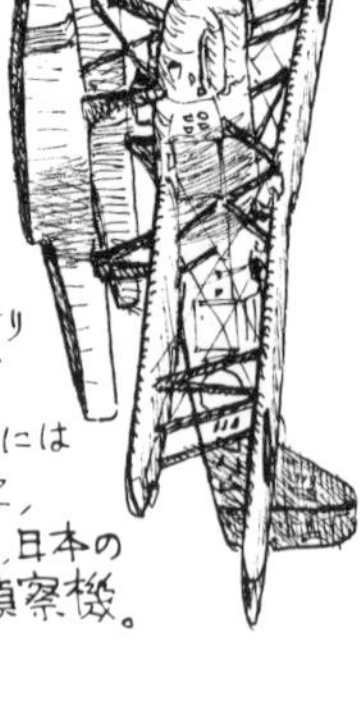

参考出品:
LeO H43より
遅く開発が
始められて、1934年には
制式採用になって、
ちゃんと役に立った、日本の
川西九四式水上偵察機。

リオレ・エ・オリヴィエＬｅＯ Ｈ43の話は１９３０年に始まって、１９４０年に終わる。

１９３０年4月、フランス海軍は航空省に新型の艦載水上偵察機の計画を申請した。この頃フランス海軍じゃ、単葉複座の水上偵察機グールドゥー・ルスール８１０が初飛行したところで、当時建造中の水上機母艦コマンダン・テストや計画中の1万トン級巡洋艦に搭載するために早くも新型の偵察機を求めたのだった。

この新型水上偵察機の大きさや要求性能、武装とかの仕様について、海軍と航空省はいろいろと研究や検討を重ねて、ようやく3年後の１９３３年10月になって仕様がまとまった。

同じ頃の日本だと、たとえば海軍の川西九四式水上偵察機は、１９３２年に試作指示が出されて、翌年には試作機が完成、１９３４年には制式採用になってる。フランスが何をこんなに手間取ったのか不思議だけど、実はフランスじゃ１９２８年に航空省が設立されて、この役所が飛行機の開発を統括することになった。この航空省と海軍との間のやりとりや調整に時間がかかったのかもしれない。わかんないけど。

この新型水上偵察機には6社が試作機を作って、そのうちの一社がリオレ・エ・オリヴィエ社だった。いちいち社名を書くと長くて面倒くさいので、ＬｅＯ社と略して良いかな。

ＬｅＯ社の主任設計者エドモン・ブノワが設計した水上偵察機Ｈ43は、単葉単発の３人乗りで双フロート、金属骨組みに羽布張りの構造だった。エンジンはイスパノスイザＨＳ９Ｖａ空冷星型9気筒５７５hpを装備する。左右の金属製フロートの中には燃料タンクが入ってる。この時期のフランスの飛行機のことだから、主翼と胴体とフロートの間には支柱がたくさんある。

胴体は2階建てで、胴体上面には座席が三つあって、前席が操縦席、中席が副操縦士兼観測／航法手席、後席は銃座で開閉式のキャノピーと旋回式機関銃が付いている。胴体の下面はガラス張りの観測／航法手席とその後方に無線手席があって、観測／航法手は上の中席に上がって副操縦士を、無線手は後席で銃手を務める。つまり乗員は３人で、仕事は５つあるのだな。

仕様決定が遅かったわりにＬｅＯ社の試作機製造はちゃんと進んで、Ｈ43の試作機は１９３４年10月に初飛行した。社内テストは特に問題無く、12月には航空省のテストを受けた。そこでも性能はぱっとしないけど飛行特性はとっても普通、ただし馬力不足で操縦席の視界は改良の余地あり、という評価だった。そんなことを言われたので、エンジンは７３０hpのＨＳ９Ｖｂに換装された。

それからＨ43は航空省や海軍の性能試験やカタパルト試験、降下角45度での緩降下爆撃試験などなど、いろんなテストを受けることになった。その間にエンジンがオーバーヒートしやすいという欠点が現れたんで、カウリングの設計を改めたりスピナを取り付けたりしてエンジンに空気が当たりやすくして、潤滑系を改良したりした。海軍側はＨ43試作機の受領を渋って、やっと海軍が試作機を買い上げたのは、初飛行から1年半後の１９３６年４月だった。

海軍は試験で一応の成績が得られたことから、Ｈ43量産機20機の発注を１９３６年5月に航空省に申請した。ところがここでまた時間がかかって、航空省航空機製造局が量産機の製造を発注したのはそれから1年以上たった１９３７年7月になった。この間にフランスじゃ左翼の人民戦線政府が樹立されて、航空産業を国営化して、そのごたごたが影響したのかも。H43の製造もSNCASE（南東部国営航空機製造会社）に属する旧ポテ社工場で行なわれた。H43の量産型は、試作機よりも中席の副操縦士席がちょっと高くなって前方視界が改善されたんだけど、完成したのは1939年7月だった。この時にはH43と同じ仕様で作られて採用になったロワール130単発飛行艇がとっくに部隊配備されてH43の性能はすでに完全に旧式化してたし、5人分の仕事を3人の乗員でやりくりする使い勝手の悪さもあって、H43のいまさらの実用性は疑わしくなっていた。

H43は1939年9月に第2次世界大戦が始まったときにも運用評価テスト中だった。テストでは水平飛行中に機体が傾く妙な癖が見つかったし、エンジンは相変わらずオーバーヒートしやすかったし。フロートの燃料タンクもリベット穴からガソリンが漏れるという欠点があった。

そういった欠点や弱点が治らないまま、1940年初めにH43の最初の部隊3S1（第3海軍管区第1偵察飛行隊といった感じかな）が編成されて、続いて3S5にも配備された。部隊使用が始まっても、故障が多くて稼働率が低かったし、翼内機銃の銃口周囲の防御鋼板がすぐ傷んで、主翼にまで損傷が広がるという問題まで起きた。フロート内タンクの燃料が残ってるのに、エンジンがうまく吸い上げられなくて、燃料切れで2機が墜落するという事故もあった。

そして1940年6月にフランスは敗北、8月にはLeO H43は全機退役させられる。10年前に計画されて、仕様を決めて、試作して、テストして、10年経つうちにすっかり時代に取り残されて、数々の欠点を現わして、何もしないまま終わって消えた飛行機だった。

水上機母艦

水上機を載せて、発進させたり回収したり、整備したり、乗員や整備員を寝泊りさせる軍艦が「水上機母艦」。世界最初の水上機母艦は、フランスが1911年に水雷艇母艦を改装して作った、ラ・フードル。1912年には演習に参加して、第1次大戦でも少し働いた。

ラ・フードル。その搭載機のヴォワザン水上機。

日本海軍は第1次大戦で中国の青島のドイツ軍を攻撃するのに、水上機母艦「若宮」で水上機を発進させて爆撃を行ってる。

そもそもから水上機母艦として建造された最初のフネとされてる、イギリスのアークロイアル。とはいっても、実は起工直後の貨物船を買い上げて、大々的に改設計して、1914年に就役させた。1934年に、新空母に艦名をゆずらされて、ペガサスに改名した。

このころはカタパルトがないんでクレーンで水上機を海面に下ろして発進させてた。

カタパルトの実用化で、水上機母艦は搭載機を直接発進させられるようになった。第2次大戦じゃ日本やアメリカでよく使われた。

水上機24機搭載予定で、速力29ノット、実は特殊潜航艇母艦に改装するつもりだった、日本の「千代田」型。後には空母になった。

でも第2次大戦後は水上機や飛行艇が使われなくなって、水上機母艦も消えていった。

フランスが1932年に就役させたコマンダン・テスト。

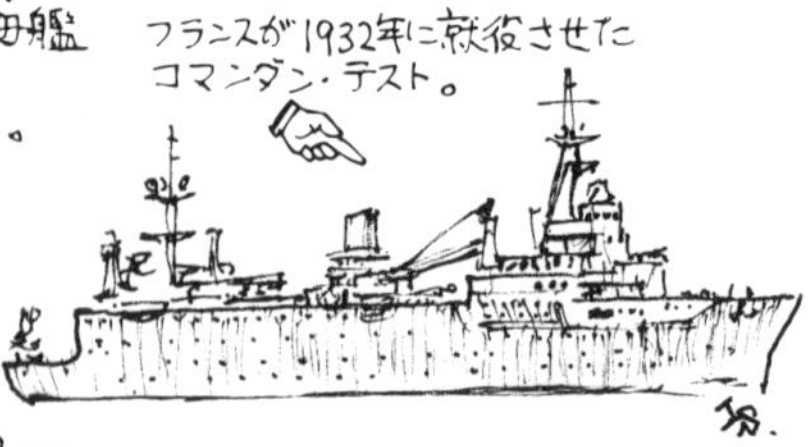

実質「飛行艇母艦」のアメリカのカリタック級。1960年代まで使われた。

File No. 18

地道な道を、遅い歩みで

ショート・スペリン

Short Sperrin

全幅：33.2m
全長：31.2m
自重：32,650㎏
総重量：52,200㎏
エンジン：ロールスロイス・エイヴォンRA2
ターボジェット（推力2,722㎏）×4基
最大速度：913㎞/h
実用上昇限度：12,800m
航続距離：6,050㎞
兵装：爆弾9,072㎏（要求）
防御武装：なし
乗員：5名

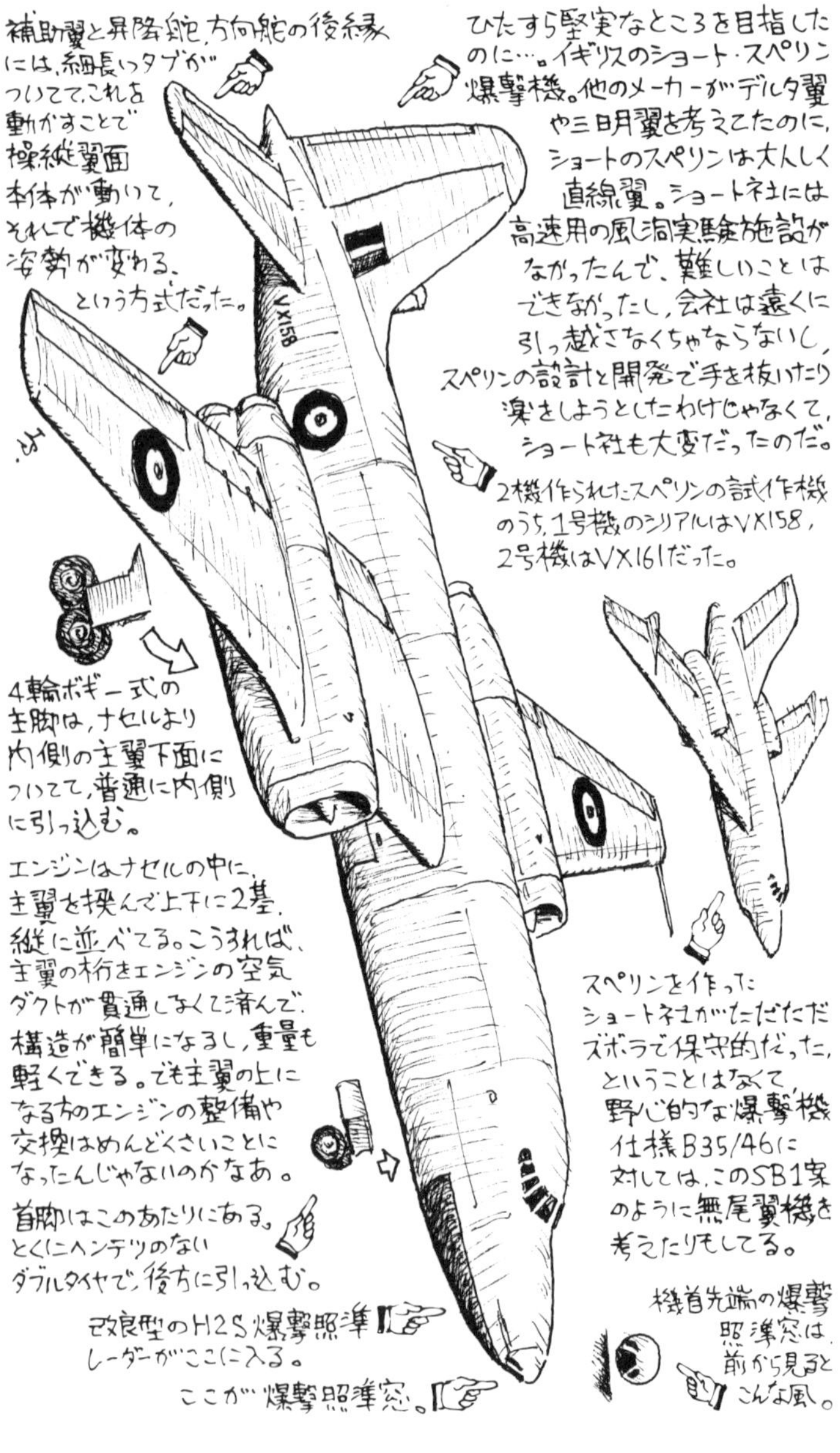
補助翼と昇降舵、方向舵の後縁には、細長いタブがついてて、これを動かすことで操縦翼面本体が動いて、それで機体の姿勢が変わる、という方式だった。

ひたすら堅実なところを目指したのに…。イギリスのショート・スペリン爆撃機。他のメーカーがデルタ翼や三日月翼を考えてたのに、ショートのスペリンは大人しく直線翼。ショート社には高速用の風洞実験施設がなかったんで、難しいことはできなかったし、会社は遠くに引っ越さなくちゃならないし、スペリンの設計と開発で手を抜いたり楽をしようとしたわけじゃなくて、ショート社も大変だったのだ。

VX158
2機作られたスペリンの試作機のうち、1号機のシリアルはVX158、2号機はVX161だった。

4輪ボギー式の主脚は、ナセルより内側の主翼下面についてて、普通に内側に引っ込む。

エンジンはナセルの中に、主翼を挟んで上下に2基、縦に並べてる。こうすれば、主翼の桁をエンジンの空気ダクトが貫通しなくて済んで、構造が簡単になるし、重量も軽くできる。でも主翼の上になる方のエンジンの整備や交換はめんどくさいことになったんじゃないのかなあ。

スペリンを作ったショート社がただただズボラで保守的だった、ということはなくて、野心的な爆撃機仕様B35/46に対しては、このSB1案のように無尾翼機を考えたりもしてる。

首脚はこのあたりにある。とくにヘンテツのないダブルタイヤで、後方に引っ込む。

改良型のH2S爆撃照準レーダーがここに入る。

ここが爆撃照準窓。

機首先端の爆撃照準窓は、前から見るとこんな風。

堅実であることは誤りなのか？　地道は行き止まりなのか？　ジェット爆撃機ショート・スペリンの将来を閉ざしたのは何だったんだ？

第２次世界大戦が終わる前から、イギリス空軍と航空省はジェット長距離爆撃機を考えようとしてた。そんな気運を横目で見て、イギリスの飛行機メーカー各社もいろいろ案を研究してて、各社の案が練れてきたとみたイギリス航空省は、１９４７年1月にジェット爆撃機仕様B35／46を提示した。

この仕様に応えていろんな会社が設計案を出してくるんだけど、中にはアヴロ社のデルタ翼案や、ハンドレーページ社の「三日月翼（主翼の後退角が外にいくにつれて緩くなる）」案みたいに、最新の航空力学の知見に基づいた野心的な案もあった。

そういう機体は性能もよさそうだけど、開発にはいろいろ困難があって時間もかかる。実はこのB35／46仕様の前に、航空省ももっと堅実な案でジェット爆撃機を作ってみた方が良いなと考えて、それほど野心的じゃない仕様B14／46というのを作成してはいた。でも航空省はメーカー各社案の動向を見つつ、こちらの仕様はすぐには提示されなかった。

ジェット爆撃機の構想を進めていたメーカーの一つ、ショート社は、B35／46仕様には無尾翼機という大胆な案で臨もうとしていたが、それとは別に、前々からSA４という計画名で、もっと保守的な案を進めていた。これがB14／46仕様の狙いに合致するものだったんで、航空省は１９４７年９月にショート社のSA４案に向けてB14／46仕様を提示、１９４８年1月に試作機２機を発注した。

まあ、つまり航空省としてはＢ35／46で高性能な爆撃機を作りたいんだけど、それができてくるまでのつなぎとして、性能は低くても確実なＳＡ４を試作させてみることにしたわけだ。あるいは万一Ｂ35／46爆撃機が失敗しても、ショートＳＡ４でとにかくジェット爆撃機を揃えよう、という保険でもあったんだろう。

そのショート社のＳＡ４案は主任技術者のクロード・Ｐ．Ｔ．リップスコムが設計したもので、後退翼やデルタ翼や、高速性能を得るためのいろいろ新しい技術が見えてきてるなか、おとなしく直線翼を採用した。ただし前縁には18・25度の後退角が付いてる。その主翼にロールスロイス・エイヴォン・エンジンを４つ付けるんだけど、主翼内に収めると翼が厚くなりすぎるんで、左右の主翼の途中のナセルに２基ずつ収めた。エンジンは主翼を挟んで上下に２発、こうする方が構造的にも重量的にも得で、抵抗も少ないとショート社は考えたのだ。

背の高い胴体は、主翼の下に長い爆弾倉があって、上には燃料タンクが入ってた。胴体前部には円筒形の与圧室があって、コクピットには操縦士と副操縦士、その後ろに１段下がって航法手２人と無線手が座って、乗員は５人だ。

機首の下面には航法／爆撃レーダーが付いて、機首先端には爆撃照準窓がある。爆撃するときは、爆撃手を兼ねてる航法士の１人が自分の席を立って操縦席に上がって行って計器盤の下に潜って、小さな電動の台車に乗って機首の爆撃照準窓のところまで下りていくことになっていた。いいぞ、ゲリー・アンダーソンっぽいぞ。

尾翼は水平尾翼に13度の上反角が付いてるだけでいたって普通。ただし操縦系統はちょっと変わっていて、補助翼や昇降舵、方向舵は操縦桿とは直接繋がってなかった。操縦桿は各操縦翼面のタブを動かして、そのタブの空力的な力で操縦翼面を動かすようになっていた。

　総じてこのショートＳＡ４は、新開発のアルミニウム合金を材料として使ってる以外は、いろいろおもしろい工夫はあるものの、とりたてて新奇な技術を使ってなかった。これなら確実に実用化できそうだ。

　そうはいってもショート社にとってＳＡ４の開発は簡単じゃなかった。ショート社には高速用の風洞実験施設が無かったのだ。しかたないんで水槽に模型を入れて試験してデータを集めたり、ほかの研究施設に実験を頼んだりしなくちゃならなかった。だからショート社としてもあんまり先進的な空力設計はできなかったわけで、ＳＡ４が保守的な設計だったのにはそういう背景があったみたいだ。

　それともう一つ、実はショート社はＳＡ４の試作発注を受ける直前の１９４７年11月に、造船会社のハーランド＆ウルフ社に吸収されて、本社と工場をそれまでのイングランド南東部ロチェスターから北アイルランドのベルファストに移さなくちゃならなくなった。ショートＳＡ４はスペリンと名付けられたんだけど、そのスペリンというのは北アイルランドの山脈で、ショート社の新工場に縁がある地名ということになるな。でもその引っ越しのおかげで、スペリンの設計と製造はゆっくりとしか進められなかったのだった。

　その一方、Ｂ35／46仕様に応えた各社案のうち、緩い後退翼のヴィッカース社案がいちばん早く開発できそうなので、１９４８年12月に試作機２機が発注された。地道にゆっくり進むスペリンの背後から、ライバルが走り始めたのだ……というところで次回に！

ジェット爆撃機

ジェット爆撃機の始りは、第2次大戦のドイツのアラドAr234ブリッツ。1944年12月から実戦参加。なにしろプロペラ戦闘機より断然速い。爆撃機もジェットの時代となったのでありました。

1949年初飛行の、イギリスのイングリッシュ・エレクトリック・キャンベラ中爆。速いから防御武装は要らないのだ。

高々度がダメなら超低空を突っ込んで行こう，という可変後退翼のロックウェルB-1B。兵装搭載量は30トン近い。

後退翼に吊りさげたエンジンポッド，当時の新技術のカタマリだった，ボーイングB-47。1950年代にはソ連(ロシア)もフランスもジェット爆撃機を作るようになった。

1947年に初飛行，約2000機が作られた。

高々度をマッハ3で飛ぶノースアメリカンXB-70ヴァルキリー。でも地対空ミサイルの発達で高空侵入はムリになり，ICBMもあるし，なにしろ経費が高いんで，試作2機で中止になった。

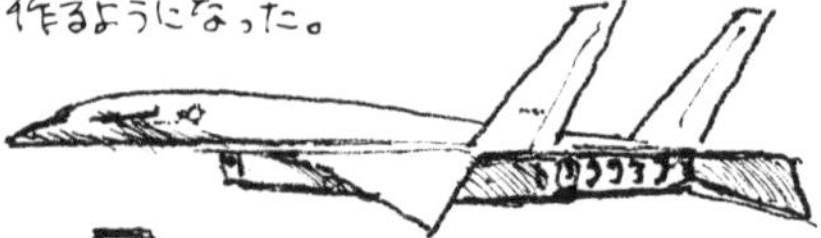

巡航ミサイルや対艦ミサイル，機雷や爆弾，いろんなものを積んで，地球の反対側まで飛んでくボーイングB-52。

1962年に約740機で生産を終えたけど，エンジンを換えて，2050年まで使われ続けるとか。

アメリカ空軍は次世代ステルス爆撃機ノースロップ・グラマンB-21レイダーを開発中。中国もロシアもステルス爆撃機を作ろうとしてるらしくて，ジェット爆撃機の時代は終わらない。

現用のB-2に似てるけど，もっとすごいらしい。どうすごい？

File No. 19

あなたの保険、見直しませんか?

ショート・スペリン

Short Sperrin

全幅：33.2m
全長：31.2m
自重：32,650kg
総重量：52,200kg
エンジン：ロールスロイス・エイヴォンRA2
ターボジェット（推力2,722kg）×4基
最大速度：913km/h
実用上昇限度：12,800m
航続距離：6,050km
兵装：爆弾9,072kg（要求）
防御武装：なし
乗員：5名

ヴァリアントの試作1号機（WB210）も、スペリンと同じく1951年のファーンボロ航空ショーに参加してる。このスタイルで銀ピカのベアメタルの機体。ファーンボロ航空ショーの観客は、イギリス空軍ジェット爆撃機の明日を、スペリンとヴァリアントのどっちに見たんだろう。

射出座席はパイロットだけ。副操縦士と1段下の後ろに乗ってる航法士2名と無線士は、航法テーブル下のハッチを開けて、出入口まで這い出して脱出するのだ。

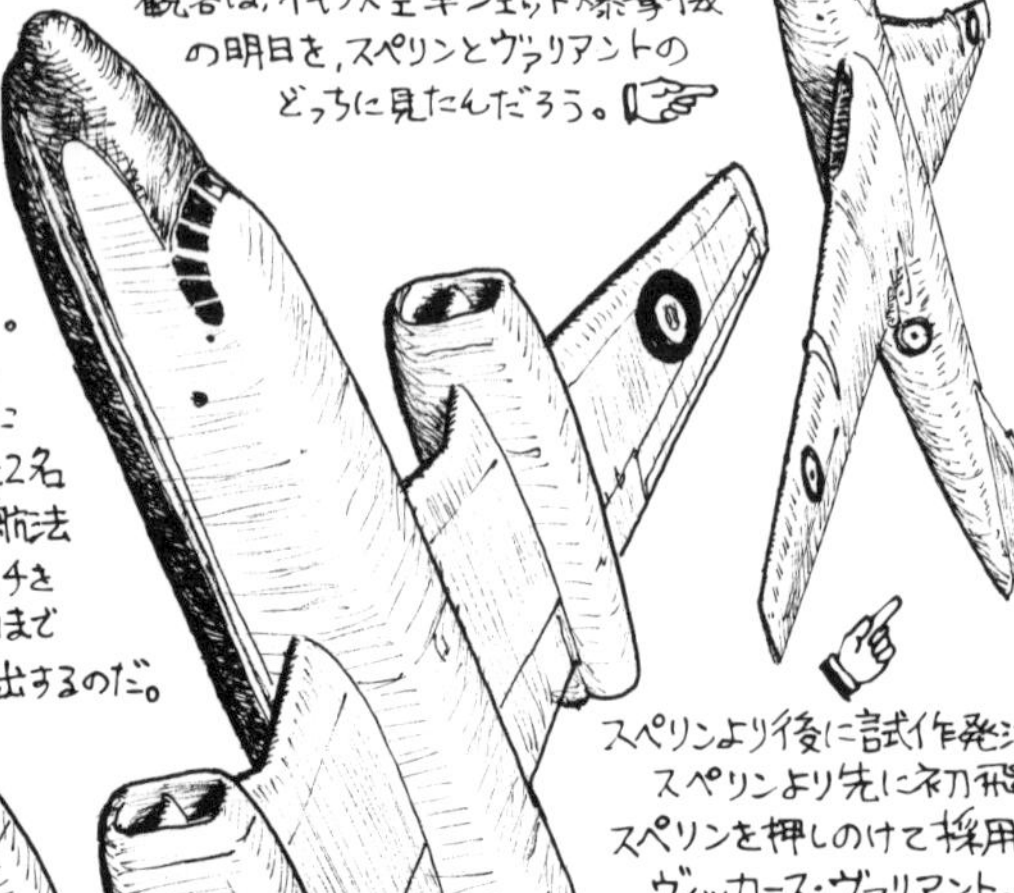

スペリンより後に試作発注されて、スペリンより先に初飛行して、スペリンを押しのけて採用された、ヴィッカース・ヴァリアント。空力的にも構造的にも、製造技術でも、スペリンよりよっぽど先進的で、もちろん性能も優れてた。

スペリン1号機がデハヴィランド・ジャイロン・エンジンのテストに使われたときのナセルはこんな形だった。下にジャイロンが入ってる。

スペリンを作って、ヴァリアントを作って、さらにヴァルカンとヴィクターまで作る、っていうほど、イギリスはジェット戦略爆撃機をなんとしても確実に手に入れたかったんだな。

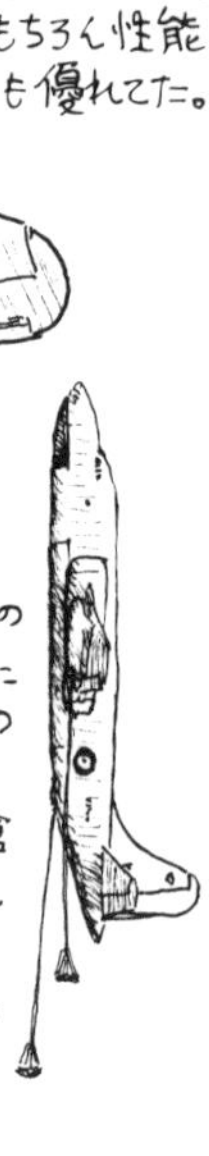

もしスペリンが爆撃機以外の用途で採用になったとしても、スペリンの性能じゃ偵察機は無理そうだし、爆弾倉に燃料タンクを入れて、空中給油機あたりかなあ。「スペリンK.2」とかになったかな。

スペリンは操縦性はとても素直で、降下速度も速かったんだそうだ。取り柄はあったのだ。

1951年のファーンボロ航空ショーに参加したときのスペリン1号機VX158。ブルーと黒の塗装に、白フチの赤いトリムを入れた、初飛行から間もないころの晴れ姿。でも、このときにはすでにスペリンの未来はなくなってたのだ…。

イギリス空軍と航空省は１９４７年にジェット爆撃機を作ろうとして、高望みなＢ35／46仕様を提示して各社に設計案を求めた。それに応えていろいろ野心的な案が出たんだけど、まずは確実に実用化できそうな機体として、もっとおとなしめの仕様のＢ14／46に沿ったショート社のＳＡ４案に、１９４８年1月に試作機２機を発注したのだった。ＳＡ４にはスペリンという名前が付けられた。

航空省としてはＢ35／46仕様の爆撃機の開発が失敗しても、とりあえずジェット爆撃機が手に入るように、いうなればショート・スペリンで「保険をかけた」わけだ。

このスペリンは直線翼で、左右のエンジンナセルに上下に2基ずつエンジンを装備した以外は、当時としては無理の無い、言い換えれば保守的な設計だった。それはいいんだけど、実はショート社には高速風洞がなくて、設計を詰めるのに時間がかかったし、ちょうどショート社が会社と工場の移転中だったんで、引っ越し騒ぎで試作機の製造もなかなか進まなかった。

そのうちに、Ｂ35／46仕様に応えたヴィッカース社のタイプ６６０案が、多少性能は低めだったけど、堅実で早く開発できそうだったんで、航空省はこれに合わせてＢ９／48仕様を作成、１９４８年12月に試作機２機を発注した。ヴィッカース社のタイプ６６０は後退翼で、後退角は緩かったけど、当時のイギリスにとっては未踏の技術だった。その後退翼や全電動式の操縦系統など、ヴィッカース６６０は空力的にも構造的にも、それに製造技術でもスペリンよりもずっと先進的だったが、それでもＢ35／46仕様の設計案の中では堅実な方だった。そこでヴィッカース６６０を先に試作させてみようとしたわけだが、航空省はスペリンに加えて、さらにもう一つ「保険」をかけたということになるかな。

　それなりに新技術を盛り込んだ割にはタイプ６６０の開発と試作機の製造は順調に進んだ。ヴィッカース社は会社の引っ越しも無かったし。タイプ６６０は、ヴィッカース社の頭文字Ｖに合わせて、ヴァリアントという名前をもらって、１９５１年5月18日に初飛行した。

　一方のショート・スペリンは工場の引っ越しで予定が4ヵ月遅れて、試作1号機（ＶＸ１５８）は１９５１年の８月10日にやっと初飛行した。スペリンより11ヵ月遅く試作発注されたヴァリアントより、初飛行では３ヵ月の遅れをとってしまったのだ。

　しかしスペリンが飛び立った空にはすでに未来は無くなっていた。スペリンとヴァリアントの試作機が製造中だった１９５０年3月に、イギリス財務省は「ヴァリアントを作るんならスペリンは要らないんじゃない？」と言い出した。たしかにどちらもＢ35／46爆撃機の保険みたいなもんだけど、ヴァリアントの方が性能がよさそうだし、スペリンより早く初飛行しそうで、どちらか選ぶならヴァリアントの方だった。

　で、予算の大元の財務省に言われちゃったんで、航空省は「保険の見直し」をして、当然有利な方に切り替えた。つまりスペリンは中止することにしたのだった。ただし試作機の製造まで中止にするとショート社の技術者の仕事が無くなるんで、そこは航空省が財務省に頼んで、一応２機は予定通り作られることになった。

　実際、スペリンと後のヴァリアント量産機の性能を比べると、意外なことに最大速度はヴァリアントが９１２km／h、スペリンが９１３km／hでほとんど同じ。違うのは実用上昇限度で、スペリンが1万２８００ｍなのにヴァリアントは1万６４６０ｍと断然高い。航続距離はスペリンが６０５０㎞、ヴァリアントは実戦装備で５５５０㎞、翼下にタンクを装備して最大７２４０㎞で、やっぱりヴァリアントの方が性能、特に高空性能が良かった。

イギリス空軍はジェット爆撃機には防御武装を持たせずに、高速と高高度飛行で身を守るつもりでいたから、スペリンが上昇限度でヴァリアントに大きく劣る以上、不採用になったのは仕方なかっただろうな。

ヴァリアントに続いて、Ｂ35／46仕様の野望組のアヴロ社デルタ翼案はヴァルカンとなって、ハンドレーページ社三日月翼案はヴィクターとして、それぞれ実戦化された。いずれも頭文字がＶのこの3機種は「３Ｖボマー」と呼ばれて、冷戦時代初期のイギリスの戦略核攻撃力を支えたのだった。

スペリン2号機（ＶＸ１６１）は１９５２年8月に初飛行して、2機のスペリンは爆撃レーダーの開発や、イギリス最初の実用核爆弾ブルー・ダニューブの模擬弾の搭載や投下テストに使われて、３Ｖボマー開発にささやかなお手伝いをした。

スペリン2号機は１９５５年に新開発のターボジェット・エンジン、デハヴィランド・ジャイロンの飛行テスト機となって、左ナセルの下側を太くしてジャイロンを装備した。翌年には右ナセルにも装備して飛行したけど、ジャイロンの開発が１９５７年に予算削減で中止になって、スペリンのテストも無駄になった。

スペリン2機は１９５８年にスクラップとなった。保守的なるが故に作られて、保守的なるが故に消えたスペリンの生涯でありました。

イラストで見る
航空用語の基礎知識
basic knowledge

3Vボマー

冷戦時代初期の1950年代後半に、イギリス空軍は3機種の4発ジェット爆撃機、ヴィッカース・ヴァリアント、アヴロ・ヴァルカン、ハンドレーページ・ヴィクターを次々に実戦配備し、これらがミサイル原潜実戦化まで、戦略核抑止力を担った。
いずれも頭文字が V で始まるので、まとめて「Vボマー」、「3V爆撃機」と呼ばれた。

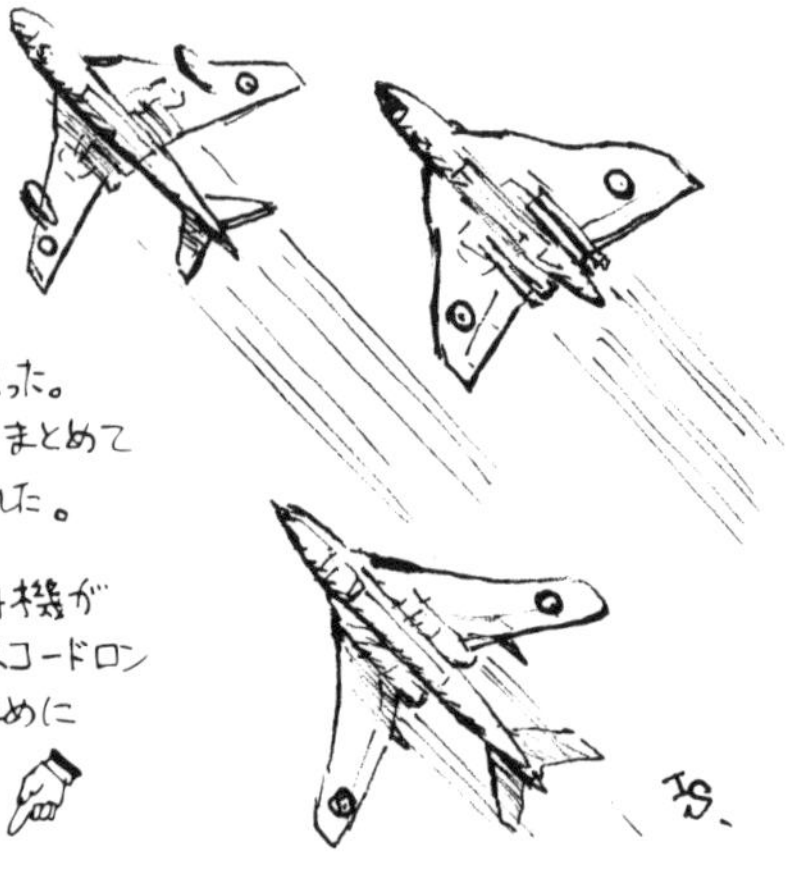

1番手のヴィッカース・ヴァリアント。104機が作られて、1955年から8個爆撃スコードロンに配備。しかし機体の疲労のために低空侵入への任務変更に対応できず、1965年に退役した。

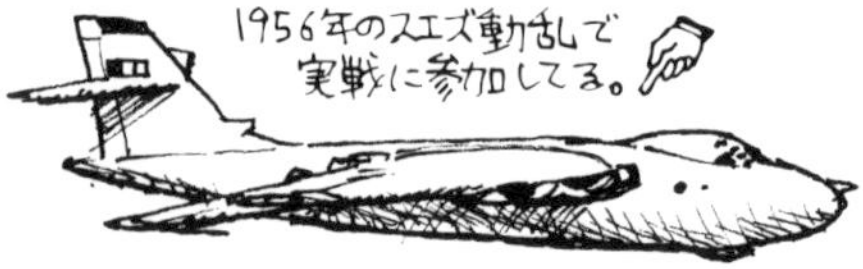

1956年のスエズ動乱で実戦に参加してる。

2番手はデルタ翼のアヴロ・ヴァルカン。1952年8月に初飛行、ヴァルカンB1が45機、主翼を拡大、平面形を改めたB2が89機生産されて、1957年から9個スコードロンに配備された。低空侵入任務に切り替えて、1984年まで使われた。1982年フォークランド紛争で実戦初参加。

低空侵入任務になってからは迷彩塗装。

胴体下にブルースチール空対地核ミサイルを装備してるところ。核爆発の閃光防御の全面白色塗装。

3番手、三日月翼のハンドレーページ・ヴィクター。1952年12月初飛行。1958年に部隊配備。最初のB1が50機、ターボファン・エンジンのB2が34機作られた。6個爆撃スコードロンに配備されて、1968年に爆撃任務から退いた。その後は給油機となって、フォークランド紛争や1991年の湾岸戦争で働いて、1993年についに退役した。

ヴィクターもブルースチールを搭載した。

File No. 20

フラットスピン、空中分解、開発中止

ポリカルポフSPB

Polikarpov SPB

全幅：17.0m
全長：11.2m
自重：4,480kg
総重量：6,850kg
エンジン：クリモフM-105
　　　　　液冷V型12気筒(1,050hp)×2基
最大速度：520km/h
実用上昇限度：9,000m
航続距離：2,200km
武装：7.62mm機関銃×2門(機首・腹部)、
　　　12.7mm機関銃×1門(背部)、
　　　爆弾最大1,500kg
乗員：3名

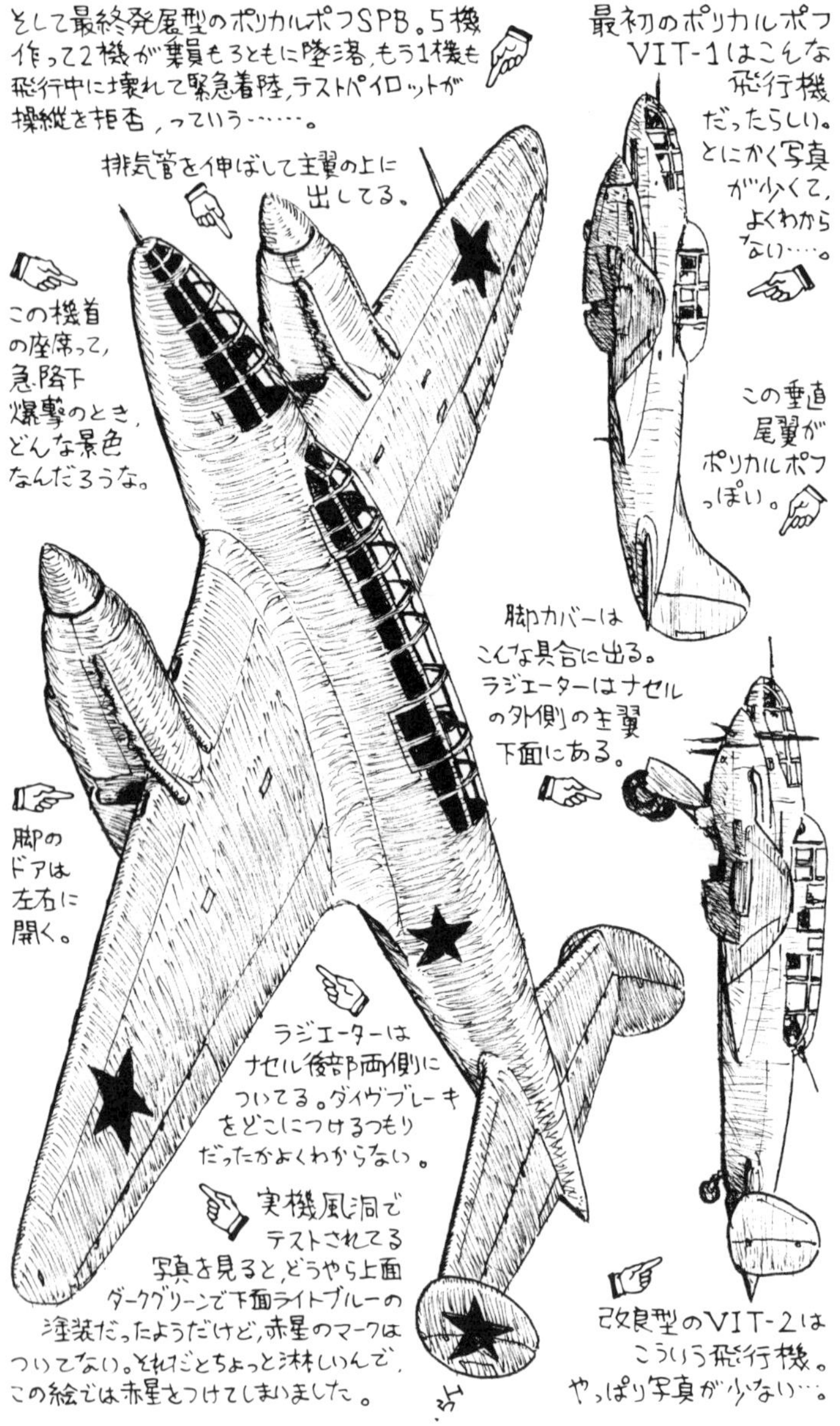
そして最終発展型のポリカルポフSPB。5機作って2機が乗員もろともに墜落、もう1機も飛行中に壊れて緊急着陸、テストパイロットが操縦を拒否、っていう……。

最初のポリカルポフVIT-1はこんな飛行機だったらしい。とにかく写真が少なくて、よくわからない…。

排気管を伸ばして主翼の上に出してる。

この機首の座席って、急降下爆撃のとき、どんな景色なんだろうな。

この垂直尾翼がポリカルポフっぽい。

脚カバーはこんな具合に出る。ラジエーターはナセルの外側の主翼下面にある。

脚のドアは左右に開く。

ラジエーターはナセル後部両側についてる。ダイヴブレーキをどこにつけるつもりだったかよくわからない。

実機風洞でテストされてる写真を見ると、どうやら上面ダークグリーンで下面ライトブルーの塗装だったようだけど、赤星のマークはついてない。それだとちょっと淋しいんで、この絵では赤星をつけてしまいました。

改良型のVIT-2はこういう飛行機。やっぱり写真が少ない…。

昔々の１９３０年代の後半、共産主義のソビエト・ロシア、まあつまりソ連のポリカルポフ設計局は、双発で戦闘機とも対地攻撃機ともなる３人乗りの機体を開発しようとした。ポリカルポフ設計局は単発の複葉戦闘機Ｉ-15や単葉引込み脚の画期的な戦闘機Ｉ-16、それに練習機のＵ-２を成功させて、ソ連の飛行機設計局の中でも最有力の一つだった。

ポリカルポフの双発戦闘／攻撃機ＶＩＴ-１は１９３７年に初飛行した。ＶＩＴっていうのは「対戦車戦闘機」の略だそうで、ついでに急降下爆撃もできることを考えたようだ。でも当時のソ連じゃ、双発機や爆撃機はツポレフやイリューシンといった設計局の得意分野で、それまで主に単発機を作ってきたポリカルポフがこの種の機体に手を出してきたことで、政治的に波風が立ったりもした、ともいうぞ。

それはともかく、ＶＩＴ-１は金属骨組みに金属外板の低翼機で、９６０hpの液冷Ｖ型12気筒のクリモフＭ-１０３エンジンを備えて、主翼付け根に37㎜機関砲を２門、機首の航法手席に手動の20㎜機関砲１門、コクピットの後部座席に旋回式の７・62㎜機関銃１門という武装で、爆弾倉に爆弾６００㎏、主翼下に５００㎏爆弾２発を吊り下げることができた。ＶＩＴ-１は全幅16・５ｍで全長12・７ｍ、これでテストでは最大速度４５０㎞／ｈ、航続距離１０００㎞という性能を出した。大きさもエンジン出力も性能もドイツのメッサーシュミットＢｆ１１０の初期型に近いところだ。

しかしポリカルポフ設計局はＶＩＴのエンジンをもっと強化して、構造も改良することにした。こうして１９３８年に改良型のＶＩＴ-２が初飛行した。ＶＩＴ-１では１枚だった垂直尾翼は２枚になって、エンジンは

１０５０hpのＭ－１０５を装備、コクピットのキャノピーは長くなった。爆弾搭載量は変わらないけど、武装は主翼付け根に20㎜機関砲２門を追加して、後部座席にも20㎜機関砲の銃座、胴体腹部には７・62㎜機関銃２門とずいぶん強力になった。これで最大速度は５１３㎞／ｈに向上して、ソ連政府もこれを高速急降下爆撃機として量産しようと考えた。しかしポリカルポフ設計局は、むしろＶＩＴ－２を基に改設計して、もっと性能の良い機体を目指すことにしたのだった。

　こうして作られることになったのがＳＰＢという機体だった。ＳＰＢは高速急降下爆撃機の略だそうだ。ＳＰＢはＶＩＴ－２によく似てたけどまったくの別設計で、それまで戦闘機や対地攻撃機を考えてたのが、急降下爆撃機にすることになったんで、機体強度も増さなくちゃならなかった。ＳＰＢでは機体の構造をモノコックにして、寸法も翼幅が大きくて胴体がちょっと短い。キャノピーまわりも、ナセルに引込む脚のカバーもＶＩＴ－２よりずいぶん洗練された。

　戦闘機よりも爆撃機として使うんで、武装は軽くなって、機首に手動の７・62㎜機銃が１門、背部に12・７㎜旋回機銃が１門、腹部のハッチの７・62㎜機銃１門になった。爆弾は胴体爆弾倉に８００㎏、主翼下に７０0㎏を搭載する。エンジンはＭ－１０５で変わらない。

　ＳＰＢは試作機が２機、さらに前生産型機３機が作られることになった。でもポリカルポフ設計局では番頭格の設計者ミコヤンが暖簾分けして自分の設計局を持つんで、技術者をたくさん連れていって、技術陣が手薄になってきたのに加えて、どうも製造工場の態勢が不充分で、機体の製造に苦労することになったようだ。

ＳＰＢの試作1号機は１９４０年2月に、テストパイロットのボリス・クドリンの操縦で初飛行した。テストじゃ最大速度は５２０㎞／ｈを出したが、安定性やエンジンの冷却、機体強度とかたくさん改修しなくちゃならなかった。

そのうち１９４０年4月には試作1号機（通算3号機ともいうが）がフラットスピンに入って墜落、テストパイロットのＮ．Ｐ．ゴロヴィンと2名の乗員が死亡してしまう。やっぱり安定性と操縦性に問題があったんだろうな。そして7月には試作2号機が急降下テスト中に主翼がフラッターを起こして空中分解、墜落してパイロットのＭ．Ａ．リプキンと乗員が死亡してしまう。原因はパイロットが急降下速度を超過して荷重をかけすぎたせいだともいわれたけど、なんと補助翼のマスバランスが取り付けられてなかった。それで補助翼が勝手にバタついて、主翼も振動、荷重に耐えられなくなったのが原因だったようだ。さらに3号機がテスト飛行中に方向舵のトリムタブが壊れた。操縦していたクドリンはなんとか機体を着陸させたものの、クドリンは4号機以降の飛行を拒否したんだそうだ。分かるような気がするな。

ポリカルポフ設計局はＳＰＢの機体を中央流体研究所（ＴｓＡＧＩ）の実機風洞に持ちこんで、いろんな問題点の原因を探って解決しようとした。しかし実はこの頃にはペトリャコフ設計局が試作した双発戦闘機「１００」が優れた性能を示していた。政府と軍の興味はそちらに移ってしまって、ＳＰＢの開発は打ち切り、ポリカルポフ設計局の長い苦労は結局何にもならなかった。ちなみにペトリャコフの「１００」は後にＰｅ－２双発爆撃機に発展して、第2次世界大戦で大活躍することになるんだよ。

☞ ペトリヤコフPe-2

ペトリヤコフ「100」。与圧コクピットで、エンジンにはスーパーチャージャー。
高度6600mで538km/h。

第2次大戦のソ連空軍軽爆撃機の主力、ペトリヤコフ Pe-2のそもそもの始りは、高高度戦闘機「100」だった。ポリカルポフのSPBが失敗したんで、空軍は1940年8月に、ペトリヤコフ設計局に、この「100」を基にして急降下爆撃機を設計しろ。それも今すぐ、45日間で！と命令した。当時のソ連だから、できなかったらどうなるかは明らかだ。そしてペトリヤコフはやった！

その数多くのトラブルや欠点を改修しながら、Pe-2の生産は急速に進められた。Pe-2には主なサブタイプの中にいろんなバージョンがあった。
これは初期生産型、無印のPe-2。
コクピット後部の旋回銃座がない。

急降下爆撃機PB-100は1940年12月に初飛行、間もなくPe-2と改称された。
性能は良かったけど、急いだせいでトラブルや問題がたくさんあった。

操縦性にクセがあったし、防御が弱くて銃手の戦死率が高かったし、いろいろ辛くはあった。

ダイヴ・ブレーキがうまく引込まないんで、結局急降下爆撃はやらなくなった。

戦闘機型
Pe-3もあった。

でも速いし、運動性も良くて、4機のBf109に襲われた6機のPe-2が、損害なしに2機を撃墜したりしてる。ルーマニアのプロエスティ油田の爆撃でも6機で大戦果をあげた。

総生産数は
11000機以上。

File No. 21

総飛行時間10時間の結論

カーチスXP-10

Curtiss XP-10

全幅：10.1m
全長：7.1m
全高：2.6m
自重：1,379kg
総重量：1,803kg
エンジン：カーチスV-1570-15コンカラー
水冷V型12気筒(600hp)×1基
最大速度：278km/h(海面高度)
実用上昇限度：8,077m
航続距離：742km
武装：7.62mm機関銃×2門
乗員：1名

18機作られたカーチスP-6戦闘機。これでXP-10と大して性能が違わなかった。当時はアメリカ陸軍もお金がないんで、戦闘機も少しずつしか作れなかった。P-6シリーズは呼称変更やら小改造で名前が変わるやら、実にややこしい。この「29-260」もP-6から
XP-6→P-6A→XP-6A→XP-6Dと5回も名前が変わってる。

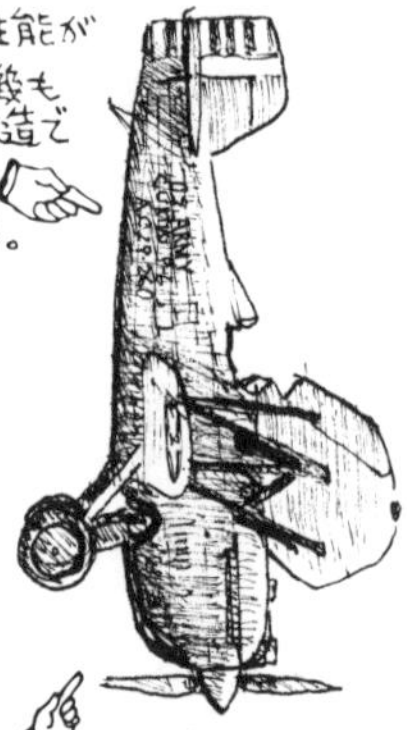

いわゆる
「カーチス・ホーク」の一種だ。

新しい性能水準を目指したはずだったのに、わずか10時間飛んだだけで、ダメ飛行機とわかってしまったカーチスXP-10。

XP-10の尾部はこんなカタチ。胴体はオリーブドラブで、側面に白でこういう文字が入って、主翼と尾翼は黄色だったようだ。

確かに上方視界は良かったそうだ。

左右の脚の付け根に小さな円筒形のものがあって、パイプでエンジンにつながってるようなんだが、スーパーチャージャーのインタークーラーかな。オイルクーラーとか？

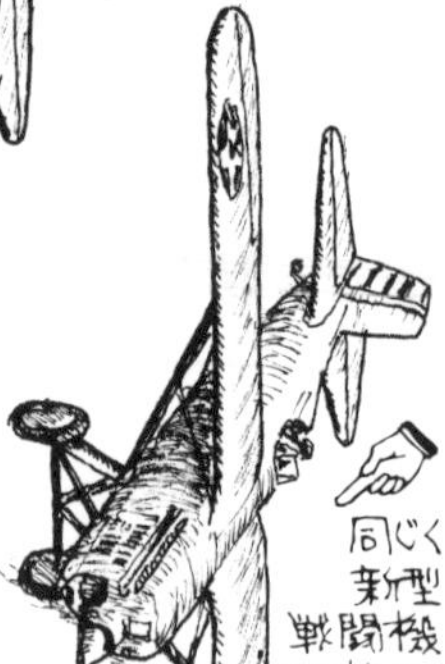

同じく新型戦闘機を目指して、同じくダメだった、単葉のボーイングXP-9。

機首の右側に丸い開口があって、たぶんこれが機械式のスーパーチャージャーへの空気取入口なんだろう。このころのカーチス水冷V型12気筒エンジンは、排気管が片側に本ずつ出てる。

上翼の上下面にラジエーターが貼りつけられてる。被弾面積が大きそう。

こうして見ると、XP-10はとにかくP-6よりは抵抗のモトを少くしようとしたことはよくわかるな。

１９２８年6月のこと、アメリカ陸軍航空隊はより高速で高高度を飛べて、運動性が良くて、パイロットの視界も良い新型戦闘機を求めた。当時のアメリカ陸軍の戦闘機は、水冷エンジンのボーイングＰＷ－９（「ＰＷ」のＷはWater cooled、つまり水冷のことだ）やカーチスＰ－１シリーズが主力で、最大速度はだいたい２４０km／ｈぐらい、実用上昇限度が５５００ｍ～６０００ｍぐらいだった。アメリカ陸軍はそれよりもっと上の性能を目指そうとしたんだな。

この構想で試作機の発注をもらったのがカーチス社とボーイング社で、カーチス社への発注が6月18日、その5日前の13日にはボーイング社も新型戦闘機の試作機を受注してて、アメリカ陸軍は当時の有力戦闘機メーカーの両方に試作機を作らせてみたかったようだ。で、ボーイング社の試作機、単葉のＸＰ－９が操縦性やら視界やらの問題で（なにしろ操縦席がうしろの方にあるんで、地上だと前が見えない）でダメ飛行機になって終わるのは前にも書いたっけ。

で、今回はカーチス社の試作機、ＸＰ－10の方の話だ。カーチス社が考えたのは抵抗を減らすことだった。主翼は複葉だけど、上翼はガル翼にして胴体上部から直接繋がる。こうすれば胴体から主翼を支える支柱がいらないから抵抗も減る。しかも上翼が操縦席にかぶさってないから、上方視界も良くなるっていう寸法だ。

それと水冷エンジンの機体で大きな抵抗の元になるのがラジエーターで、ボーイングＰＷ－９とカーチスＰ－１だと機首の下に置いてたけど、カーチス社はそのラジエーターの抵抗を無くしちゃおうとした。機体表面に貼り付けるのだ。

すでにカーチス社は１９２０年代初期から、当時は軍が参加して大人気だった航空レース用にいろんなレース機を作っていて、そこで表面ラジエーターを採用してたし、その経験からＰＷ－８戦闘機も表面ラジエーターだった。いずれも主翼の表面に貼り付けたパイプの中を冷却水が通って、気流で冷やすっていう方式だった。

ＸＰ－10はカーチス社としては３度目の主翼表面ラジエーターの採用例ってことになる。ＸＰ－10ではエンジンは本当はターボ・スーパーチャージャーつきのものにするつもりだったようだが、実際には機械式スーパーチャージャーつきのカーチスＶ－１５７０－15コンカラー水冷Ｖ型12気筒６００hpを装備した。そのエンジンから冷却水のパイプが主翼の中を通って、上翼の水平部分の上下面のラジエーターに繋がるようになってた。

主翼の形式や冷却方法だけじゃなくて、ＸＰ－10は構造からして同時期のカーチスＰ－１とは違ってた。Ｐ－１の主翼が木製骨組みに羽布張りだったのに対して、ＸＰ－10の主翼は木製の桁とリブに薄い合板の外皮張りっていう構造だった。胴体の方はＰ－１と同じく鋼管骨組みに羽布張りだったけど断面形が違ってた。つまりカーチス社はＸＰ－10をＰ－１の発展型や派生型じゃなくて、全然別物の機体として設計したわけだ。だからカーチス社は自分のところの戦闘機シリーズにＰ－１からずっと「ホーク」っていうニックネームを付けてたんだけど、ＸＰ－10についてはホークとは呼んでないのね。

カーチスＸＰ－10、シリアルナンバー28－３２７は１９３０年５月に初飛行した。試作発注から１年と11ヵ月、今じゃ戦闘機の計画から初飛行に10年ぐらいかかるのも当たり前だけど、この当時の戦闘機の開発期間としては異例の長さだ。理由がよく分からないんだけど、ボーイング社のＸＰ－９はもっと遅くて、１９３０年の11

月初飛行だから、ＸＰ−10はまだましかも。

しかし飛んでみて明らかになったのは、ＸＰ−10がせっかく抵抗を少なくしようとした甲斐が無かったことだった。ＸＰ−10の最大速度は海面高度で２７８km／h、前の年の１９２９年に初飛行したＰ−１の発展型、カーチスＰ−６ホークは同じＶ−１５７０シリーズの６００hpのエンジンを付けて海面高度で２８６km／hだったから、ＸＰ−10は当時の普通の戦闘機に比べて、特に性能が良くなってなかったのだ。さすがに高高度だと３４６km／hを出したともいうけど、上昇速度も上昇限度もＰ−６やその小改良型Ｐ−６Ａとさほど変わらなかった。

それにＸＰ−10の主翼の表面ラジエーターが故障続出で問題だった。以前のＰＷ−８でも水漏れで困ったというから、どうやら同じトラブルだったようだ。戦闘機だと旋回や急降下の引起しで主翼にいろんな荷重がかかる。木製構造の主翼はその度にたわんだり捻じれたりして、当然ラジエーターの配管やその取り付け部分、継ぎ目に荷重がかかって、水漏れしたんだろう。

しかも戦闘機は敵の飛行機と撃ち合うこともあるから、敵弾を受けやすい表面ラジエーターは大きな弱点になる。当然アメリカ陸軍航空隊もそれは分かってるので、性能がたいしたことなくて、弱点も大きいＸＰ−10はもちろん採用になることもなく、そのまま開発中止になった。カーチス社の方も、新工夫を採り入れてもさほど性能が向上しないなら、と既存のＰ−１〜Ｐ−６シリーズの改良を続けることにした。ＸＰ−10は総飛行時間10時間に満たないまま、１９３１年にはスクラップになったそうだ。

イラストで見る
航空用語の基礎知識
basic knowledge

ラジエーター

水冷や液冷のピストン・エンジンには，水や冷却液を冷やすラジエーターが必要だけど，飛行機だとこのラジエーターが空気抵抗のモトになる。
そこでラジエーターをどこに置くか，どう置くかで苦労する。

イギリスのS.E.5a戦闘機の機首のラジエーター。

第1次大戦のころは，まだ飛行機も速くなかったんで，抵抗が大きくても空気が当たりやすいように機首正面にラジエーターを置いたりしてた。でも，次第にラジエーターの抵抗が邪魔になってくる。

フランスのブレリオ・スパッド81戦闘機の円筒形ランブラン式ラジエーター。

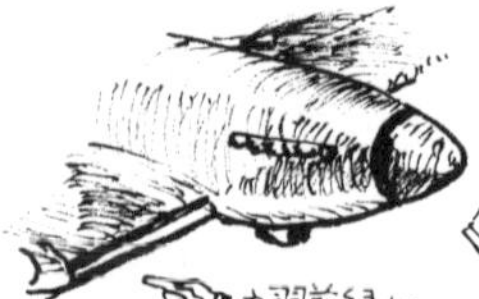

主翼前縁に埋め込んだり，

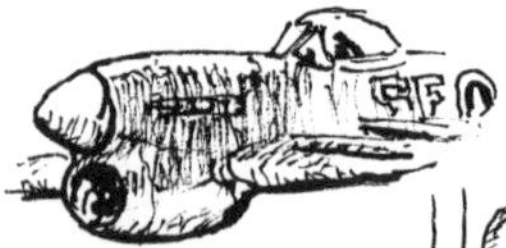

機首下面に置くのも定番の配置だ。

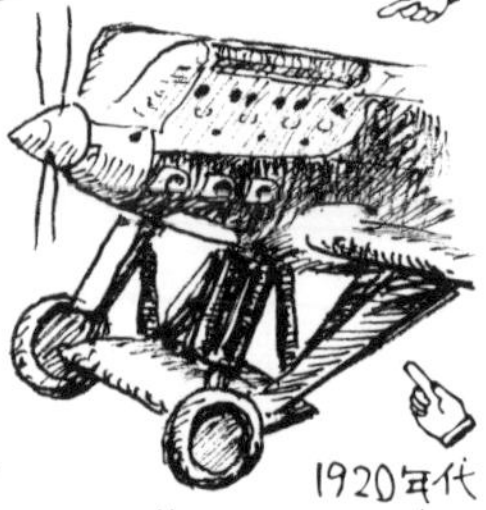

フランスのニューポール・ドラージュNi-D622戦闘機。

1920年代には脚柱につけたりしてた。

主翼下面につけたり…。

胴体下面に置くのもよくある。

ノースアメリカンP-51マスタングはラジエーターのダクトの設計を工夫して，ラジエーターで熱せられて膨張した空気を推力として利用して，抵抗を相殺した。「メレディス効果」ってやつだな。

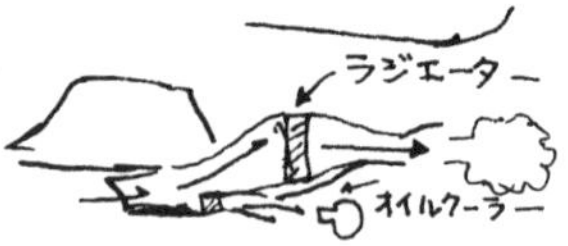

表面ラジエーターはレーサーだと採用例が多いけど，実用機じゃ成功した例がないなあ。
1931年のシュナイダー・トロフィーの優勝機，スーパーマリンS.6Bは，機体表面の半分以上ぐらいがラジエーターで，設計者のR.J.ミッチェルが「フライング・ラジエーター」と呼んだとか。

File No. 22

失速の巨鳥

NCAC NC211コルモラン

SNCAC NC211 Cormoran

全幅：44.0m
全長：30.5m
全高：10.1m
自重：21,000kg
総重量：40,000kg
エンジン：SNCMA 14R
空冷星型14気筒（1,600hp）×4基
最大速度：410km/h
実用上昇限度：9,000m
航続距離：2,000km（期待値）
乗員：5名
兵員：131名、もしくは乗客：約100人
貨物など：12〜15トン搭載（期待値）

それなりに気合を入れて開発しながら、ダメ飛行機に終わって、しかもメーカーの解散と伝統の消滅にもつながった、SNCAC NC211コルモラン。これは2号機で、操縦席の窓が増えてる。

幸うすいNC211コルモランの薄幸な1号機。1948年7月、初飛行の着陸進入中に、フラップが下がりすぎて失速して墜落。1号機は後の2号機より垂直尾翼がちょっと小さくて、上端のカタチも円い。

操縦席の上方窓がない。天測ドームもない。

2階建て
胴体の中は
こんな感じ。

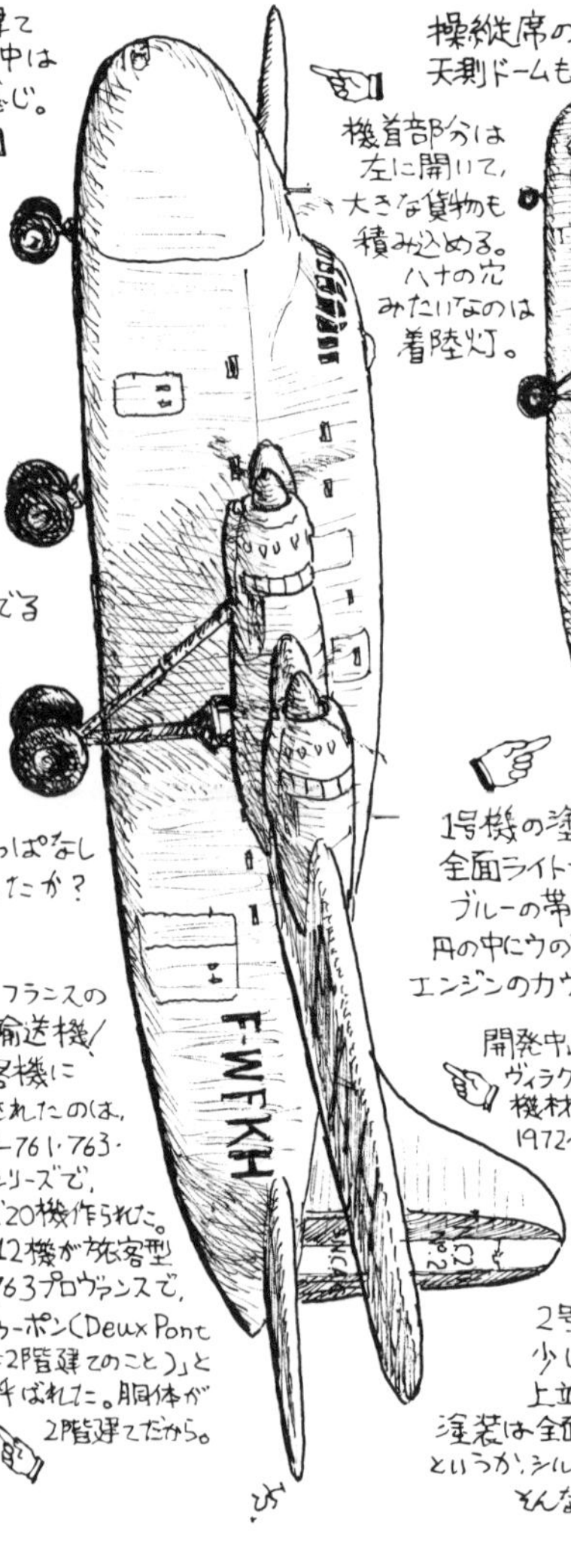

機首部分は
左に開いて、
大きな貨物も
積み込める。
ハナの穴
みたいなのは
着陸灯。

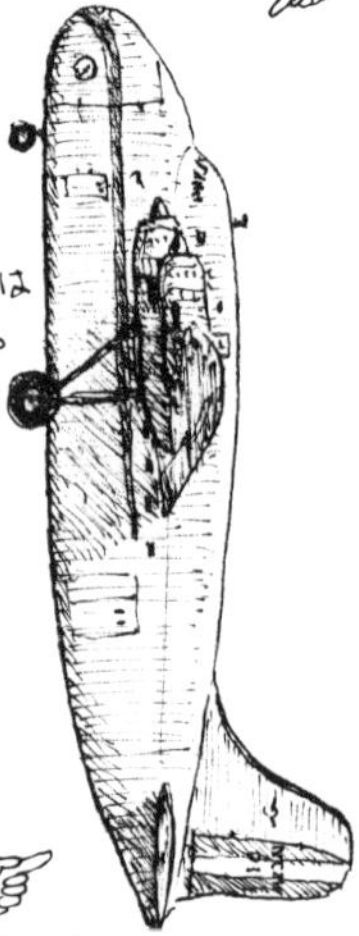

脚を引込めて飛んでる写真が見当らない。引込み機構の開発に苦労したっていうし、そういえば脚収納ドアもないようだし、テスト中は脚は出しっぱなしだったか？

1号機の塗装は、全面ライトブルーに（おそらく）ブルーの帯で、機首側面に、円の中にウの頭のエンブレム。エンジンのカウリングは無塗装？

で、フランスの大型輸送機／旅客機に採用されたのは、ブレゲー761・763・765シリーズで、全部で20機作られた。そのうち12機が旅客型ブレゲー763プロヴァンスで、通称「ドゥーポン（Deux Pont＝2階建てのこと）」と呼ばれた。胴体が2階建てだから。

開発中止後のコルモランはヴィラクーブレ基地で無線機材室として使われて、1972～73年ごろスクラップになったんだと。

2号機の垂直尾翼は少し背が高くなって、上端も尖ったカタチ。塗装は全面メタリック・シルバーというか、シルバーグレイというか、そんな色だったそうな。

ここが
左右に
開く。

第２次世界大戦が終わったばかりの１９４５年末の頃、フランスはいろんな飛行機の開発を進めようとした。フランスは１９４０年にドイツに負けて以来、航空工業はずっと停滞してたけど、戦争も終わったことだし、戦勝国の一員になりおおせたことだし、いよいよ航空産業を復活させようとしたのだ。

その数々の開発構想の中に大型輸送機もあった。フランスは陸軍に空挺部隊を編成しようとしてたんで、兵員や物資を運ぶための輸送機が必要と考えたのだ。ついでにこれを民間の旅客機／貨物輸送機にすることも考えていた。

実はフランスのメーカーの中には、第２次世界大戦終結前から輸送機のアイディアを研究していた会社があった。その一つがＳＮＣＡＣ社だった。ＳＮＣＡＣ社は「国営航空機製造会社−中部」の略で、１９３７年に当時の政策でファルマン社とアンリオ社を合併させて国営化して作られた会社だ。ファルマン社もアンリオ社も、第１次世界大戦の前からの由緒ある老舗だった。

そのＳＮＣＡＣ社はレシプロ双発から６発までいろんな案を検討していて、その中から総重量60トン、ペイロード17トンの４発、ＮＣ２１０という案がまとまってきた。エンジンは第２次世界大戦中にこっそり研究されてたノームローン18Ｒ空冷星型18気筒２２００hpを予定した。当時のフランスじゃ最強エンジンだな。

でもこのエンジンはどうも実用化が無理そうなんで、代わってＳＮＥＣＭＡ（これも国営の航空エンジン会社で、ノームローン社の後身だ）14Ｒ空冷星型14気筒１６００hpにするＮＣ２１１という機体に移行した。ＮＣ２１１はエンジン馬力が小さくなったぶん、総重量も40トン級、ペイロードも12～15トン程度となった。

ＮＣ２１１は全金属製の高翼機で、四角い断面の胴体は太くて２階建てになってた。２階は客室というか人間が乗って、1階は貨物室だ。その貨物室は長さが18・1ｍ、幅２・７ｍ、高さ３・１ｍあって、だいたい今日のＣ－１３０の胴長型と同じか、ちょっと大きいくらいの広さがあった。この貨物室には空挺兵が乗ったり、傷病兵輸送のためのベッドや担架を載せたりできた。兵員の収容人数は1階に80人、２階に51人の合計１３１人、旅客機としては客席をゆったりさせたり、ギャレーとかを付けたりするんで客席数は１００人くらいといったところだ。

この太い胴体の機首が左に折れて、車両や分解した飛行機みたいな大きな貨物の積み下ろしができた。その機首の上、２階客室の前方に操縦室があって、貨物室から階段で登って行く。脚は3輪式でちゃんと引込み脚、主脚は内側エンジンナセルの下に収まるようになってた。

このＮＣ２１１案はフランス空軍省にも気に入ってもらえて試作されることになって、「コルモラン」という名前もついた。コルモランは水鳥のウ（鵜）のことだ。発注数は１９４６年には最初１６０機＋予備機という大風呂敷が広がったんだけど、空軍大臣が入れ替わる間に構想は二転三転して、１９４７年には75機、それがまた１９４８年には１０５機に増えたりした。

ＮＣ２１１コルモランの胴体は早くも１９４６年のパリ航空ショーに出展されたけど、それから先の開発は、脚の油圧式引込み機構の問題などがあって時間がかかって、コルモランの試作1号機が初飛行に臨んだのは、１９４８年7月20日のこととなった。

ところがトゥッシュ・ル・ノーブルの飛行場からヴィラクーブレ基地への初飛行のために離陸したコルモランは、着陸進入に入ったところで高度２５０ｍから突然急降下、滑走路から２㎞の森に突っ込んで炎上した。この事故でテストパイロットのルイ・ベルトランら5人の乗員が死亡してしまった。事故原因の調査では、なんらかの理由でフラップが40度まで下がり過ぎて、失速した、と結論が出された。

この事故のあともコルモランの開発は続けられて、事実上の量産原型機となる2号機は、垂直尾翼の上端が放物線っぽくなったり、操縦席の窓が拡大されたり、細かい改良が施されて、１９４９年4月に初飛行、この年のパリ航空ショーではデモンストレーション飛行も行なった。

しかしこうして2号機でテストしてみると、コルモランはどうもいろいろ問題があった。まず馬力不足でペイロードが足りない、民間機としての航続距離も足りなくて、片道１０００㎞の要求に達しない。それに機体後部の強度も足りない。このありさまにフランス政府は１９４９年6月末をもってコルモランの開発を打ち切ることとした。6月末までのコルモランの総飛行時間はたったの27時間だった。

しかもフランス政府は担当メーカーのＳＮＣＡＣ社の閉鎖も決めた。この決定は政治的にもめて、ＳＮＣＡＣ社とコルモラン擁護派はエンジンを強化すればなんとかなるしとにかく結論を出すのが早すぎると抗議して、一応コルモランの飛行は7月まで続けられたが、それも政治的なアリバイ作りに過ぎなくて、コルモラン開発が復活することはなかった。そしてＳＮＣＡＣ社も解散、第1次世界大戦前からのファルマン社やアンリオ社の長い伝統も途絶えてしまった。コルモラン、計画も機体も当時のフランスにとっては大きすぎたな。

イラストで見る航空用語の基礎知識 basic knowledge ファルマン

ヴォワザンの改造型アンリ・ファルマンHF I bis。

ファルマンは、フランス生まれのイギリス人、アンリとモーリス（それにリシャール）の兄弟が始めた飛行機メーカーで、そもそもはアンリ・ファルマンが1907年にガブリエル・ヴォワザンに飛行機を作ってもらって、それを自分で改造したのがきっかけだった。

フランス軍に採用されて、量産された、1913年のモーリス・ファルマンMF7bis。日本で初めて飛んだのは、アンリ・ファルマンの機体だった。

1920年代の旅客機F60ゴリアト。爆撃機型もあった。

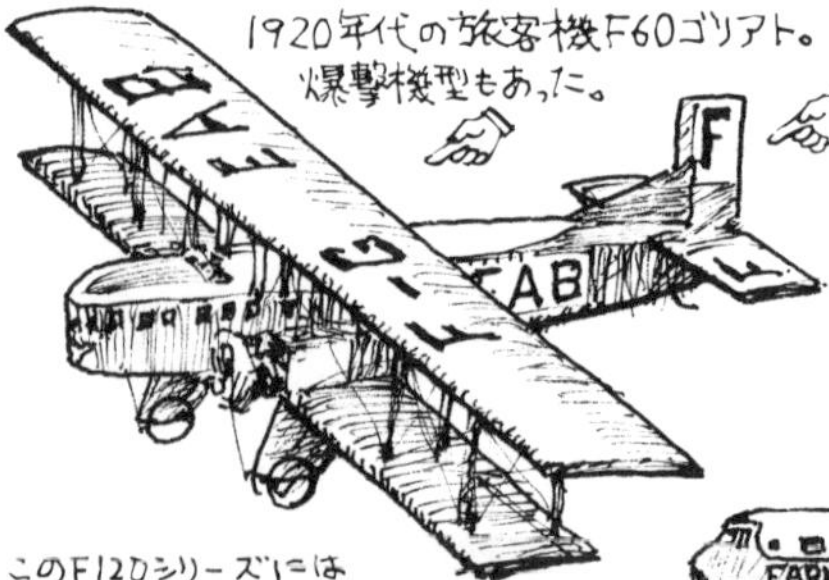

ゴリアトはこの時代のフランス民間航空の発展に貢献してる。旅客機型は約60機生産。

爆撃機型は250機ぐらい生産された。

串型の双発。

このF120シリーズには単発～3発の旅客機もあった。

1928年の旅客機F180「ロワゾー・ブルー」。大西洋横断路線を目指したけど、ヨーロッパ路線の豪華便に使われた。3機生産。

1926年の爆撃機F123。1機のみ。

固定脚のF221や改良型F223など合わせて約80機作られた。

第2次大戦前、対ドイツ・イタリア戦略爆撃という、かなわぬ夢を背負った4発爆撃機F222。

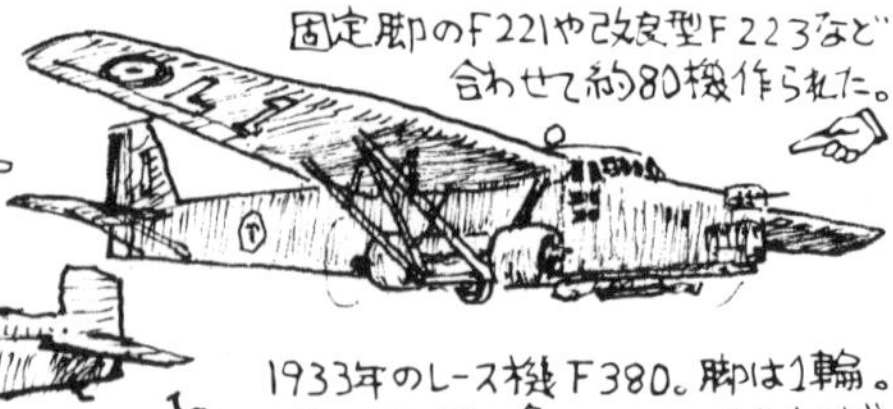

1933年のレース機F380。脚は1輪。

大型機の多いファルマンだったけど、小さな練習機や自家用機も作ってる。

File No. 23

いつまでもふらふらと

ヴィッカース・タイプ150

Vickers Type150

全幅：23.3m
全長：18.4m
全高：5.9m
自重：4,733kg
総重量：7,334kg
エンジン：ロールスロイスF.ⅩⅣ
　　　　　水冷（蒸気冷却）V型12気筒（480hp）×2基
最大速度：201㎞/h、
実用上昇限度：7,010m
航続距離：1,480㎞
兵装：7.7㎜ルイス機関銃×3門（機首、尾部、胴体腹部）
　　　爆弾998kg
乗員：4名

ふらふらして定まらないわ、エンジンは調子悪いわ、ダメ爆撃機として終った、ヴィッカース・タイプ150。
ヴァージニアは古臭くて鈍重なりに、どっしりして安定のいい飛行機だったのに。

ヴィッカース・ヴァージニアの最終形態Mk.X。
ヴァージニアの最初の試作機は1922年に初飛行、部隊配備は1924年に始まった。
ヴァージニアの生産数は全部で124機。Mk.Xは50機作られた。その前の型からMk.Xに改修された機も同じくらいあった。

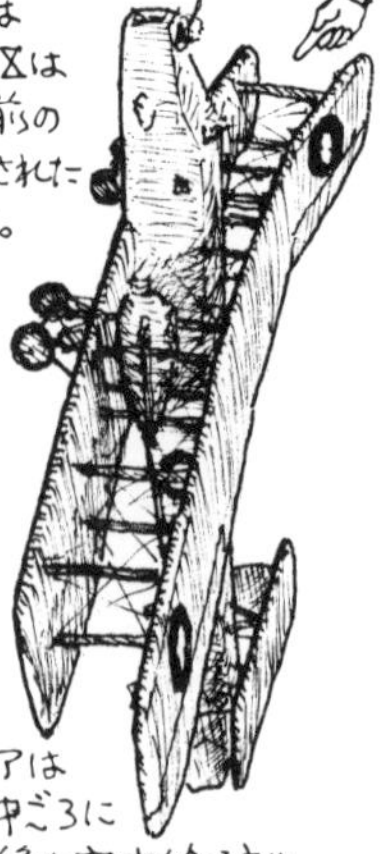

エンジンをF.XIVの生産型ケストレルIIIにしたときに、スピナとスパッツがついた。ケストレルIIIは525hp。後に装備したペガサスIM3は622hp。馬力の強化でそれなりに性能は向上したんだそうだよ。

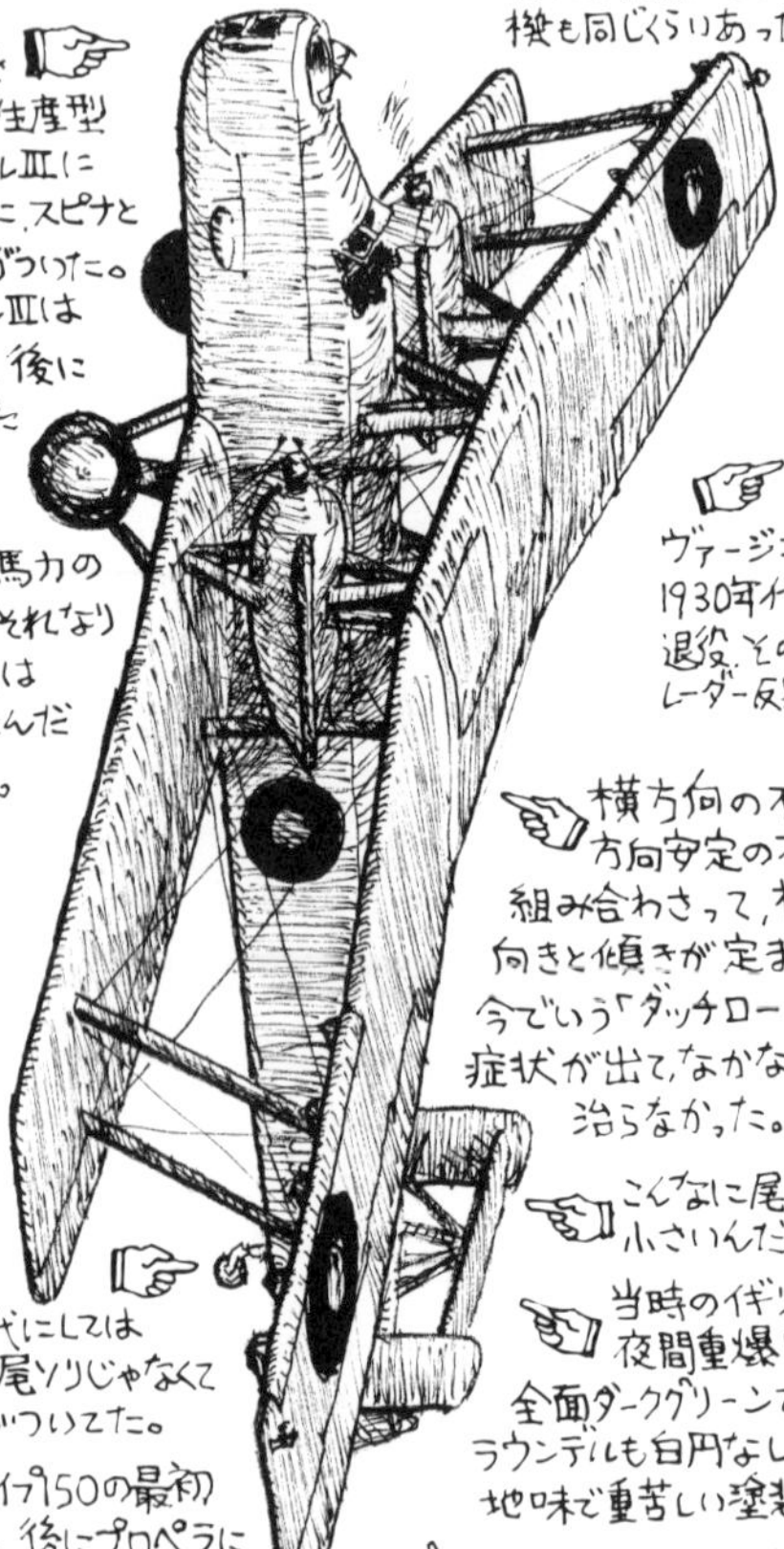

ヴァージニアは1930年代中ごろに退役。その後も空中給油やレーダー反射、パラシュートとかいろんなテストに使われた。

横方向の不安定と方向安定の不足が組み合わさって、機首の向きと傾きが定まらない。今でいう「ダッチロール」の症状が出て、なかなか治らなかった。

こんなに尾翼が小さいんだもの。

当時のイギリス夜間重爆は、全面ダークグリーンで、ラウンデルも白円なしの、地味で重苦しい塗装。

この時代にしては珍しく、尾ソリじゃなくて尾輪がついてた。

これはタイプ150の最初の形態。後にプロペラにスピナがついたり、脚にスパッツがついたり、何度か姿が変わってる。タイプ150っていうのはヴィッカース社内の設計番号で、改修で設計番号もタイプ195、タイプ255と変わっていった。だから機体名としては、ヴィッカースB.19/27というのが正しいんだろうな。ちなみにヴィッカース社では改修後の機体を「ヴァノックスVanox」と名付けてたそうだ。

ハンドレーページ・ヒナイディ。
ハイデラバードを金属構造にして、エンジンをネイピア・ライオンからブリストル・ジュピターにした改良型で、1927年初飛行、43機が作られた。
元のハイデラバードは1923年初飛行、生産数44機。

１９２０年代の中頃のこと、イギリス空軍の重爆撃機は複葉双発のヴィッカース・ヴァージニアとハンドレーページ・ハイデラバードが主力だった。どちらも木製骨組みに羽布張りで、性能も最大速度１７０㎞／ｈと第１次世界大戦からほとんど変わってない機体だった。第１次世界大戦で疲弊して軍事予算も少なく、当分次の戦争はなさそうな時代だったんで、イギリス空軍はヴァージニアやハイデラバードをちょっとずつ改良した機体で、爆撃機勢力を維持してた。

　でも１９２７年になると、さすがにイギリス空軍と航空省は、このあたりで先々のことも考えて爆撃機を刷新したいと考えて、８月に新型重爆撃機仕様Ｂ.19／27仕様をメーカーに提示した。この仕様では、とにかく金属構造にすることを求めた。木製骨組みだと傷みやすいし保守に手がかかるし、空軍もそろそろ木製構造の整備保守要員を廃止したいと思ってたのだ。

　要求性能は爆弾最大１トンを積んで、航続距離１４８０㎞、最大速度１９０㎞／ｈ以上で、当時のヴァージニアやハイデラバードを当然越えるものが求められた。

　飛行機メーカーも次の爆撃機を考え始めていて、ヴィッカース社はＢ.19／27仕様が出される前から設計案を作って航空省に打診していた。こうやって先手を打っておけば、航空省が仕様を作成するときにもヴィッカース案に寄せてくれるだろうと思ってのことだったともいう。それにヴィッカース社はヴァージニアの胴体や主翼を金属製に変えた改良型の試作機もこの１９２７年に飛行させてたから、今度の要求はヴィッカース社にとっては技術的に充分こなせる範囲だったんだろう。

こうして１９２８年にヴィッカースは試作機１機の発注をもらったんだが、このときにヴィッカース社のほかにハンドレーページ社とフェアリー社もＢ．19／27仕様の試作機を受注して、つまりは競争試作となったのだった。

ヴィッカースのＢ．19／27仕様爆撃機、社内設計番号タイプ１５０は、複葉双発で金属骨組みに金属外皮張りの構造、主翼はヴァージニアの最終型Ｍｋ．Ｘと同じく外翼部に後退角がついた。胴体はもちろん金属製、おもしろいのは尾翼で、小さい水平尾翼も垂直尾翼も固定部分が無くて、それぞれ全体が昇降舵と方向舵になって動く。エンジンは空冷星型９気筒のブリストル・ジュピターまたはマーキュリーが予定されてたが、ヴィッカース社はロールスロイス社の新型水冷Ｖ型12気筒Ｆ．ＸⅣエンジンを使わせてもらうことにした。

ヴィッカース・タイプ１５０の試作機、シリアルＪ９１３１は１９２９年11月に初飛行して、社内テストから空軍のテストへと進んだ。テストでまず問題になったのはエンジンの冷却だった。このＦ．ＸⅣエンジンは蒸気冷却方式で、飛行速度で冷え具合を調節できるように、半引込み式コンデンサーを使うことにしていたんだが、これが地上だとすぐにオーバーヒートした。それを解消しようとコンデンサーを大きくしたら、飛行状態では冷却能力が35％も過大で、エンジンが冷えすぎて性能が出なくなった。

さらに空軍のテストでもたくさん改良の注文がついた。後部銃手からは胴体が捻じれるんで構造を強化してほしいと言われたし、前部胴体も骨組みをジュラルミンから鋼製に変えることが求められた。それより大きな問題は、横安定と方向安定が弱くて、飛んでるとフラフラすることだった。どうやら主翼に後退角が付いてるのと、垂直尾翼が小さいのがいけないらしい。空軍の爆撃機部隊での運用評価でも、安定性が悪くて夜間爆撃には使えないし、計器飛行もできないので、この機体は受領するわけにはいかないと断じられちゃった。

　そうこうするうちに１９３０年10月に、飛行中に両方のエンジンが止まって不時着、機体が大破するという事故が起きた。その修理とともに機体を改修することとして、上反角を増やして、昇降舵の支柱を幅広くして垂直安定板の代わりにして、胴体を強化したりした。

　これでまた１９３１年５月から空軍のテストを受けたが、やっぱりエンジンの冷却トラブルは続いたし、機体のふらつきは相変わらずだった。これは主翼の後退角が大きすぎるのが原因かも、とヴィッカース社は感づいて、後退角を12度から７度に減らし、上反角も３・５度だったのを２度に弱めた。エンジンはロールスロイス社がトラブル解消には時間がかかるかも、と言ってきたので、空冷星型のブリストル・ペガサスに変更した。

　ヴィッカース・タイプ１５０が空軍のテストに復帰したのは１９３２年５月で、大きな問題はだいたい解消されたけど、まだ細かい難点がたくさんあった。ヴィッカース社はタイプ１５０を１９３３年にまた改良して、主翼を延長、翼間支柱をもうひと組増やしたりしたが、実はこのときにはＢ・19／27仕様の爆撃機として、複葉のハンドレーページ・ヘイフォードと単葉のフェアリー・ヘンドンの採用が決まってしまってた。

　試作で終わったヴィッカース・タイプ１５０は１９３７年まで空中給油のテストに使われたそうだ。そして実はヴィッカース社の複葉爆撃機の失敗はこれが最後じゃなかったのだ……。

第一次世界大戦時のイギリスの軍用機事情

1914年からの第1次大戦で、イギリスはフランスやイタリア、ロシア(後でアメリカも)と組んで、ドイツやオーストリア-ハンガリー、オスマン・トルコを相手に戦って、この戦争で初めて飛行機が大々的に使われた。このとき、イギリスは陸軍と海軍がそれぞれ航空隊を持ってて、空軍はまだなかった。

開戦当時、イギリスの陸軍と海軍はまだ少ししか飛行機を持ってなくて、例えばこのブレリオXI-2とかを偵察や弾着観測に使ってた。

初期の偵察/爆撃機BE2C。安定が良くて操縦しやすかったが、遅くて鈍くてドイツのフォッカー単葉戦闘機に、1915年夏〜1916年春にかけて、バタバタ墜とされた。

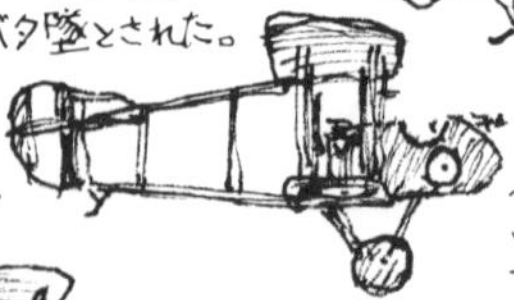

そのフォッカー単葉の優位を終らせた、エアコDH2戦闘機。デハヴィランドの設計。

1916年に海軍航空隊に配備された、ソッピース・パップ戦闘機。

機銃1門なのがタマにキズ。

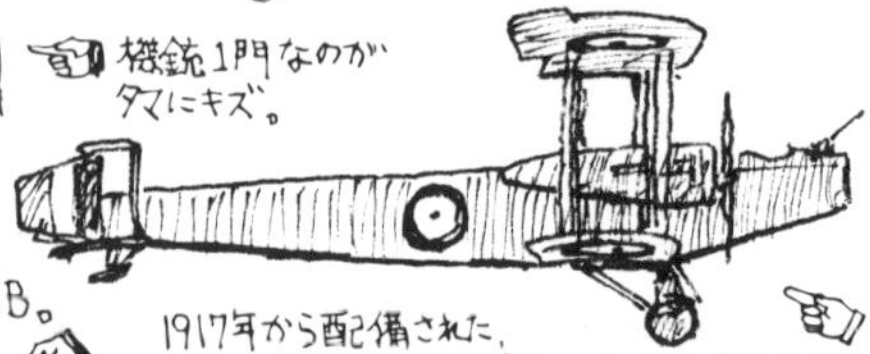

1917年から配備された、初の本格的重爆撃機ハンドレーページO/100。より大型のO/400、V/1500へと発展していった。

高速の複座戦闘機ブリストルF2B。1917年6月に登場。前方機銃で戦果を上げた。

SE5A。

高速爆撃機エアコDH4。1917年初めに登場。

第1次大戦のイギリス戦闘機の双璧。

ソッピース・キャメル。

⊙イギリス空軍は1918年に独立した軍になった。

DH4と違って遅くて鈍いんで1917年4月にドイツ戦闘機にバタバタ墜とされて、この月を「ブラディ・エイプリル」と呼ばせたRE8偵察/爆撃機

File No. 24

奇人の奇想

ガズダ・ヘリコスピーダー

Gazda Helicospeeder

ローター直径：5.9m
エンジン：コンチネンタルA-75
空冷水平対向4気筒（75hp）×1基
最大速度：160㎞ k/h（推定？）
乗員：1名

これが現存してる、ガズダ・ヘリコスピーダー。
「ガズダ100」というモデル名ある。
全面シルバードープ、ロゴと機名は赤、
登録記号とEXPERIMENTALの
文字は黒、というカラーリング。

アルミ合金の骨組みに、羽布張り、一部金属外皮
（ただしベコベコしてる）
という構造
みたいだ。

アントワン・ガズダ氏の
ヘリコスピーダーはこう飛ぶ！
ガズダはさらにテールブームから
横向きに、ジェット・エンジンの
排気を吹き出してトルクを
打ち消し、後ろ向きにも
吹き出して飛ぶ方式も考えて、
特許を取ったそうだ。
その形式で480km/hで
飛ぶことを考えてたらしい。

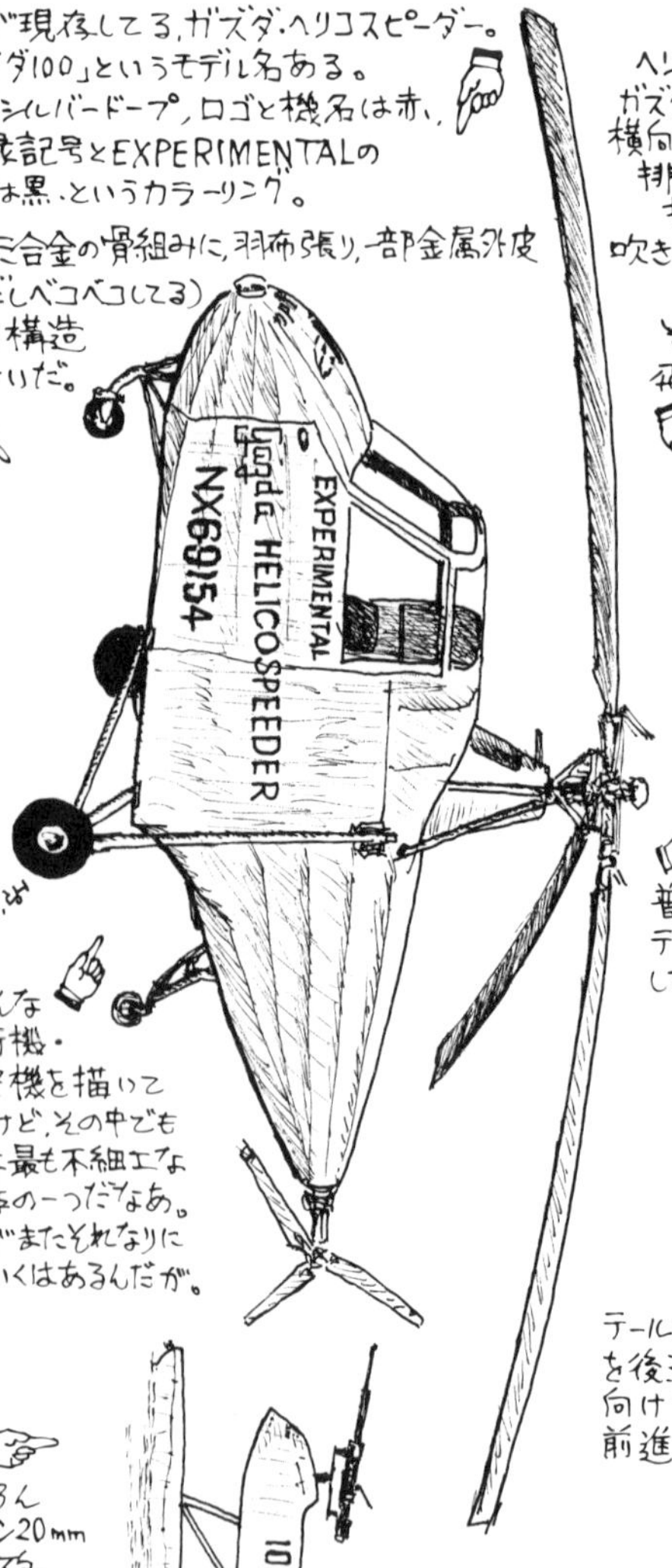

普通のヘリコプターみたいに、
テールローターを横向きに
して離陸して……。

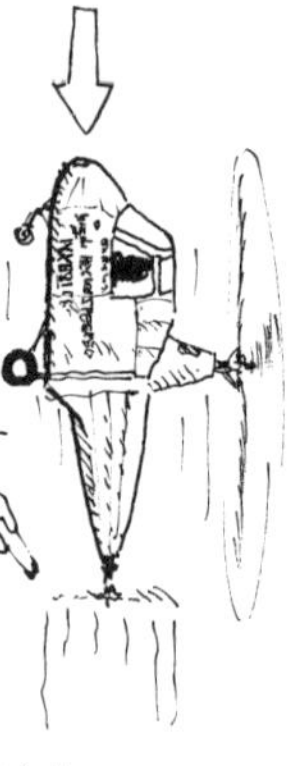

テールローター
を後ろに
向けて
前進！

いろんな
飛行機・
航空機を描いて
きたけど、その中でも
これは最も不細工な
機体の一つだなあ。
そこがまたそれなりに
かわいくはあるんだが。

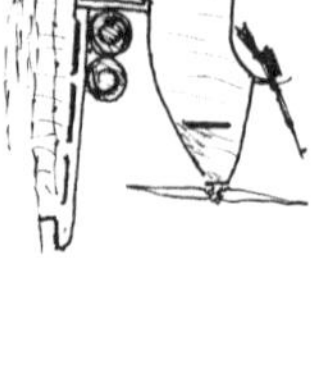

もちろん
エリコン20mm
機関砲。
フロートの
後部に
左右2発ずつ、
計4発の爆雷
を搭載する。

ガズダは第2次大戦中にアメリカで、
プロペラで走る双フロートの高速駆潜艇として
「シースキマー」というのを作ってる。でも荒波に
弱くてもちろん不採用。テストでひっくり返って、
乗ってたガズダが溺れそうになったりした。

20世紀の世界には大物や小物取り混ぜていろいろおもしろい人がいて、そういった変な人物の一人に、アントワン・ガズダっていう人がいた。

アントワン・ガズダは１８９５年にオーストリア・ハンガリー帝国の貴族に生まれて、皇帝陛下の付き人にもなったりしたんだが、早い頃から飛行機に興味を持って、自作のグライダーで競技会に優勝して、第1次世界大戦じゃ空軍の偵察機パイロットとして東部戦線で戦った。

ガズダはエンジニアや発明家として才能があって、飛行機や自動車に関していろいろな特許を取ったが、言うことがかなり大きい人で、急降下爆撃は１９１８年に自分が編み出したとも言っていた。まあ、後に彼をセールスマンとして雇ったスイスのエリコン社の社長は、ガズダの言うことについて「5％本当のこともあるし、50％本当のことも、95％本当のこともあるが、１００％本当のことは無い」と評したそうだ。

それでもガズダは妙に人を引き付けるというか丸め込む才能があったようで、いわば天性のセールスマンだったようだ。オーストリアが敗けて発注流れになったアルバトロスDⅢ戦闘機を、空軍創設を目指すポーランドに食料と交換で売りつけて、戦後の困窮にあったオーストリアの国民に感謝されたりもしたそうだ。

ガズダは１９３０年代にはスイスのエリコン社のセールスマンになって、20㎜機関砲をナチス・ドイツや日本に売り込んで、さらにはイギリスにも採用させた。第２次世界大戦が始まるとイギリスはエリコン機関砲が大量に必要となったが、自国の生産態勢に余裕が無かったので、ちょうどイギリスにいたガズダに、アメリカでの生産を立ち上げてもらうことにした。

ガズダはアメリカが参戦すると、敵性外国人と思われてＦＢＩに逮捕されたりもしたが、すぐに連合国のために働いている重要人物と分かって釈放されて、ガズダはアメリカでエリコン機関砲の生産会社を設立、そこで生産されたエリコン20㎜機関砲はアメリカやイギリスの軍艦にたくさん装備された。

その第2次世界大戦も終わろうという頃、ガズダはヘリコプターを作ってみようとした。そのきっかけは1943年7月、駅でハロルド・E.レモントというシコルスキー社でヘリコプター開発に携わっていた技術者と知り合ったことだった。ガズダはレモントを雇って会社を設立、自分のアイディアに沿ったヘリコプターの開発を始めた。そのアイディアとは速く飛べるヘリコプターだった。そのヘリコプターに付けた名前は「ヘリコスピーダー」。

ヘリコプターはローターを回転させて揚力を作り出して飛ぶんだが、前進するときはローターの回転面を前に傾けて、揚力の分力を推進力にする。いうなれば揚力のついでに推進力を作るようなもんだから、推進力は大きくなくて、どうしても遅くしか飛べない。

そこでガズダが考えたのは、主ローターで揚力を作って、テールローターで推進力を作って速く飛ぼうというものだった。単ローター形式のヘリコプターだと、テールローターは横向きに付いていて、その横向きの推進力で主ローターのトルクで機体がぐるぐる回っちゃうのを防ぐもので、本来は前進力には寄与しない。

そこからがアイディアの見せどころでガズダのヘリコスピーダーはテールローターの向きが変わるのだ。離発着やホバリングのときは、普通のヘリコプターのようにテールローターは横向きだが、前進するときはテールローターが真後ろを向いて推進力を作る。そのとき主ローターはオートジャイロみたいにただ回転して揚力だけを作るから、トルクも生じない。これで普通のヘリコプターより速く飛べるから、「ヘリコスピーダー」だ。方向を変えるときは、パイロットはステアリングホイールでテールローターの向きを変え、上昇と下降はステアリングホイールを前後に動かして、主ローターの回転面を傾ける。

このガズダ・ヘリコスピーダーは１９４５年には初飛行したらしい。正確な日付が不明なんだが、とにかく飛ぶには飛んだようだ。そのときの操縦はレモントだったらしいが、ヘリコプターの操縦経験の無いガズダも自分で操縦して飛ぶと言い張って、とうとう飛んでしまった。すると案の定、ガズダは操縦に失敗して、機体を損傷させてしまった。ガズダはめげずにその後も何度か飛んだようだが、レモントの方はこれはだめだ、と見切りをつけてガズダの会社を辞めてしまった。ガズダがよっぽど無茶を言ったのか、大言壮語したのか、このまま計画を進めると人命に関わると思ったのか、とにかくレモントはヘリコスピーダーから手を引いた。

技術面の中心人物に去られてしまっては、いくらガズダでも計画の進めようがない。

ヘリコスピーダーは１９４６年に開発中止になった。このテールローター変向方式は、垂直離着陸／ホバリングから前進飛行に移るときにどうなるのか、なんか怪しいし、その後どこも成功してないから、やっぱり無理なんだろうな。

ガズダは１９５７年に、病身の母親を見舞いに行ってオーストリアで急死した。ヘリコスピーダーの機体はアメリカ東部メイン州ロックランドの博物館に現存してる。

イラストで見る航空用語の基礎知識 basic knowledge　オーストリア

第1次大戦までのオーストリア・ハンガリー帝国は、今のチェコ、スロバキア、スロベニア、クロアチアとか、イタリアやウクライナの一部とかも含めた、大きな国だった。
それが第1次大戦で崩壊、
小さくなったオーストリアも1938年にナチス・ドイツに併合された。
第2次大戦後、連合国に占領されて、1955年に独立、今のオーストリアは斜線で示した小さな国。

第1次大戦ではオーストリア・ハンガリー帝国は、ドイツやトルコと一緒に、イギリス、フランス、イタリア、ロシア、アメリカと戦った。オーストリア空軍はドイツ製の飛行機をいろいろ使ったけど、オーストリアの国産機もあった。

オーストリア国産のローナーE偵察飛行艇。

例えばこれ。クノーラーC.II偵察機。

あるいはこのフェニックスD.I戦闘機とか。

オーストリアは速いF1ドライバーを何人も出してる。

1960年代のヨッヘン・リント。

1970〜80年代のニキ・ラウダ。

1980〜90年代のゲルハルト・ベルガー。

今のオーストリアは永世中立国。

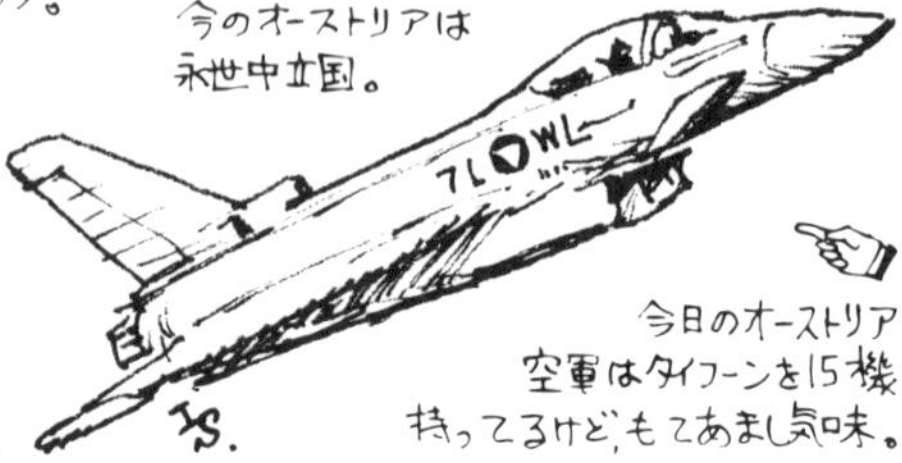

今日のオーストリア空軍はタイフーンを15機持ってるけど、もてあまし気味。

File No. 25

アブハチ取らずのコロラドハムシ

LACAB GR8ドリフォル

LACAB GR8 Doryphore

全幅：18.0m
全長：13.5m
全高：4.2m
自重：3,400kg
総重量：5,200kg
エンジン：ノームローンGR14Krds
　　　　　空冷星型14気筒（780hp）×2基
最大速度：350㎞/h
実用上昇限度：8,750m
航続距離：1,000㎞（爆弾400kg搭載）
兵装：爆弾最大800kg
　　　7.62㎜機銃×6門（機首、背部、腹部に旋回式各2門）
乗員：4名

そしてこちらがLACAB GR8ドリフォル。いつでも、何をしても安定が悪かった。もちろん性能は1938年にはすっかり時代から取り残されてたし、見た目もこんなだし。

こちらはスタンプ&フェルトンゲンSV10。LACAB GR8のいわばライバル。GR8もSV10も、どっちもダメな構想に基づくダメな飛行機だったけど、見た目のカタチとしては、SV10の方が面白いな。

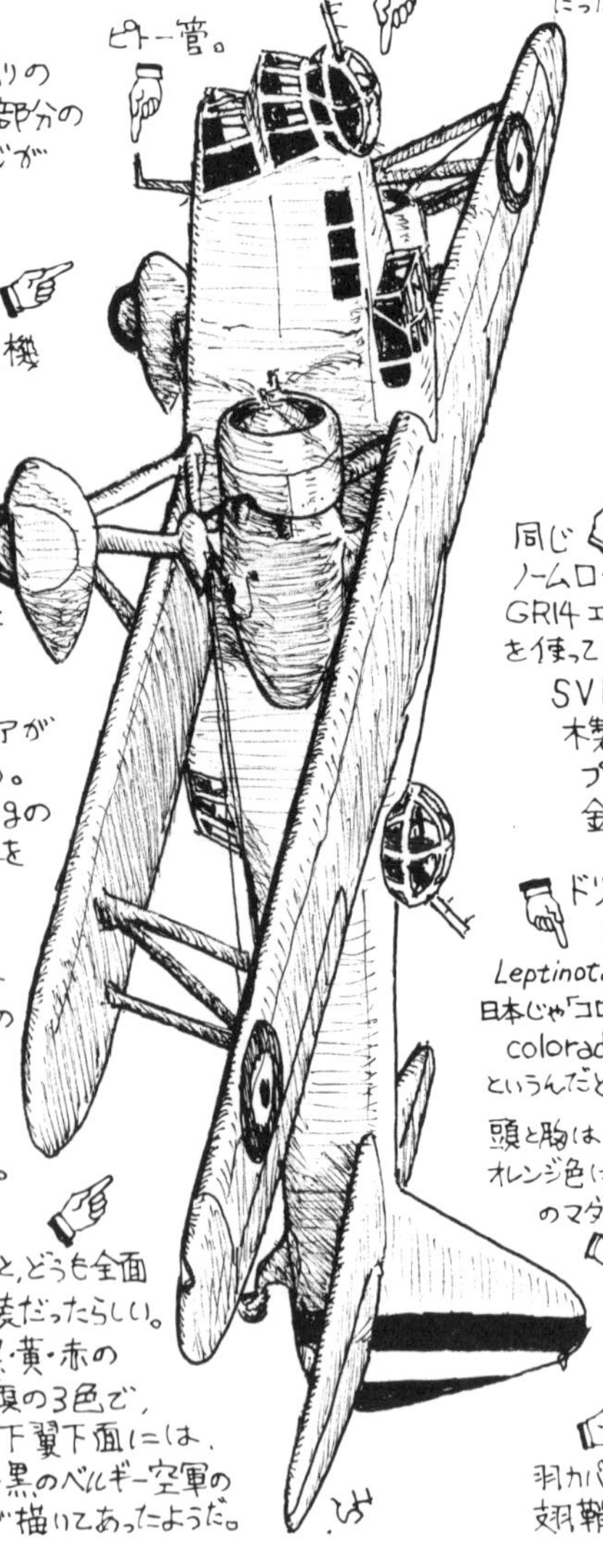

この機首周りのガラス張り部分のうるさい感じが同時期やちょっと前のフランスの爆撃機やBCR計画機に似てる。

同じノームローンGR14エンジンを使ってるけど、SV10は木製2枚ブレードのプロペラで、GR8は金属製3枚ブレード。

胴体下面に左右2列に3つずつ爆弾倉ドアがあったらしい。合計400kgの小さな爆弾をポロポロと落とすんだろう。乗員は腹部銃座の銃手も加えて4名にもなるようだ。

ドリフォルdoryphoreとはこんな虫。学名*Leptinotarsa decemlineata*，日本じゃ「コロラドハムシ」，英語じゃcolorado potato beetleというんだと。体長12mmぐらい。

頭と胸はオレンジ色に黒のマダラ。

写真を見ると，どうも全面銀色の塗装だったらしい。方向舵は黒・黄・赤のベルギー国旗の3色で，上翼上面と下翼下面には，外から赤・黄・黒のベルギー空軍のラウンデルが描いてあったようだ。

羽カバーっていうか翅鞘はベージュに黒の縞。

１９３４年、前年に隣のドイツでナチスが政権を握って、なんだかヨーロッパの雲行きが怪しくなり始めた頃、ベルギー空軍は自国の飛行機メーカーに新型軍用機、「空中巡洋艦」の要求を提示したんだが、それには隣のフランスの軍用機構想が影響してた。

フランス航空省は１９３３年に爆撃機（フランス語だとボンバルディエ）と戦闘機（シャスール）、偵察機（ルコネサンス）を兼ねる「ＢＣＲ」の開発計画を開始してた。仮想敵のドイツを爆撃して、ドイツの爆撃機が来たら迎撃して、ドイツ軍の動きを偵察する飛行機を１機種でまかなう、双発の３座機を作ろうというのだ。ベルギー空軍の「空中巡洋艦」もこのＢＣＲ計画にそっくりで、３座の双発機で爆撃機にも偵察機にも戦闘機にも使える機体を求めてた。双発３座なんていう大きな飛行機が戦闘機として役に立つのかが気になるが、１９２０年代のフランスには、単座戦闘機の７・７㎜機関銃２門の火力じゃ、爆撃機が防御火力として何門も７・７㎜機関銃を備えてて歯が立たないから無力じゃないか、という意見があった。そこから、大型で爆撃機と同じくらい機関銃を持ってる飛行機なら爆撃機を阻止できるじゃないか、というところに話が進んだのだな。

それにもちろん爆撃機は要るし、陸軍はとにかく飛行機には敵の地上部隊の動向を知らせてくれることを期待してる。１機種をこの３つの任務に使えれば経費も少なくて済むだろう、不景気で経済は弱ってて軍事予算も乏しい時代だ、というわけで、ＢＣＲに行き着いたのだった。

１９３３年のフランスじゃＢＣＲはとても良い考えに思えたし、ベルギーもそれに倣うことにしたようだ。ベルギー空軍の要求は最大速度３５０㎞／ｈ、ちゃんと曲技飛行のできる運動性を備えて、でも複葉固定脚で良いというものだった。複葉固定脚ならベルギーの航空工業の開発能力でもなんとかできそうだったが、それで３５０㎞／ｈという当時の現役戦闘機並みの速度を求めるのはちょっと楽観的だろう。

このベルギー空軍の要求に対して、ベルギーの飛行機メーカーの中じゃ有力だったルナール社の社長で技術者のアルフレード・ルナールは、ちょっと手に負えそうもないから、この種の飛行機はフランスかイギリスから買った方がよくないか、と空軍に提案したそうだ。最有力メーカーがしり込みする一方、勇敢にこの要求に応えて、試作発注をもらったのが、スタンプ＆フェルトンゲン社と新興ＬＡＣＡＢ社だった。ＬＡＣＡＢとは「ベルギー航空機製作所」のフランス語の略だ。

ＬＡＣＡＢ社の3座爆撃・戦闘・偵察機はＧＲ８と名付けられて、背の高い四角い断面の胴体から上翼と下翼が生えている配置で、構造は金属骨組みに木製外板張りだった。エンジンはフランス製のノームローンＧＲ14Ｋｄｒｓ空冷星型14気筒７８０hpで、そのナセルを上翼の下ぎりぎりのところに吊るして、その内側から面倒くさそうな支柱組みで主脚が付く。

機首と胴体背部、それに胴体下部の段のついたところに銃座があって、それぞれ７・62㎜機関銃が２門装備されて、合計6門。当時の現役の爆撃機の防御火力が普通だと３ヵ所か４ヵ所の銃座に７・７㎜級の機関銃を各1門で、従来の単座戦闘機は７・７㎜機関銃２門が普通だったから、それより断然強力だ。爆弾は胴体の爆弾倉と主翼下面にそれぞれ最大４００㎏ずつ、合計で８００㎏を搭載する。

ＬＡＣＡＢ・ＧＲ８のライバル、スタンプ＆フェルトンゲン社のＳＶ10は１９３５年11月に初飛行、２度目の飛行で墜落してそれで終わっちゃったが、ＧＲ８はそれより半年も遅れて１９３６年５月に初飛行した。機首銃座を改設計したり、主脚にスパッツを付けたり、完成から初飛行の間にずいぶん手直しをしたようだ。

ＧＲ８には「ドリフォル」という名がついた。北米原産でヨーロッパにもはびこってジャガイモを食害する「コロラドハムシ」という甲虫のことで、ベルギー人もこの虫には困らされたはずなのに、なんでかこういう名前が付けられた。

しかしＬＡＣＡＢのＧＲ８ドリフォルはどうも飛ぶのが下手だったみたいだ。テストパイロットの報告では、全部の飛行様態で、つまりいろんな装備状態や重心位置で安定が良くない、飛行の全過程で、つまり離陸から着陸までを通じて安定が不足している、とされてしまった。

それでもＧＲ８のテスト飛行は続けられたけど、安定性不良の欠陥はいっこうに治らなかった。初飛行から２年後の１９３８年４月、ＧＲ８は着陸し損なって脚と下翼を壊してしまう。ベルギー空軍はひとまずＧＲ８を修理させることにしたが、それから間もなくＧＲ８の開発中止を決めてしまう。ＧＲ８はちゃんと飛ばないし、この頃には戦闘機や爆撃機の進歩で「空中巡洋艦」の構想は時代遅れになってたし、それになによりベルギー空軍はイギリスからフェアリー・バトル軽爆撃機を導入し始めてた。

ＧＲ８は格納庫にしまい込まれて、１９４０年５月のドイツ軍のベルギー侵攻の際に爆撃で格納庫ごと破壊されてしまった。スペイン内戦の共和国軍に４機を売ろうという話も一時あったが、外交的な理由で立ち消えになったそうだ。

虫の名前の航空機

虫の名前がついた飛行機は古今数々あるけど、その中でも一番かっこよくて一番有名なのは、やっぱりデハヴィランド・モスキート(蚊)だろう……

…あ、そうでもないかな？

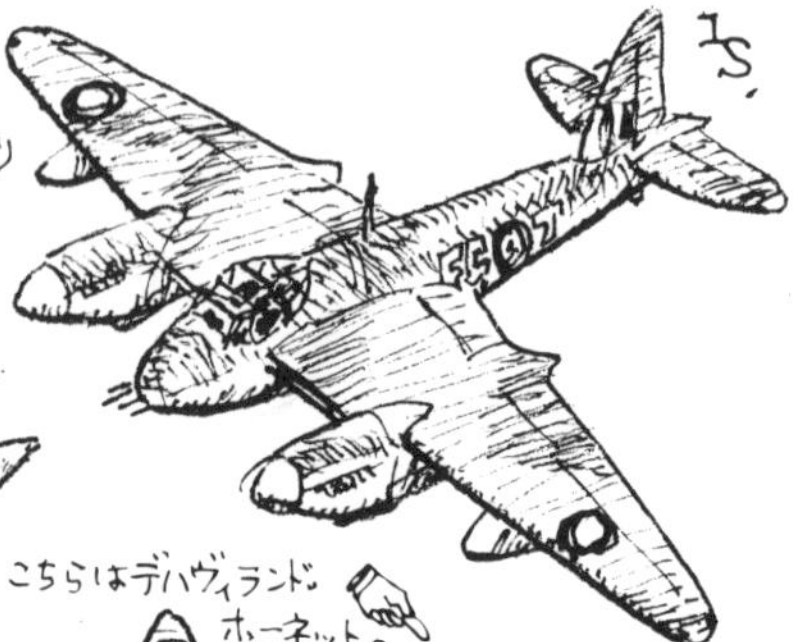

今ならホーネット(スズメバチ)の方が有名か。スーパーなスズメバチ、F/A-18E スーパーホーネット。

こちらはデハヴィランド・ホーネット。

メッサーシュミットMe410は「ホルニッセ」。

デハヴィランド社は、社長の趣味で自社の飛行機に「〜モス(蛾)」の名前をつけた。これはDH80プスモス(ハコガ)。

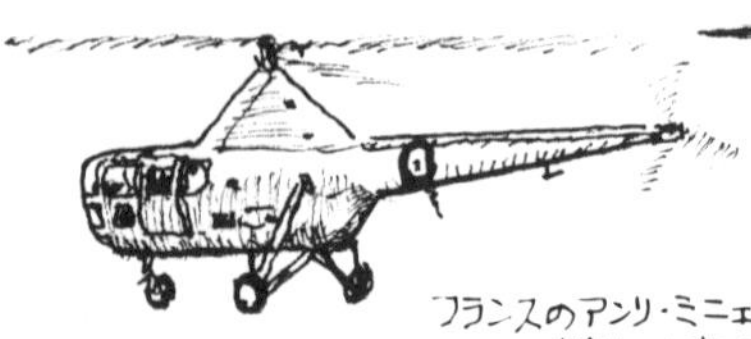

シコルスキーS-51をライセンス生産した、ウェストランド・ドラゴンフライ(トンボ)。

フランスのアンリ・ミニエが1933年に作った簡便な軽飛行機、「プー・ドゥ・シエル(空のシラミ)」。実は操縦性に大きな欠陥があった。(あ、フェアリー・ファイアフライ(ホタル)を描くとこがない！)

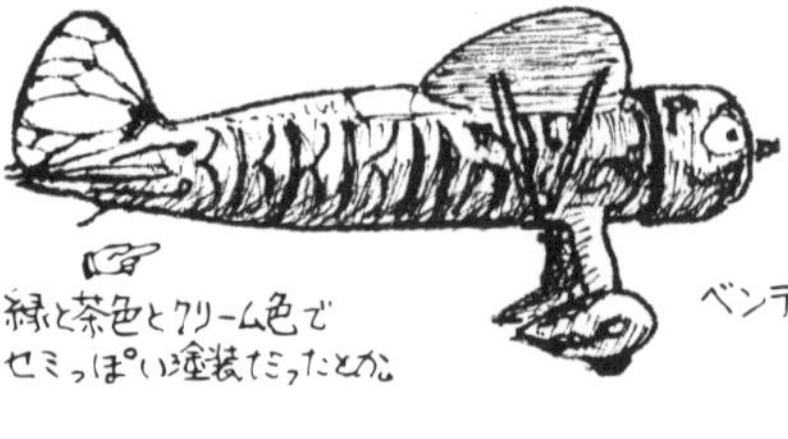

緑と茶色とクリーム色でセミっぽい塗装だったとか

ホール・シケイダ(セミ)。元ジービー社の設計者、ロバート・L・ホールが作ったレース機。1932年、長距離レースのベンディックス・トロフィー出場を目指したが、果たせず、その後墜落してしまった。

File No. 26

パーシー・サーモンの野望と挫折

サーモン・タンデム 単葉機

Salmon Tandem Monoplane

全幅：不明
全長：不明
全高：不明
総重量：202㎏
エンジン：ブラドショー
　　　　　空冷水平対向2気筒(3.5hp)×1基
最大速度：不明
航続距離：不明
実用上昇限度：不明
乗員：1名

第1回リム・トライアルの優勝機の一つ、イングリッシュ・エレクトリック・レン。
レンWrenは小鳥のミソサザイのこと。総重量190.5kgで、
エンジンは、サーモン・タンデムと同じブラドショーの398cc。

脚の車輪間隔が狭くて、
これじゃひっくり返るん
じゃないか？

レンは3機作られて、イギリス
のシャトルワースに現存する
機体には優勝機
のパーツが
使われてる。

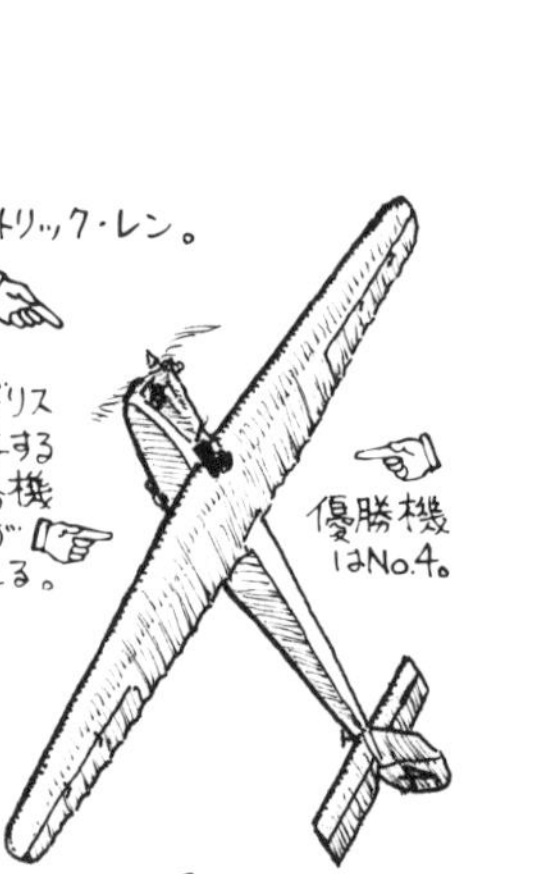

優勝機
はNo.4。

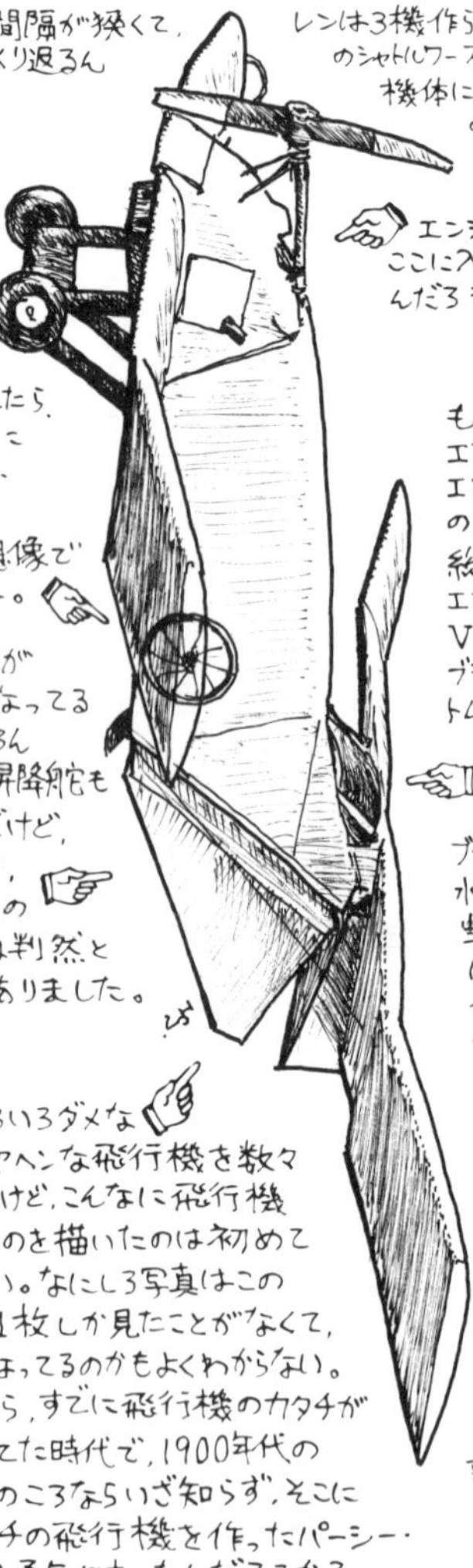

エンジンは
ここに入ってる
んだろうな。

…と心配したら、
前翼の端に
補助輪が
ついてる。
尾ソリは想像で
描きました。

もう一つの優勝機、
エア・ナヴィゲーション＆
エンジニアリング・カンパニー
のANEC 1。
総重量213kg、
エンジンは空冷倒立
V型2気筒16hpの
ブラックバーン・
トムティット。

No.17
だった。

ここんところが
方向舵になってる
らしい。もちろん
補助翼も昇降舵も
あるはずだけど、
どこなのか、
たった1枚の
写真からは判然と
しないのでありました。

ここが
操縦席。

ブラドショーの
水平対向2気筒398ccエンジンは、
当時のイギリスの
バイクにいろいろ
使われた。
これはその一つ、
ABCモーターサイクル
の「ABC400cc」。
1921年。

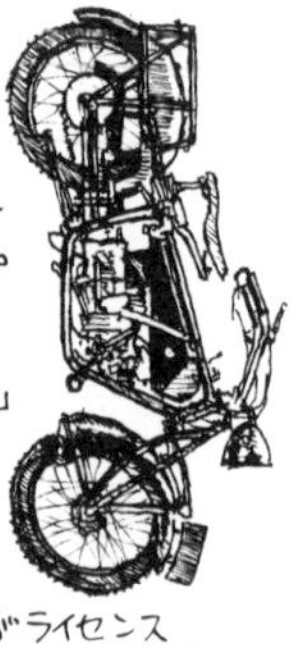

この「ABC400cc」
は、グランヴィル・
ブラドショーが
設計して、
飛行機メーカー
のソッピーズ社がライセンス
生産した。性能は良かったんだけど、
熟成不足で故障が多かったんだそうだ。
ABCモーターサイクルのバイクは、他の
メーカーより高くて、それなりに評価は
されてたものの、経営が行き詰まって、
1923年に製造を止めちゃった。後に
同名の会社が現れるが、それは別モノ。

これまでいろいろダメな
飛行機やヘンな飛行機を数々
描いてきたけど、こんなに飛行機
ばなれしたのを描いたのは初めて
かもしれない。なにしろ写真はこの
アングルの1枚しか見たことがなくて、
何がどうなってるのかもよくわからない。
1923年なら、すでに飛行機のカタチが
定まってきてた時代で、1900年代の
ライト兄弟のころならいざ知らず、そこに
こんなカタチの飛行機を作ったパーシー・
サーモンは勇気があったんだろうか？
他の人にはないビジョンがあったんだろうか？
とにかく飛行機を描いた気がしない……。

第1次世界大戦が終わって間もない１９２０年代、飛行機は戦争中に急速に進歩して、爆撃機や偵察機や戦闘機として実用に耐えるものになった。だけどそんな１９２０年代の平和の時期にも、人々は飛行機をもっと進歩させようとした。

その１９２０年代から１９３０年代にかけて、飛行機の航続距離や速度を向上させて、それを実証するために、大西洋無着陸横断飛行やいろいろな長距離飛行が行なわれ、各地で飛行機レースが開催された。そこには数々の偉業と栄光、挫折と悲惨があった。この時代には、また飛行機をもっと多くの人々に使えるようにしようという努力もあった。自動車が一般庶民の交通手段として普及するようになってきてたから、次は飛行機が庶民の翼になったらいいな、と思ったんだろう。そんな試みの一つが、イギリスで行なわれたリム軽飛行機トライアルだった。このトライアルは安くて実用的な自家用機の開発を促すことを大きな目的としていて、それと戦争が終わって軍用機の注文が激減した航空産業を助けるきっかけを作ることも目論まれていた。

１９２３年10月に開かれた第1回トライアルは、エンジンつきグライダー、つまりはモーターグライダーの性能コンテストとして、燃費の良さを競い、1周20kmの三角コースを4周、80kmの距離を飛んで、燃料消費のいちばん少ない機体が勝ち、というものだった。エンジンの排気量は７５０ccまでとされ、機体は主翼を外すか折りたたんだ状態で幅２・３ｍのゲートを通れて、しかもそれから2人で引っ張って田舎道を１マイル（約１・６km）移動できなくてはならない、という持ち運びの便利さも求められた。

最優秀燃費のイギリス製飛行機には航空省次官サザランド公爵から賞金５００ポンド、イギリス製・外国製を問わず最優秀燃費機にはデイリーメイル新聞社より賞金１０００ポンドが与えられて、ほかにもいろんなスポンサーから最高速賞や最高高度賞、最多周回賞などに賞金が提供された。この当時、ドイツでグライダーを買うと値段が80ポンドぐらいだったというから、このトライアルの賞金は破格だったみたいだ。ちなみに開催地のリムは、イングランド南東部ケント州東岸の北海に面したところにある町で、Lympneと書く。「リムプネ」とか読みたくなるけど、発音は「リム」。Lymのあとのpneはどうなったんだろう?

　この１９２３年のリム・トライアルには、イギリスやフランス、ベルギーから28機が参加申し込みをした。そしてその中にナンバー27、「サーモン・タンデム単葉機」があった。サーモン・タンデム単葉機はパーシー・サーモンという人が設計、製作した機体で、その名の通りのタンデム翼だ。タンデム翼っていうのは、2枚（あるいはそれ以上）の主翼が前後にある形式のことで、主翼が上下に2枚あると複葉だけど、前後にあるから単葉だ。サーモンのタンデム単葉機はおそらく木製、箱型の胴体に前翼が低い位置にあって、後翼は後部の高い位置にある。その下方の胴体の末端が3角形の方向舵になってる。操縦席は後翼の直前にある。エンジンはグランヴィル・ブラドショー設計のオートバイ用水平対向2気筒３９８cc ３・５hpを機首に置いて、そこから短い延長軸でプロペラを回す。当時のイギリスじゃ、ブラドショー設計のＡＢＣ４００をはじめ、このエンジンを使ったオートバイがいくつかあった。

　設計したパーシー・サーモンは１８７６年生まれで、第1次世界大戦前には自動車会社を作って、１９１６年からファーンバラのＲＡＥ（王立飛行航空研究所）の製図員となって、このときには製図主任だったというから、航空技術の素人というわけでもなかったようだ。

サーモンのタンデム単葉機は1923年9月にファーンバラで完成した。ところがセシル・A.バウチア中尉の操縦でテスト滑走中にプロペラが分解しちゃった。危ないなあ。プロペラは市販品だったろうけど、自製だったのかしら。

それを何とかして、サーモン・タンデム単葉機は何度か飛ぼうとした。しかしよほど空力的な設計がまずかったのか、202kgという総重量が3・5hpのエンジンには荷が重すぎたのか、サーモン・タンデム単葉機はとうとう離陸できず、一度も飛ばなかった。トライアルにも当然不参加に終わった。サーモンのタンデム単葉機はその後しまい込まれて、最後には燃やされたんだと。人々に翼を、という試みにも挫折があったのだ。あんまり悲惨ではなかったけど。

第1回リム・トライアルの優勝は、イングリッシュ・エレクトリック・レンとANEC1の2機が分け合った。パーシー・サーモンはこの挫折にもめげず、1930年代にはRAEの設計部長になって、重爆撃機を短距離で離陸させる圧搾空気式カタパルトを開発、実験してる。

ちなみにエンジンを作ったグランヴィル・ブラドショーは1918年に航空省から飛行機用の空冷星型9気筒エンジン、「ドラゴンフライ」の大量発注をもらった。でもこれが駄目なエンジンで、木製プロペラが焦げるくらいオーバーヒートするわ、クランクシャフトが共振してひどく振動するわで、1100基以上作られながら、実際に飛んだのは7基だけだったそうだ。

タンデム翼

同じぐらいの大きさの主翼が前後に2つある形式を「タンデム翼」っていう。そんな飛行機を「串形翼機」ともいう。

同じ翼面積でもタンデム翼だと、翼幅を短かくできて、それだけ軽い構造で強度を保てるようになる。それに重心位置が少し変っても安定を保ちやすい、という利点がある。でも主翼が2つもあるから結局重くなるし、翼幅が短かいせいで、誘導抵抗が大きくて、効率が悪いとか、不利な点もいろいろあって、実用例は珍しい。

普通の形式の飛行機。

こういうのがタンデム翼。

1903年のラングレー・エアロドローム。有人の動力飛行に挑んだけど失敗、ライト兄弟が先に成功して、ラングレーはがっかり、のタンデム翼機

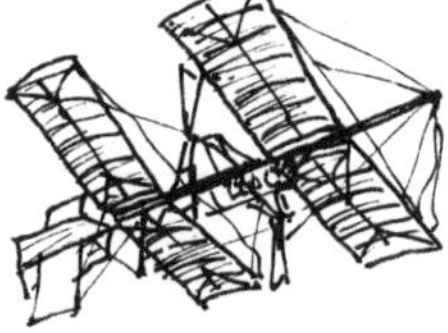

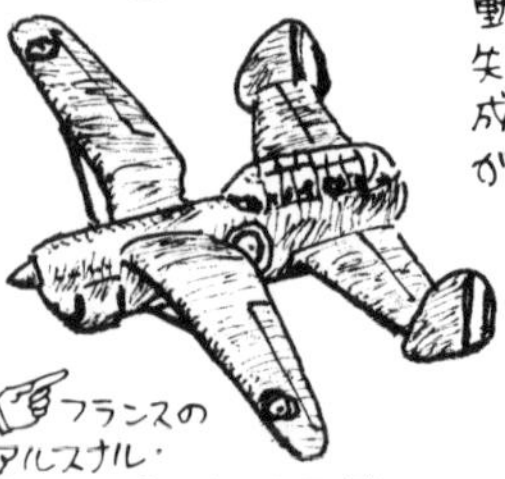

フランスのアルスナル・ドランヌ10試作戦闘機。1941年に飛んだ。

ライサンダーに尾部銃座をつけて、タンデム翼にした実験機。

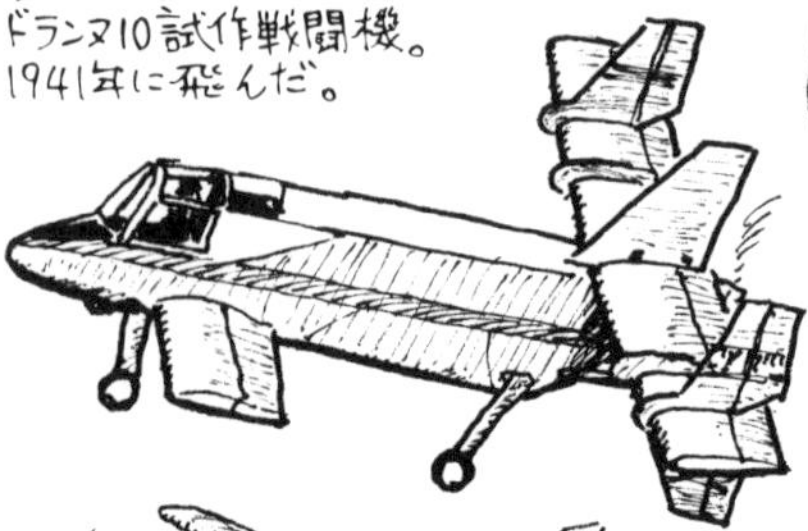

1971年のイギリスのロックスパイザー「ランド・ディヴェロップメント・エアクラフト」農業/汎用機(その7/10スケール実験機)もタンデム翼。

複合材の魔術士、鬼才バート・ルータンのタンデム翼機、ホームビルト機の「クイッキー」。

高高度長時間飛行・通信中継機/実験機のプロテュース。

File No. 27

傑作機の隣りに……

ロッキードXP-49

Lockheed XP-49

全幅：15.9m
全長：12.2m
全高：3.0m
自重：7,014㎏
総重量：9,049㎏
エンジン：コンチネンタルXⅣ-1430-13/15
液冷倒立V型12気筒(1,350hp)×2基
最大速度：653㎞/h
実用上昇限度：11,430m
航続距離：1,095㎞
武装：20㎜機関砲×2門
12.7㎜機関銃×4門
乗員：1名

P-38ライトニングと60%が同じなのに、ダメ飛行機になって終った、ロッキードXP-49。
発展型のはずがP-38より性能が劣ってたんじゃしょうがない。
まあ、ほぼエンジンの開発失敗のせいだけど。結局アメリカ陸軍の長距離護衛戦闘機は、P-51マスタングが出来たんで間に合っちゃったし。

XP-49のシリアルナンバーは403055。

改修で大きくなった垂直尾翼。

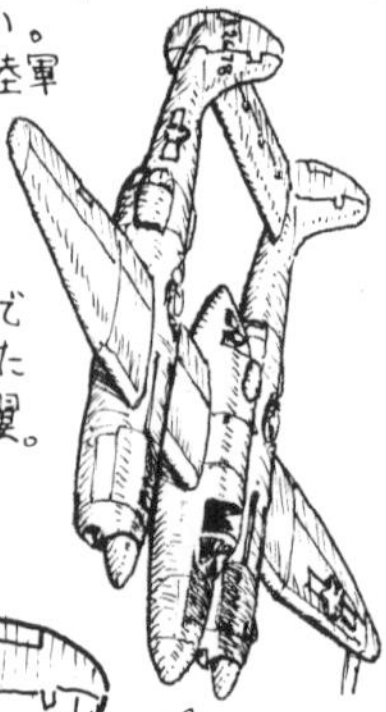

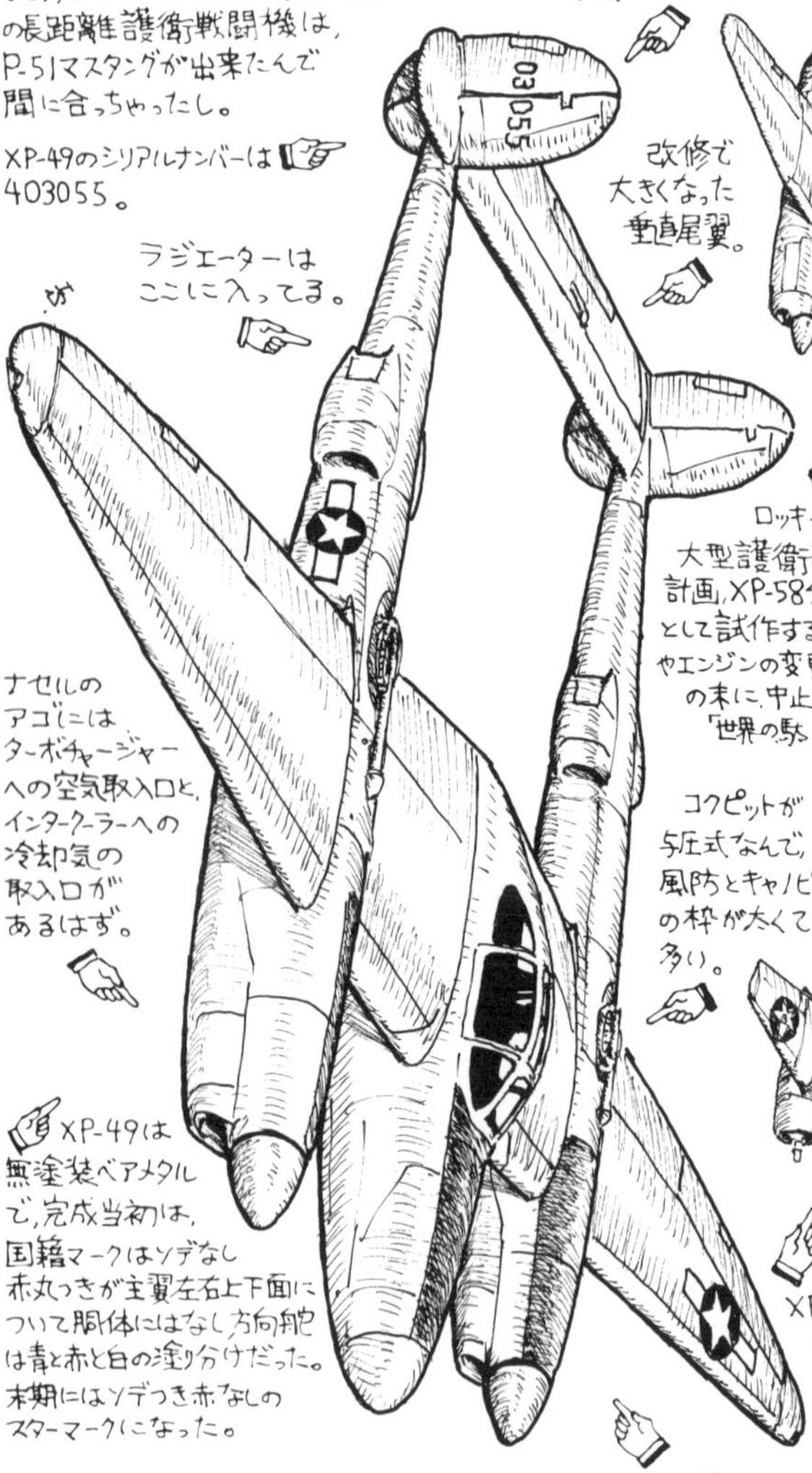

ラジエーターはここに入ってる。

XP-49の後、ロッキード社は1940年に大型護衛戦闘機をまたも計画、XP-58チェイン・ライトニングとして試作するけど、用途の変更やエンジンの変更ですったもんだの末に、中止になっちゃうのは「世界の駄っ作機」の5巻に書いてある。

ナセルのアゴにはターボチャージャーへの空気取入口と、インタークーラーへの冷却気の取入口があるはず。

コクピットが与圧式なんで、風防とキャノピーの枠が太くて多い。

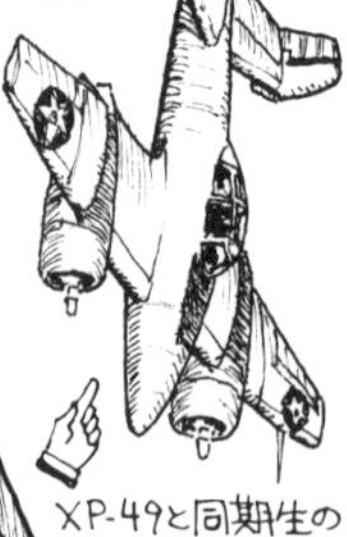

XP-49は無塗装ベアメタルで、完成当初は、国籍マークはソデなし赤丸つきが主翼左右上下面について胴体にはなし、方向舵は青と赤と白の塗り分けだった。末期にはソデつき赤なしのスターマークになった。

XP-49と同期生のグラマンXP-50。こちらも悲しい結末になった。

コンチネンタルXIV-1430は、P-38のアリソンV-1710より正面面積が小さいんで、XP-49のナセルはP-38のJ型以降のナセルより、むしろすっきりしてる。でもP-38JのV-1710-89/91エンジンは1425hpで、XP-49のXIV-1430-13/15の1350hpよりパワーが大きいの。

駄作機の中には、航空史上に輝く名声を記す傑作機のすぐ隣にありながら、ダメ飛行機になっちゃった、っていうものもある。その一つがロッキードＸＰ―49。かのＰ―38ライトニングの直系の発展型なのに、結局何にも発展しなくて、ただのダメな飛行機として消えたのだった。

そもそもの始まりは１９３９年３月、アメリカ陸軍は新しい高高度長距離護衛用の双発戦闘機の要求をメーカーに提示したことだった。この２年前の１９３７年には高高度迎撃機要求を出して、それに応えたロッキード社の試作機ＸＰ―38が１９３９年２月に初飛行してたんで、今度は高高度の護衛戦闘機を求めたのだった。

この要求にロッキード社やグラマン社、カーチス社、ヴォート社が設計案を提示した。

その中のロッキード社のＬ―１０６案はＰ―38を基にしていて、主翼と中央胴体を利用して、高高度性能と速力、火力の向上を目指して、新型の強力なエンジンを使うことにしてた。

Ｐ―38じゃ液冷Ｖ型12気筒１１５０hpのアリソンＶ―１７１０Ｃ８／９だったのを、Ｌ―１０６案じゃプラット＆ホイットニー（Ｐ＆Ｗ）社が開発中のＸ―１８００、軍用名ＸＨ―２６００液冷Ｈ型24気筒２０００～２２００hpを装備する。高高度戦闘機だから、これにターボスーパーチャージャーが付いて、高度６０００ｍで最大速度７６１km／ｈっていうすごい性能を出すつもりだった。しかも量産機では、同じく開発中だったライトＲ―２１６０トーネイド液冷星型42気筒（７気筒星型の６段重ね！）２３００hpっていう化け物エンジンを装備して、最大速度８０５km／ｈを見積もっていた。

中央胴体の基本形態はＰ―38のまんまだけど、コクピットは与圧式にして、風防やキャノピーも変更される。

エンジンを収める双胴のブームも設計が改まる。武装は20㎜機関砲が２門に12・７㎜機関銃が４門とＰ－38よりひと回り強力だ。樹脂製の新しい燃料タンクを採用して、容量もＰ－38の８７１ℓから１１３６ℓにして、航続性能も良くなるはずだった。

アメリカ陸軍は各社の案の中から、１９３９年８月に、ロッキード社案を１位に選定して、１９３９年11月末にＸＰ－49として試作機を発注した。２位になったグラマン社の案はＸＦ５Ｆスカイロケット試作双発艦上戦闘機（ダメ飛行機だった）を基にしていて、このＸＰ－50も失敗に終わるんだけど、それはまた別の話。実はこの要求では既存の機体の派生型であることが望まれてて、基になる機体のあったロッキード社とグラマン社の案が選ばれたのだな。

ＸＰ－49の陸軍への引き渡しは１９４１年春に予定されたけど、ロッキード社はＰ－38の開発と改良に忙しくて、ＸＰ－49の設計作業はなかなか進まなかった。

１９４０年にはＸ－１８００エンジンが、開発を主導してたＰ＆Ｗ社技術者が病気で退いちゃったり、陸軍が別のエンジンを開発させたかったりで中止になった。しかもライトＲ－２１４０トーネイドも開発が難航してたのに加えて、いくらなんでも大きくて強力すぎるんでＸＰ－49に装備するのは無理と判断された。

そこでＸＰ－49のエンジンには同じく新開発のコンチネンタルＸＩＶ－１４３０－９／11液冷倒立Ｖ型12気筒１５４０hpを使うことになった。開発中とはいえ、こっちはまだ常識的な配置のエンジンだから見込みはありそうだったんだが、馬力が小さいから性能も落ちるのは仕方ないところだ。

１９４０年の末にはようやくＸＰ－49の開発は加速して、１９４１年8月にはモックアップ審査も通った。それで機体の製造にかかったんだけど、実はＸＩＶ－１４３０エンジンの開発が手間取って、まだ飛行認可にも至ってなくて、ロッキード社の方にやっとエンジンが届いたのが１９４２年4月だった。

こうしてさんざん遅れた末に、ＸＰ－49は１９４２年11月に初飛行した。３回飛行したあと、エンジンが１３５０hpのＸＩＶ－１４３０－13／15に換装された。最初の予定より馬力が減っちゃったけど、このエンジンは開発にずいぶん苦労してたから、出力が低下してもとにかく実用型に仕立てた、ってところだろうか。それでも実際には１０６０hpしか出なかったそうだ。

テスト飛行を再開したＸＰ－49は、今度は油圧系や電気系、燃料系のトラブルに付きまとわれて、１９４３年1月にはミュロック乾湖でのテスト中に片発が停止して緊急着陸、左脚が折れて機体が破損しちゃった。その修理の際に垂直尾翼がちょっと大きくなった。

ＸＰ－49は１９４３年6月になってとうとう陸軍に引き渡された。予定より2年3ヵ月遅れだ。しかしＸＰ－49の性能は期待外れで、最大速度はＰ－38のＪ型が６６６km／hを出したのに、ＸＰ－49は６５３km／hで、まるで向上してなかった。しかもエンジンは整備性やら何やら難点だらけで量産化は断念されたし、新型燃料タンクも不具合で普通の金属製に換えたんで、航続性能もたいしたことなくなった。

良いところが全然なくなったＸＰ－49は開発中止になって、クレーンから地面に落としてハードランディングのテストに使われた末に、１９４６年にスクラップになったんだと。

ロッキードP-38 ライトニング

設計したのはケリー・ジョンソン。

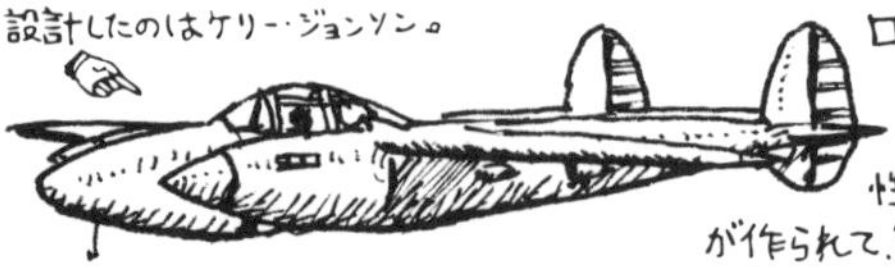

ロッキードP-38ライトニングの原型、XP-38は最大速度665km/hという軍の要求を大きく上回る性能を示して、P-38は約1万機が作られて、第2次大戦で大いに働いた。

双発でエンジンナセルにいろんなものを詰め込むと、ナセルが大きく長くなりすぎる。じゃあナセルを伸ばして、そこに尾翼をつける方が軽くできる、というんで双胴にしたのだった。

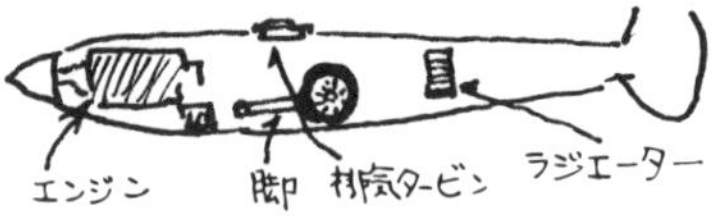

南太平洋じゃ、1943年4月、P-38が長距離を飛んで、山本五十六提督の乗った、一式陸攻を撃墜してる。

最初の実戦型P-38Fは1942年後半から北アフリカで実戦参加、以後P-38各型は、ヨーロッパや地中海、太平洋、ビルマ（ミャンマー）で戦った。でもヨーロッパでの高々度護衛任務では、エンジンが冷え過ぎて信頼性が低下、あんまり評判が良くなかった。

J型からはインタークーラーがナセルのアゴに置かれた。アメリカ陸軍のトップエース、リチャード・ボング（40機撃墜）も2位のトーマス・マグワイア（38機）も全てP-38で戦果を挙げた。

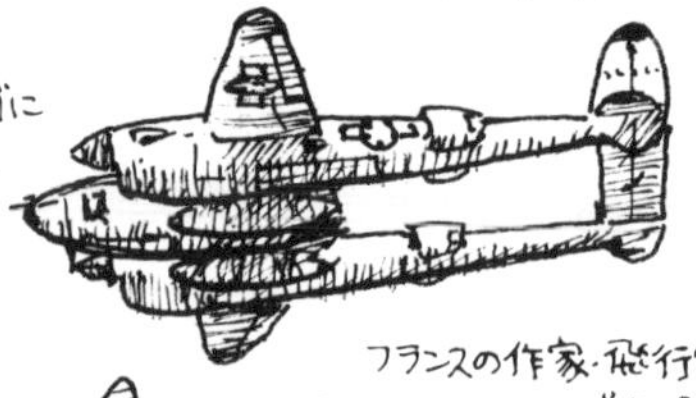

フランスの作家・飛行家のアントワーヌ・ド・サンテグジュペリは、自由フランス空軍のF-5Bに乗っていて、1944年7月、地中海上空で撃墜され、戦死した。

P-38には非武装の写真偵察機型F-4、F-5があって、たくさん使われた。

1944年になると、P-38は爆撃にも使われるようになって、その先導機として、機首に爆撃手席を設けたP-38J"ドループ・スヌード"が作られた。爆撃照準レーダーとレーダー手席を設けたパスファインダーもあった。

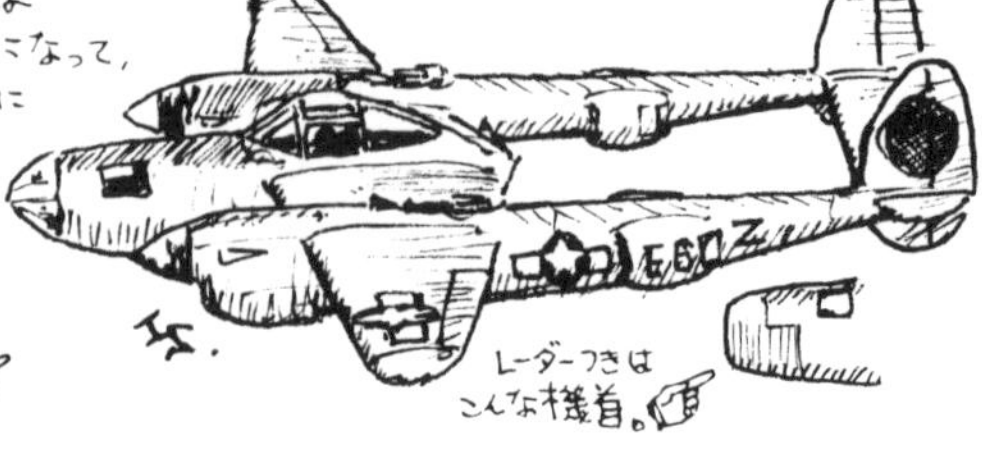

レーダーつきはこんな機首。

File No. 28

長く苦しい道の終わり

チェトヴェリコフMDR-6

Chetverikov MDR-6

全幅：21m
全長：15.7m
自重：4,100kg
総重量：7,200kg
エンジン：シュヴェツォフM-62
空冷星型9気筒(1,000hp)×2基
最大速度：360km/h
実用上昇限度：9,000m
航続距離：2,650km
武装：7.62mm ShKAS機関銃×1門(機首銃座)
7.62mm ShKAS機関銃×2門(背部銃座)
爆弾400kg
乗員：4名

チェトヴェリコフMDR-6。1941年1月には呼称変更で、設計局の頭文字を取って、Che-2となった。
たった17機しか生産されなかったけど、それでもチェトヴェリコフの飛行艇の中じゃ一番たくさん作られた。

最初のMDR-6の翼幅は21.5mで、だいたいアメリカのノースアメリカンB-25ミッチェル爆撃機と同じくらい。
それがMDR-6(A)じゃ16.5mに短かくなって、ほぼロッキードP-38ライトニング戦闘機と同じくらいになる。

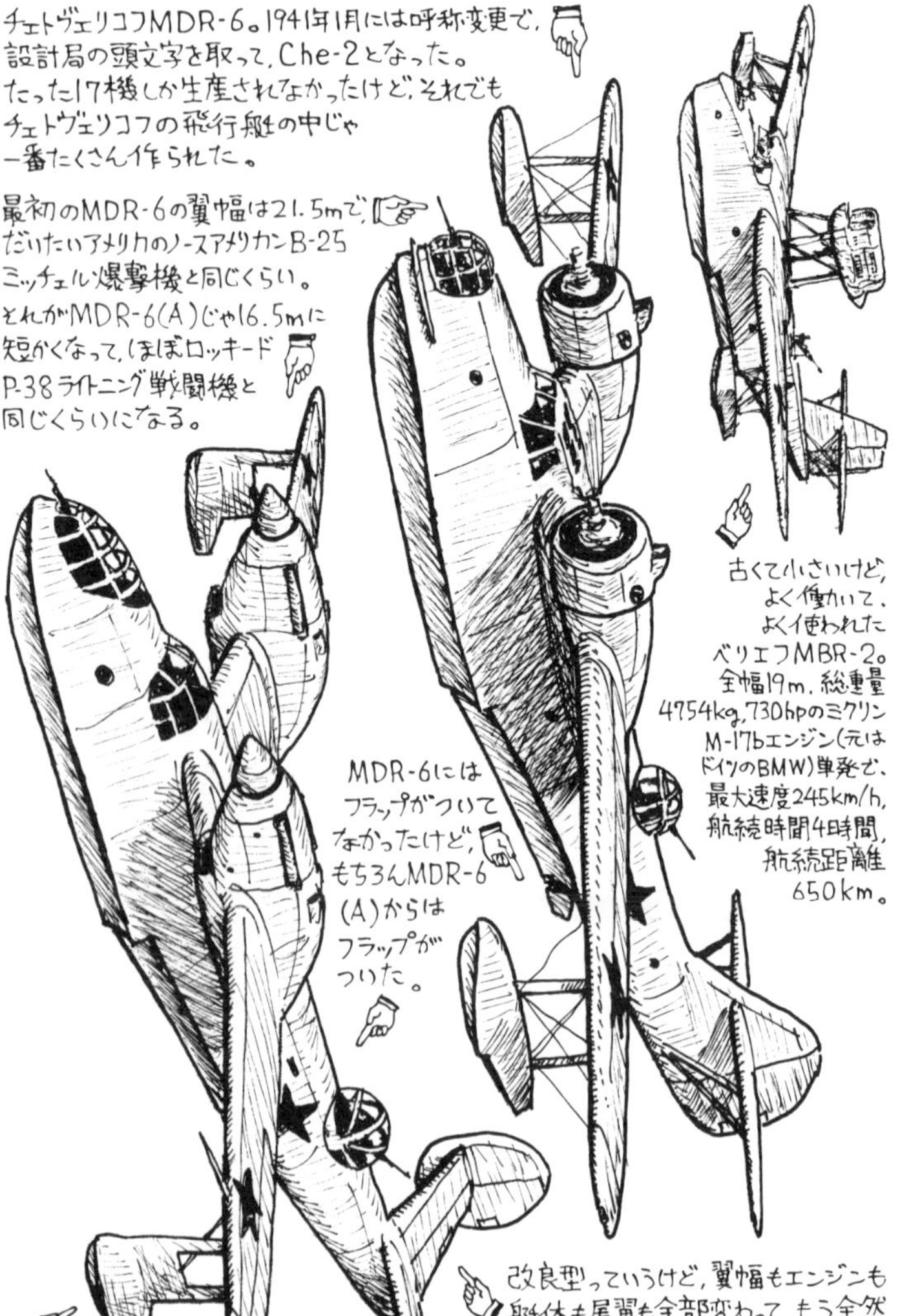

古くて小さいけど、よく働いて、よく使われたベリエフMBR-2。全幅19m、総重量4754kg、730hpのミクリンM-17bエンジン(元はドイツのBMW)単発で、最大速度245km/h、航続時間4時間、航続距離650km。

MDR-6にはフラップがついてなかったけど、もちろんMDR-6(A)からはフラップがついた。

改良型っていうけど、翼幅もエンジンも艇体も尾翼も全部変わって、もう全然別の機体になっちゃったMDR-6(A)。これが(B4)以降、また大きく変わっちゃう。

引込み式の翼端補助フロート。
内側に引き上げて、主翼下面にぴったりはまりこむはずだったが、どうもあんまりうまくいかなかったようだ。

MDR-6シリーズの最終型MDR-6(B5)は1945年に現われて、NATOコードネーム「マグ」と名付けられた。

１９３０年代のロシア、当時は共産主義のソヴィエト・ロシア連邦共和国だったから略してソ連は、海軍の長距離偵察飛行艇を作ろうとしていた。１９２８年に採用したドイツ製のドルニエＪワール双発飛行艇がもう古くなって、代わる機体がほしかったのだが、いろいろな設計局が試作してもどれも思わしくなかった。

そんな中、１９３７年にやっとまともそうな飛行艇が現れた。チェトヴェリコフＭＤＲ-６だ。作ったのは、イゴール・Ｖ.チェトヴェリコフの設計局だ。チェトヴェリコフは１９２８年からグリゴロヴィッチ設計局で働いてた人で、１９３１年に設計局を設立させてもらった。でも部下だったゲオルギー・Ｍ.ベリエフの方が、１９３２年に単発中型飛行艇ＭＢＲ-２で成功して出世して自分の設計局を開いてしまった。

チェトヴェリコフは１９３５年に潜水艦搭載用の小型飛行艇ＳＰＬを作ったり（ダメ飛行艇）、北極圏用の双発中型飛行艇ＡＲＫ-３を作ったりしたけど、どれも量産には入らなかった。

チェトヴェリコフ設計局は１９３６年から新型飛行艇ＭＤＲ-６の開発を開始した。機体はできるだけコンパクトで軽量、構造もシンプルにすることを目指したんだそうだ。胴体は全金属で内部に補強材の入ったセミモノコック構造で、外板の厚さはだいたい０・８㎜、艇体の底は２㎜厚だった。主翼はガル翼で、２本の桁が入ってて、後桁より後ろの部分は羽布張りだった。エンジンは空冷星型９気筒７５０hpのシュヴェツォフＭ-25、早い話がアメリカのライトＲ-１８２０サイクロンのライセンス生産型だ。

ＭＤＲ-６は乗員４名で、機首に７・62㎜機関銃単装の銃座、背部に連装の銃座が付いて、主翼の下に爆弾４００kgを吊るす。

ＭＤＲ－６は１９３７年夏に飛行試験を開始して、最大速度は３３８km／ｈを出した。翌年の試作2号機はエンジンを１０００hpのＭ－62に換えて３５０km／ｈになったから、少し前のアメリカのコンソリデーテッドＰＢＹカタリナ飛行艇の３０６km／ｈより断然速かった。

ＭＤＲ－６は国家試験を１９３８年12月に成功裡に終えて、量産に進んだ。量産型はエンジンを１１００hpのＭ－63にさらに強化したけど、離水重量は試作機の６４５０kgから７２００kgに増えちゃってた。航続距離は２６５０kmと長距離偵察には短いみたいだけど、当時のソ連海軍としてはそれでも良かったんだろうか。

いや、どうも実はあんまり良くなかったらしくて、ＭＤＲ－６の生産数は17機どまりだった。それというのも艇体の構造がシンプルさと軽さを狙いすぎたようで、強度が足りずに底が壊れたりすることがあった。それにプロペラが艇体に近すぎたせいで、機内の振動と騒音がひどかったし、燃料系統にも問題があった。それでもとにかくＭＤＲ－６はバルト海や黒海、極東方面で使われたけど、なにしろ機数が少ないからたいした働きはしなかったんだろう。

チェトヴェリコフ設計局じゃ、このＭＤＲ－６をもっと良くしようと、１９３９年から改良型のＭＤＲ－６(Ａ)の開発にとりかかった。ＭＤＲ－６よりさらに速度性能を上げようと、主翼の翼幅を元の21ｍから16・５ｍに縮めた。エンジンは液冷Ｖ型12気筒のクリモフＭ－１０５に換えて、翼端の補助フロートは引込み式、機首も尾翼も改設計して、背部銃座の位置も後ろに下げた。このＭＤＲ－６(Ａ)は１９４０年12月に初飛行して、テストじゃ最大速度４３５km／ｈという、空軍のツポレフＳＢ爆撃機と同じぐらいの速度を出した。

でも水上性能が思わしくなかったんで、チェトヴェリコフ設計局は補助フロートを大型化したりした改良型2号機ＭＤＲ－６（Ｂ）を作って、１９４１年に初飛行させた。ＭＤＲ－６（Ａ）は１９４１年10月に墜落して、このＭＤＲ－６（Ｂ）がテストを引き継いだけど、補助フロートの引込み機構が故障するし、エンジンが海面に近いんで波やしぶきでプロペラが破損するし、しかもエンジンの不調でテストを完了できなかった。

この頃にはもうドイツ軍の侵攻が始まって、チェトヴェリコフ設計局も疎開して、ＭＤＲ－６の改良はしばらく間が空いてしまった。最初のＭＤＲ－６は構造の弱さが祟って１９４２年には退役したし、ソ連海軍の飛行艇はアメリカ製のＰＢＹカタリナと古いベリエフＭＢＲが務めてたから、ＭＤＲ－６の必要も薄れてた。

それでもチェトヴェリコフは諦めずに、１９４３年にはエンジンを強化したりいろいろ改めたＭＤＲ－６（Ｂ２）と（Ｂ３）が作られて、１９４４年の（Ｂ４）では艇体を新設計してエンジンをさらに強化、垂直尾翼も3枚にした。

なおも１９４５年にはもっとエンジンを強力にして、垂直尾翼を2枚に戻したＭＤＲ－６（Ｂ５）まで作ったけど、最大速度は３８０㎞／ｈで航続距離も３０００㎞と最初のＭＢＲ－６とたいして変わらなくなって、軍のテストも受けられずに開発中止になった。それがチェトヴェリコフの長く苦しい飛行艇作りの終わりとなった。

チェトヴェリコフ自身は１９４８年に設計局が解散されたあとも空軍技術学校の教官を務めて、１９８７年に78歳で世を去った。飛行艇じゃ成功しなかったけど、スターリン時代に収容所送りにならなかっただけ良かったのかな。

コンソリデーテッド PBYカタリナ飛行艇

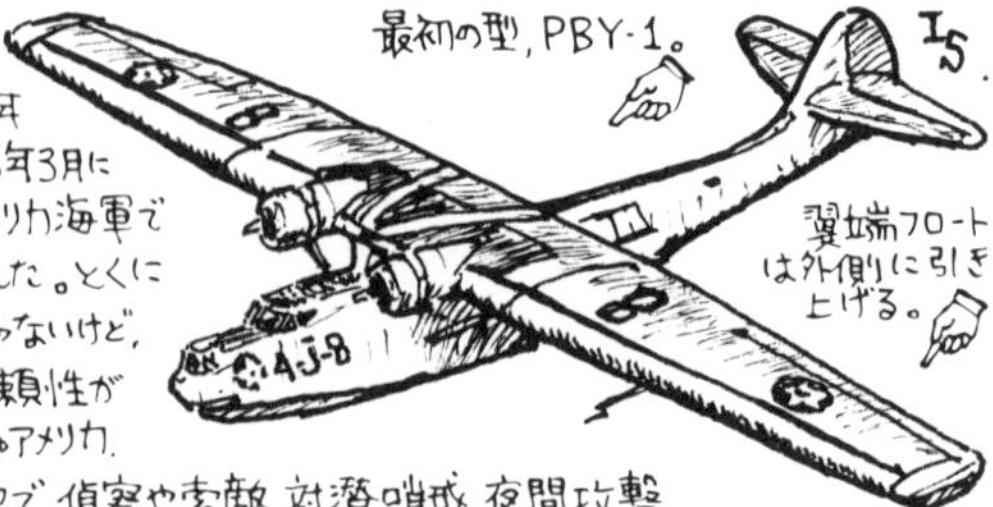

最初の型、PBY-1。

翼端フロートは外側に引き上げる。

コンソリデーテッドPBYカタリナ飛行艇は、1933年に設計が始まって、1935年3月に初飛行、1936年10月にアメリカ海軍で部隊配備が開始された。とくに性能が優れてたわけじゃないけど、航続距離が長くて信頼性が高いんで、第2次大戦じゃアメリカ、イギリス、カナダ、オーストラリアで、偵察や索敵、対潜哨戒、夜間攻撃、救難、輸送に、南太平洋から北極海まで広く使われて、大いに働いた。

イギリス空軍のカタリナはドイツ戦艦ビスマルクを発見する手柄を立てた。大西洋でのUボートとの戦いじゃ、カタリナのパイロット2人がヴィクトリア十字章を授与されてる。

カタリナっていう名前はイギリス空軍がつけた。

南太平洋じゃカタリナは夜間索敵攻撃に働いた。黒く塗られて、「ブラックキャット」とあだ名された。

PBYには、水平尾翼が変った-2、エンジンが強化された-3、ブリスター銃座がついて方向舵が大きくなった-4、そのエンジン強化型-5、水陸両用型の-5A、海軍工廠製で垂直尾翼が高いPBN、その水陸両用型PBY-6A、ボーイング社工場製PBY-5のPB2B-1、ボーイング製PBY-6AのPB2B-2と、多くの型がある。

カナダでも作られたぞ　カナダ空軍機はカタリナじゃなくて「カンソ」っていう名前だ。

PBYの総生産数はおよそ3280機。ソ連でもGSTの名で少し作った。

第2次大戦後も中南米やいろんな国で使われて、日本の海上自衛隊にも2機供与された。民間じゃ山火事消火機になったし、映画にも「オールウェイズ」とかいろいろ出演してる。

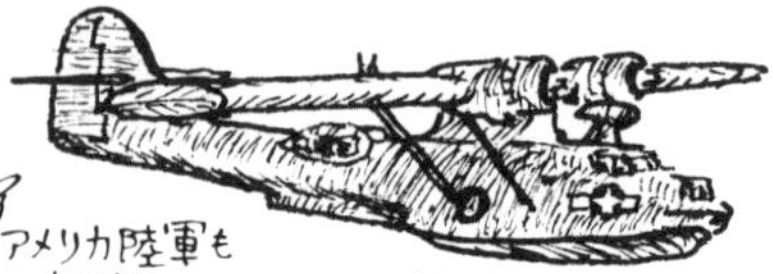

アメリカ陸軍も救難機OA-10として使った。

File No. 29

がんばったけど不得意科目

ソーンダース／サローA10

Saunders/Saro A10

全幅：9.8m
全長：7.4m
全高：3.0m
自重：1,213kg
総重量：1,573kg
エンジン：ロールスロイスF.IX
水冷V型12気筒(480hp)×1基
最大速度：322km/h
実用上昇限度：9,632m
武装：ヴィッカース7.7mm機関銃×4門
乗員：1名

飛行艇メーカーのソーンダース／サロー社が珍しく作った戦闘機、SA10。
水平安定が悪くて、ヤな癖がいろいろあって、つまりダメ飛行機だった。
ただし、7.7mm機関銃を4門っていう武装は先進的
だったし、構造も骨組みが鋼管じゃなくて
ジュラルミンだったし、
設計者ヘンリー・ノウラーは
ちゃんと「新しい戦闘機」を
作ろうと
考えてたのだ。

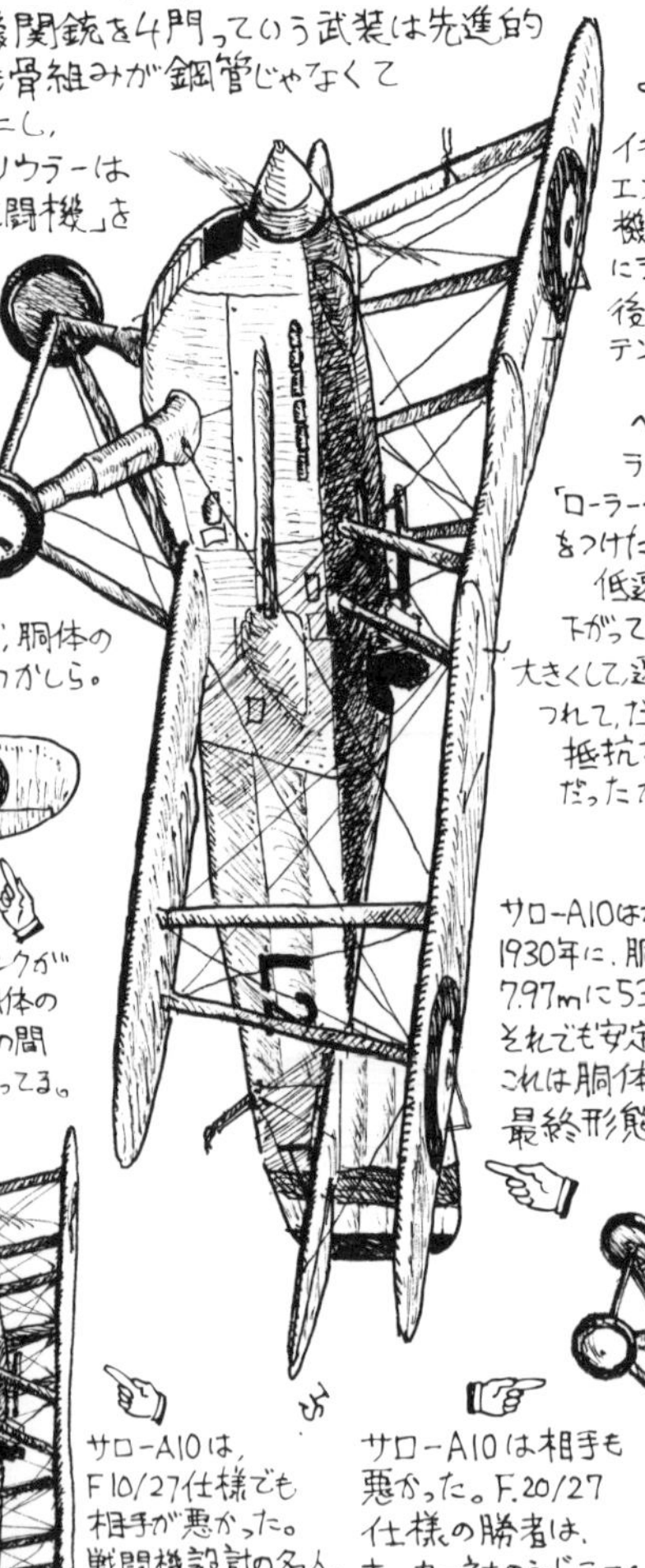

イギリスの水冷／液冷
エンジンの戦闘機で、
機首下面のアゴの位置
にラジエーターを置くのは
後のホーカー・タイフーン／
テンペストを別にすると、
あんまり例がない。
ヘンリー・ノウラーはその
ラジエーターに新工夫の
「ローラー・ブラインド」式シャッター
をつけた。これは離着陸時や
低速時にはシャッターが
下がって開いて空気流量を
大きくして、速度と高度が上がるに
つれて、だんだん上がって閉まり、
抵抗を減らす、っていうもの
だったが、まあ、つまりそれが
うまくいかなかった。

塗装はシルバーで、胴体の
上面は黒じゃないかしら。

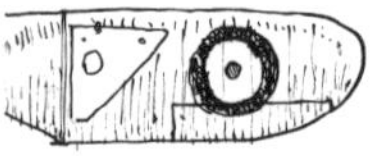

左右の上翼の
中にはこういう
三角形の燃料タンクが
設けられてた。胴体の
コクピットとエンジンの間
には機関銃が入ってる。

サロ－A10は水平安定が足りなくて、
1930年に、胴体を長さ7.44mから
7.97mに53cmも延ばしたけど、
それでも安定は悪いままだった。
これは胴体を長くした
最終形態。

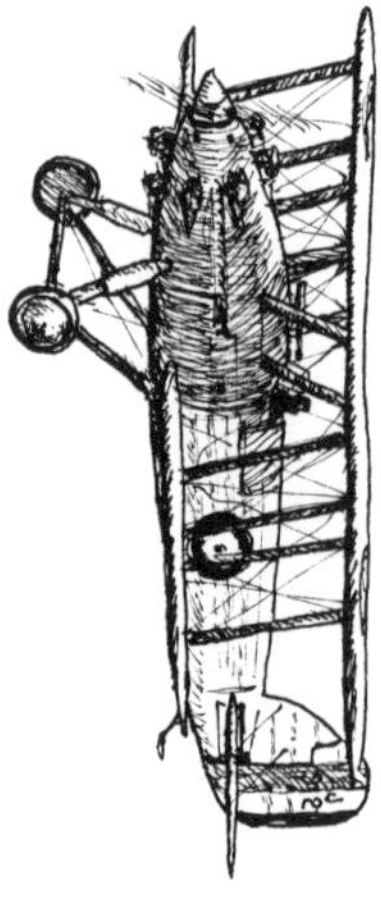

サロ－A10は、
F10/27仕様でも
相手が悪かった。
戦闘機設計の名人、
ヘンリー・フォーランドの
SS18は、F10/27じゃ
不採用だったけど、
後にグロスター・
ガントレット、
さらにグラジエーター
へと発展する。

サロ－A10は相手も
悪かった。F.20/27
仕様の勝者は、
ホーカー社のシドニー・
カムが設計したホーネット。
後に制式採用時に
フューリーと改称される。
フューリーは発展型フューリーII
を経て、ハリケーンの源流と
なる傑作機だった。

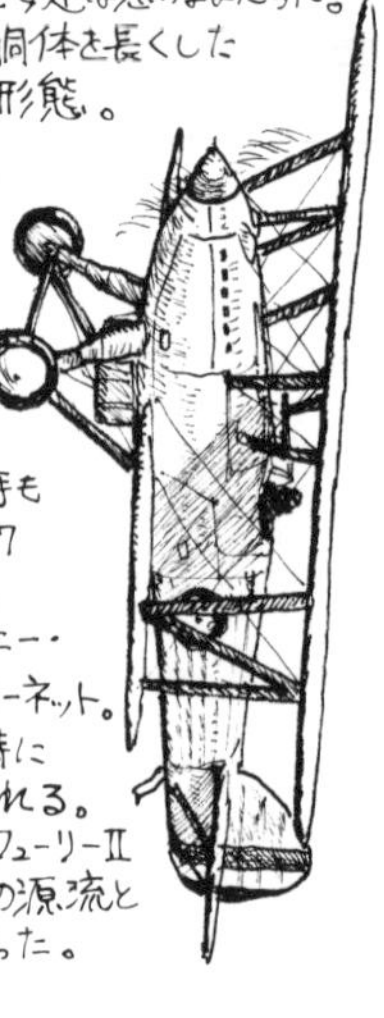

１９２０年代の中頃、イギリス空軍はそろそろ木製骨組みに羽布張りの第１次世界大戦っぽい戦闘機から脱却する必要が出てきてた。そこでイギリス航空省は新世代の戦闘機を作ろうと、いろいろと要求仕様を提示した。その一つが１９２６年の９／26仕様で、当時の有力メーカーが９機種も試作機を作って、その中から採用されたのが、鋼製骨組みのブリストル・ブルドッグだった。実はこのブルドッグ、航空省から試作発注をもらったわけじゃなくて、ブリストル社の自主開発が基だった。この時代のことだから、メーカーが自社資金で戦闘機の試作機を作ることもできたのだな。

９／26要求仕様の後も航空省は、空軍や海軍航空隊の新しい戦闘機を採ろうとしていて、この１９２６年頃の時期、イギリス飛行機メーカーにとっては、戦闘機を作るさまざまなチャンスが開けていた。そこにあんまり有力でないメーカーも、一つ戦闘機を作ってみようと思い立ったのだった。飛行艇メーカーのソーンダース社だ。ソーンダース社は元々は高速モーターボートのメーカーで、第１次世界大戦前からいくつかのメーカーの飛行艇の艇体を作って、大戦後には自社でも飛行艇を作るようになったんだけど、軍用にも民間用にも売れなかった。そんな状況だったんで、ソーンダース社は航空省の要求仕様を待たずに、自主開発で戦闘機を作ることにした。うまくいけば採用されるかもしれない。

ソーンダース社の主任設計者ヘンリー・ノウラーが考えたのは、ジュラルミン骨組みを採用して、７・７㎜機関銃を胴体前部側面と上面に４門装備、エンジンには当時開発中だったロールスロイス社のＦⅨ水冷Ｖ型12気筒４８０hp（後のケストレルだ）を使う複葉機だった。この頃のイギリス戦闘機は空冷星型エンジンで機関銃２門装備、鋼管骨組みに羽布張り構造が主流だったから、かなり野心的なものだった。

ソーンダース社は１９２７年１月にこの案を航空省に提出、それからしばらくして９月に航空省から、新要求仕様Ｆ.20／27を見せてもらった。この仕様じゃ高度６０００ｍを速度２４０㎞／ｈで飛ぶ敵爆撃機をさっさと追い越せる３２０㎞／ｈ以上の速力、良好な視界と運動性を求めてて、推奨エンジンは空冷星型だったけど、後に水冷Ｖ型12気筒のロールスロイスＦⅨも含まれるように改訂された。

ソーンダース社は自社の設計案Ａ10はこの仕様に遠くないんで、しかもちょっと前に航空省がグロスター社に提示した機関銃６門の戦闘機仕様Ｆ.10／27にもＡ10は対応できそうだと考えて、Ｆ.20／27仕様に合うよう手直しを加えた。航空省は水冷エンジンのＡ10を空冷星型エンジンの他社の戦闘機と比べてみたくて、１９２７年12月に試作機１機を正式に発注した。

ソーンダースＡ10試作機は１９２８年11月に完成、翌１９２９年１月に初飛行した。実は１９２８年にソーンダース社はアヴロ社の創設者アリオット・Ｖ.ロウの資金提供を受けて、改組してソーンダース・ロー社、略してサロー社を名を変えていた。

しかし間もなく、ヘンリー・ノウラーの意欲作、サローＡ10がマートルシャム・ヒースのＡ＆ＡＥＥ（航空機および兵装実験場）で航空省のテストを受けると、すぐに酷評されることになった。

水平安定が足りなくて、操縦桿を離すといきなり機首が下がって、どんどん降下速度が増す、しかも急降下中に機体が揺れまくる、着陸滑走で機体が横滑りする、と散々な言われようだ。しかも機首下面のローラー式シャッターつきラジエーターで、冷却気の流量を調節しつつ空気抵抗を減らすつもりだったんだけど、それがうまくいかなくて、オーバーヒートする癖もあった。ノウラーの新工夫だったのに。

サロー社は尾翼を拡大したり、車輪の位置を下げたり、いろいろ改良したけど、Ｆ20／27仕様試作機の選考は１９３０年1月に終わり、サローＡ10はそこからはじかれちゃった。勝者はホーカー社のホーネット、後のフューリーだ。

サロー社は諦めずに、さらにＡ10を改修して、胴体を53㎝延長、垂直尾翼も水平尾翼も大きくして、脚の位置も変えてみた。ところがまたＡ＆ＡＥＥのテストではひどい評価をもらってしまった。水平安定はまだ不足で、手放しで水平飛行するようにトリムを調節するのが困難、フルスロットルで飛んでいて速度がちょっと変わると機体がふらつきだす、じゃあ速度を落とすと途端に機首が落ちる。しかもやっぱり地上での挙動も良くない。

このＡ＆ＡＥＥの評価は厳し過ぎたんじゃないかともいうけど、とにかく射撃時の安定性が望めないんじゃ戦闘機としては使えない。航空省はＡ10に見切りをつけてしまった。Ｆ10／27仕様に対しても、Ａ10は機関銃が4門じゃ要求に足りないんで、失格となった。ちなみにこの仕様のグロスター社の多銃戦闘機ＳＳ18は後にガントレットに発展して制式採用となる。

サローＡ10は１９３１年に航空省に買い上げられて、シリアルＫ１９４９をもらって、機関銃４門の射撃威力評価に１９３３年まで使われた。サロー社はその後、ノウラー設計の水陸両用飛行艇がやっと軍民に売れるようになる。戦闘機に手を出したのが間違いだったのかなあ。

☞ ソーンダース（サロー）

T1。

モーターボートのメーカーだったソーンダース社は1910年代から飛行艇の艇体を他社に供給して、1917年初の自社製機、T1複座偵察機を作った。でも不採用で1機のみ。第1次大戦後もいろいろ飛行艇を作ったけど、どれも1機だけで終わった。

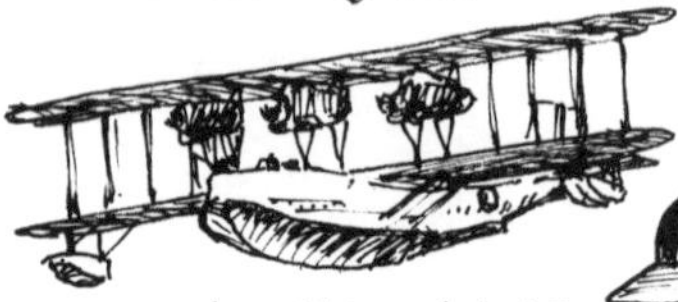

1926年の3発飛行艇、A3ヴァルキリー。1機のみ。

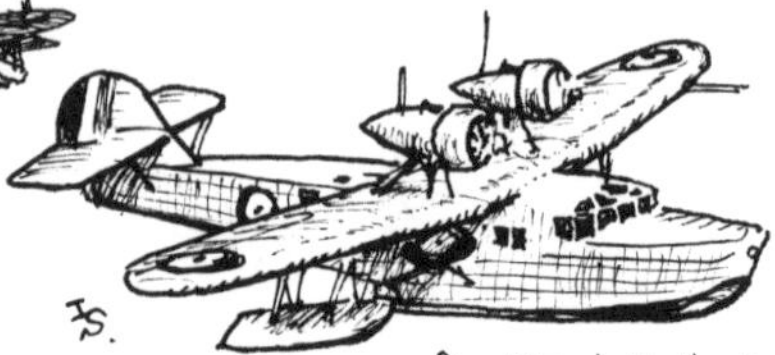

サロー社になってからの成功作、軍民合わせて21機作られた水陸両用飛行艇、クラウド。1930年初飛行。

1934年の双発飛行艇ロンドン。48機作られて、第2次大戦が始まったときも29機が現役だった。退役したのは1941年のことだった。

サロー社の飛行機で一番有名かも？ 1947年初飛行のジェット戦闘飛行艇SR.A/1。3機が試作された。

第2次大戦末期に、対日戦用に計画された。

1948年初飛行のかわいいヘリコプター、スキーター。イギリス陸軍で64機採用。

ロケットとジェット併用の試作戦闘機SR53。1957年初飛行。2機作られた。

サロー社は1959年にウェストランド社と合併。そのころはホバークラフトを開発してた。旅客ホバークラフトSR-N2。

File No. 30

第4志望からの苦労の末に

コンソリデーテッド B-32ドミネイター

Consolidated B-32 Dominator

全幅：41.2m
全長：25.3m
全高：10.1m
自重：27,339kg
総重量：50,576kg
エンジン：ライトR-3350-23
　空冷星型18気筒(2,200hp)×4基
最大速度：575km
実用上昇限度：10,670m
航続距離：6,115km(最大)
兵装：12.7mm機関銃×10門(連装銃座5ヵ所)、
爆弾：9,072kg
乗員：8〜12名

試作機XB-32とは全然違っちゃった。
量産型B-32。もはや高々度爆撃機
じゃなくなっちゃったし。

このB-32、42-108530の「Direct from Tokyo」
はトニー・スヴォア大佐（退役時）の操縦で、
日本の降伏文書をワシントンまで運んだ
機体だったらしい。
スヴォア大佐は
1945年8月17日の、
第2次大戦最後
の空中戦とされる
戦闘でもB-32を
操縦してる。
そういう意味じゃ
B-32は歴史的な
飛行機でもあった。
でもダメ飛行機。
ちなみに8月17日に
日本機と交戦した
B-32は、42-108532
と、-108578で、このうち
-108578がひどく被弾、
乗員に死傷者を出してる。

XB-32の1〜2号機（シリアルNo.41-141、-142）を
見ると、B-24の拡大発展型っぽいのがわかる。
この1号機は1942年9月に初飛行したけど、
方向舵のトリムタブの操作ロッドが折れて、
わずか20分で緊急着陸した。その後、1943年
5月、31回目の飛行で離陸に失敗
して墜落。

厚くて細長い
「デイヴィス翼」は
航続性能は
いいけど、高速だと
抵抗が大きく
なっちゃう。

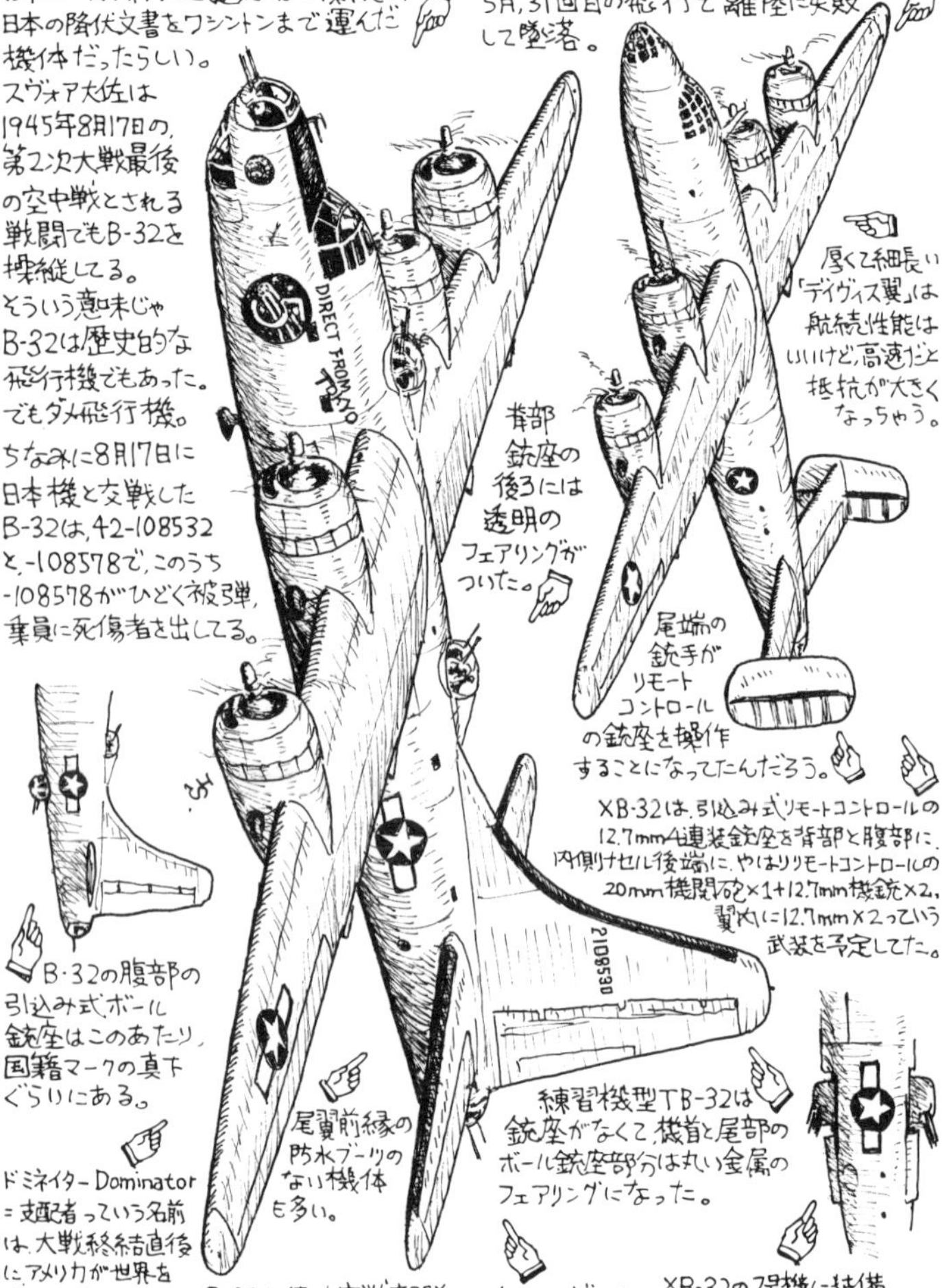

背部
銃座の
後ろには
透明の
フェアリングが
ついた。

尾端の
銃手が
リモート
コントロール
の銃座を操作
することになってたんだろう。

XB-32は、引込み式リモートコントロールの
12.7mm4連装銃座を背部と腹部に、
内側ナセル後端に、やはりリモートコントロールの
20mm機関砲×1+12.7mm機銃×2、
翼内に12.7mm×2っていう
武装を予定してた。

B-32の腹部の
引込み式ボール
銃座はこのあたり、
国籍マークの真下
ぐらいにある。

尾翼前縁の
防水ブーツの
ない機体
も多い。

練習機型TB-32は
銃座がなくて、機首と尾部の
ボール銃座部分は丸い金属の
フェアリングになった。

ドミネイター Dominator
＝支配者っていう名前
は、大戦終結直後
に、アメリカが世界を
支配しようとしてる
みたいで、政治的に
正しくない、と国務省
から文句が出て、
廃止されたそうだ。

B-32を使った実戦部隊は、A-20ハヴォック
攻撃機部隊の第312爆撃グループの
第386爆撃スコードロンだけだった。フィリピン
で初めて実戦に投入されたB-32は、
42-108528、-108529、-108532の3機だった。

XB-32の2号機に装備
された、12.7mm機関銃4連装
引込み式リモートコントロール
銃座。カバーが後ろにずれて、
銃座がにゅっと出てくる。

ヨーロッパで第２次世界大戦が始まって間もない１９３９年11月、アメリカ陸軍航空隊は新しい超大型爆撃機の研究をメーカー各社に求めた。部隊配備が始まったばかりのB-17よりも、もっと高く遠くへ速く飛べて、爆弾をたくさん積める爆撃機を作らせようというのだ。

陸軍航空隊は翌１９４０年１月には、航続距離８５００km、最大速度６４０km／ｈなどの要求仕様も固めた。それにボーイング、ロッキード、ダグラス、コンソリデーテッドの４社が応えて設計案を出したのに対し、陸軍は有望な順にボーイングＸＢ-29、ロッキードＸＢ-30、ダグラスＸＢ-31、そしてコンソリデーテッドＸＢ-32として予備設計を発注した。でもロッキードとダグラスの２社はこの競争は分が悪いと考えて、ＸＢ-30とＸＢ-31は早々に引っ込められてしまい、最有力のボーイングＸＢ-29と４社案中４位のコンソリデーテッドＸＢ-32が試作に進むことになった。

実はボーイング社は１９３８年からすでに新型爆撃機の構想を進めてて、すごい進歩的な案を陸軍航空隊とも話し合ってたから、ボーイング社案が最有望になったのも当然だった。ＸＢ-32はそのボーイング案が実用化に手間取ったり、あるいは最悪失敗した場合の保険として開発されることになったのだった。

そのコンソリデーテッドＸＢ-32は、細長くて分厚い「デイヴィス翼」で双尾翼っていうところは前作Ｂ-24と同様だけど、エンジンは２２００hpのＲ-３３５０の４発、胴体は円い断面で与圧式、遠隔操作の引込み式銃座っていうところが新しかった。このＸＢ-32をアメリカ陸軍は１９４０年９月９日に２機発注、後にもう１機追加した。１号機の完成期日は発注から１年半、つまり１９４２年３月とされた。

ところがＸＢ－32は与圧システムや遠隔操作銃座の開発が難航して、どんどん遅れてしまった。アメリカ陸軍航空隊は新型爆撃機が早くほしかったし、期待のボーイングＸＢ－29も遅れてたんで、とりあえずＸＢ－32の１号機を与圧も銃座も無いまま完成させ、予定から半年遅れの１９４２年９月になんとか初飛行させた。

その後もエンジンのオイル漏れや冷却不足など問題が続出し、いったん13機が発注されてた増加試作機ＹＢ－32も１９４３年２月に取り消しになっちゃった。この頃になるとＢ－29の開発が急速に進み出したんで、ＸＢ－32は止めようかという声も出てきてたんだが、間もなく量産機Ｂ－32の発注３００機が与えられて、開発は続けられることになった。ニックネームは「ターミネイター」というのが付けられた。

そんな矢先の１９４３年５月、ＸＢ－32の１号機が離陸時にフラップが動かなくて墜落してしまった。試作２号機は７月に初飛行したけど、陸軍はこのままのＸＢ－32の性能じゃ通用しないと考えて、大幅な改良を求めてきた。

エンジンナセルは改設計されて、プロペラは３枚ブレードから４枚に変更した。方向安定が不足だったんでＢ－29の１枚ものの垂直尾翼に改めたけど、それでもまだ安定が足りなくて、１９４３年11月に初飛行した試作３号機には高さ６ｍの巨大な垂直尾翼が付くことになった。重量を軽くして爆弾搭載量を増やすために乗員区画の与圧を諦めてＢ－32は中～低高度爆撃機にされることになった。遠隔操作式の銃座も止めて、普通の有人銃座が装備された。

Ｂ－32の発注数は１５００機に増えて、ニックネームも「ドミネイター」に改まり、最初の量産機は１９４

4年9月に引き渡された。でもこの3ヵ月前にはすでにB-29は実戦出撃を開始していて、B-32は性能じゃB-29に及ばないうえに、開発生産も遅れすぎていた。

しかも運用評価が始まると、B-32は重量過大と評されて、コクピットの騒音がひどい、計器盤の配置が悪い、爆撃手の視界が足りない、エンジン火災が多くて信頼性が足りないと、さんざんな評判だった。ただし操縦性は悪くなかったし、着陸性能も良かったそうだ。

アメリカ陸軍航空隊にとってはもはやB-32は全然いらない爆撃機だったが、それでも実戦テストに使ってみることになって、1945年の5月に、フィリピンに3機が送られて、わずかに残る日本軍に対する爆撃に出撃、大過なく任務を果たした。8月には沖縄に進出したが、主な任務は写真偵察だった。

8月15日に日本は降伏、戦争は一応終わった。しかし17日に東京への写真偵察に飛んだ2機のB-32は日本戦闘機の迎撃を受けた。翌日にはやはり2機が東京上空で日本機と交戦、乗員1名が死亡、2名が負傷した。これが第2次世界大戦最後の空中戦となった。8月28日、4機のB-32が沖縄から東京へと離陸したが、1機はエンジン故障で離陸に失敗、機体は爆発して乗員13人が死亡、もう1機も飛行中にエンジン2基が停止、乗員が脱出して2名が死亡、これがB-32最後の実戦出撃だった。

終戦でB-32の発注はキャンセルになって、完成したのは爆撃機型のB-32が75機と非武装の操縦訓練用TB-32が40機、それも戦争終結から間もなく保管所送りになって、そのままスクラップになった。B-32に現存機はない。

保険として開発

大事な機種の画期的な新型機を開発したいけど、失敗したら大変だ。
じゃあ安全策として、多少性能は劣っても確実そうな機体も開発しておこう、
一応保険として……っていう例は、飛行機の歴史にはいくつかある。

例えば1940年代末に、アメリカ空軍が戦略爆撃機ボーイングB-52を開発した際、レシプロ6発のB-36を基にして性能は大したことないけど、ハズレなそうなコンヴェアYB-60も試作させた。コンヴェア社は元はコンソリデーテッド社だ。

YB-60は1機が飛んだだけ。ハズレはしないが当たらず。

1955年の実戦配備以来、2021年も現役のB-52。大当りだ。

同じころイギリス空軍も野心的なデルタ翼の爆撃機、アヴロ・ヴァルカンの保険として、保守的なショート・スペリンを試作させた。

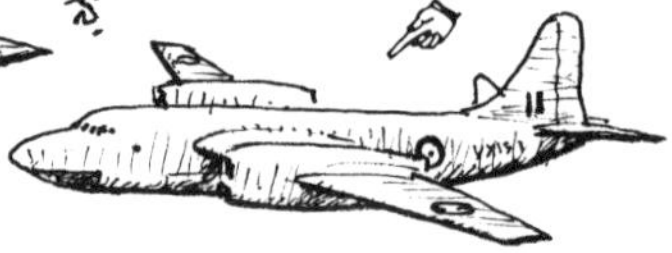

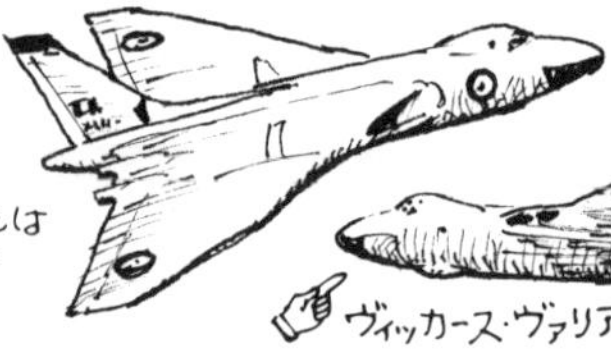

アヴロ・ヴァルカン。ヴァルカンは成功したし、ヴィッカース・ヴァリアントっていう、もっと良い保険も出来たんで、スペリンは試作2機で終わり。

ヴィッカース・ヴァリアント。

日本海軍の三菱九七式二号艦上攻撃機は、中島の九七式一号の保険っていうわけじゃなくて、海軍が捨て難くて、一号と一緒に採用した。まあ、結局中島の一号が主力になったんだが。

1950年代初期のアメリカ空軍ロッキードF-94スターファイア全天候戦闘機。
本命のノースロップF-89スコーピオンがいろんなトラブルで開発が遅れたんで、急拠T-33練習機を基に作った。F-89に「保険」がなかったんで、その穴埋めにあわてて作った戦闘機、っていうところだ。

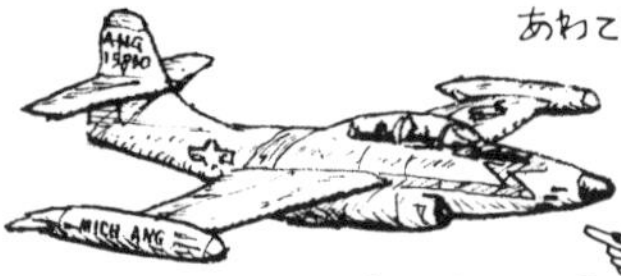

ノースロップF-89Cスコーピオン。

File No. 31

ダメ自動車が先か ダメ飛行機が先か

AVE マイザー

AVE Mizar

全幅：11.6m
全長：8.5m
全高：2.6m
エンジン：コンチネンタルIO-360-C
空冷水平対向6気筒（210hp）×１基
巡航速度：209㎞/h
航続距離：1,600㎞以上
実用上昇限度：3,660m
乗員／乗客：４名
（性能は予定）

1973年型フォード・ピント。ピントはフォード社が大急ぎで開発して
1971年から発売，安いんでたくさん売れた。ところが…！

ピントは追突されると燃料タンクが破れて燃えるという欠陥が
曝露されて，フォード社は訴えられて裁判で敗けちゃった。

これでフォード社の評判は落ちて，
ピントはアメリカの欠陥車の
代名詞になってしまった。
とはいえピントは1980年
までに317万台も
作られたのであった。

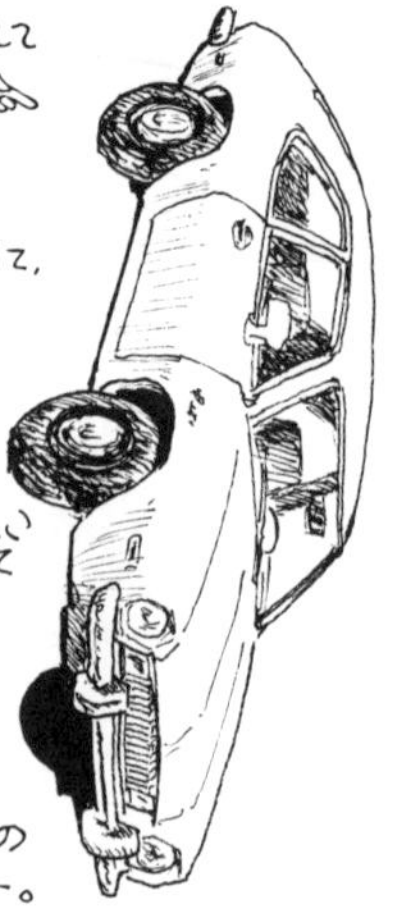

これがこうして…

AVEマイザーは
たしかに自動車
ではあるし，
とりあえず飛ぶ
には飛んだけど，
もともとムリが
あったうえに，
工作も不良で
墜落，作った当人
が死んでしまって，
そこで終った。

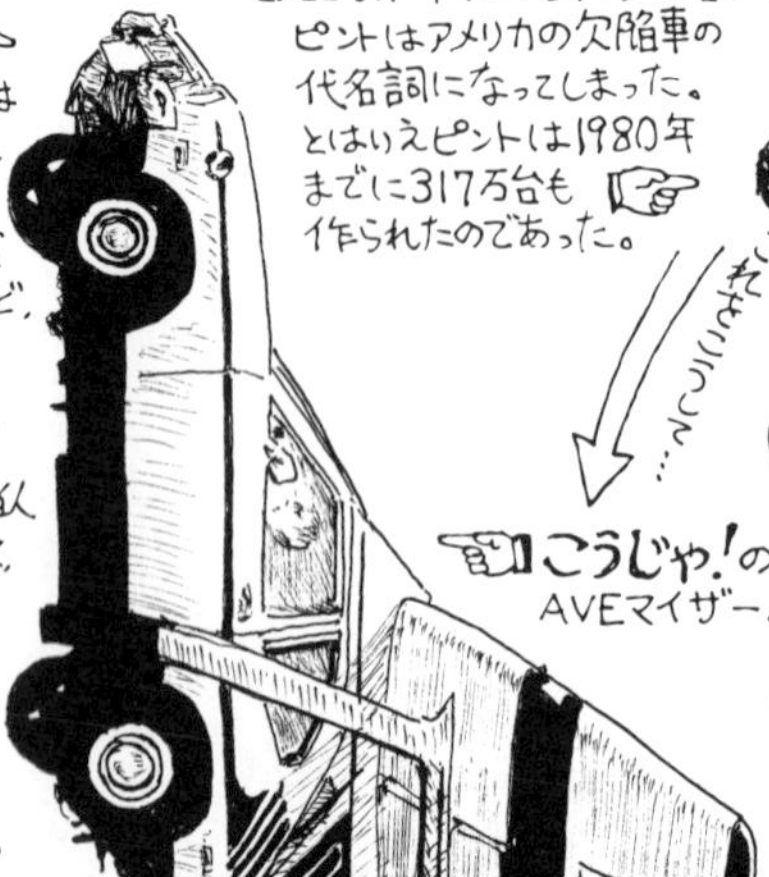

こうじゃ！のAVEマイザー。

セスナ・スカイマスター。
双発だけど，エンジンが
タンデム配置なんで，
片方が止まっても
操縦性があんまり
大きく変わらない，っていう
のが利点だった。
軍用型の観測機O-2
と合わせて，1962年から1982年まで
に3000機近くが作られて，
今でも飛んでる。

AVEマイザーの
自重・総重量は不明
だけど，重量過大だった
んだそうな。セスナ337
スカイマスターの自重が
1200kg，マイザーに
使われた部分が，
ざっくり700～800kgぐらい
だろうか。ピントの車重が
約1000kg，改造で100kgほど
増えたとすると，合わせて
1800～1900kgぐらいか？
これでスカイマスターの
半分の馬力じゃ，
やっぱりきびしかった
かもしれないなあ。

これをこうして…

マイザーの写真を見ると，エンジンの空気取入口
が背中にあるんで，おそらく飛行機部分は
スカイマスター337のを持って来たんだろう。

スカイマスターの最初の型336は固定脚だった。
これは改良型の337で，エンジンを強化，
後部のエンジンの空気取入口が背中にあって，
引込み脚のモデルもあった。この絵の
機体は337の離着陸能力向上の改修型。

自動車にもなれば飛行機にもなる「空飛ぶ自動車」は、昔からいろいろ試みられて、昔からいろいろ失敗して、どれ一つ成功しなかった。それでも挑戦を続けるのが、それでも学ばないのが人間というものらしい。1970年にもなって、なおも「空飛ぶ自動車」を作って売ろうとした人がいたのだ。アメリカのヘンリー・スモリンスキーとハル・ブレイクの二人だ。

スモリンスキーはノースアメリカン社とロケットダイン社で働いたエンジニアで、1971年に友人のブレイクといっしょにカリフォルニアでAVEという会社を設立して、「空飛ぶ自動車」作りに取りかかった。

それまでのいろんな「空飛ぶ自動車」は、基本は飛行機だけど翼やプロペラを外して道路を走る方式や、軽くて小さな特別製の自動車的なものを作って、それに飛行機になる主翼や尾翼、エンジンとプロペラを取り付けて飛ばす方式が通例だった。そのせいでどれも自動車として不満足なものにしかならなくて、失敗してた。

そこでAVEはもっと強引なことを考えた。既存の普通の自動車に飛行機部分をくっ付けて飛べるようにするのだ。これなら自動車としての性能に間違いは無い。そしてスモリンスキーが「空飛ぶ自動車」にするために選んだクルマがフォード・ピントだった。

ピントはフォード社が1971年から売り出した、いわゆるサブコンパクトカーというクラスの自家用車で、当時アメリカでよく売れていたドイツ製や日本製の小型車に対抗しようと大急ぎで開発、発売したもので、2ドアか3ドアのハッチバック、エンジンはこの当時は1・6Lか2Lの直列4気筒、車重は約900kg〜1000kgだった。

これにくっ付ける飛行機部分にはセスナ・スカイマスターを持ってくる。スカイマスターは双胴で空冷水平対向６気筒エンジンを機首と中央胴体後部に装備した、タンデム配置の自家用機だ。その中央胴体の前半分を取っ外して、主翼と双胴のブームと尾翼、それに中央胴体の後ろ部分とエンジンを使うのだ。双発だったのを単発にして使うから、馬力は半分になるな。

　ピントの車体を改造して、４ヵ所に自動はめ込み式の取り付け部分を設けて、そこがスカイマスターの飛行機部分にはまり込む。飛行機部分を地上に置いておいて、ピントはバックしてガチャンと飛行機部分と結合するのだ。ピントはハッチバックなんで、飛行機部分の後部エンジンまわりのあれやこれやも、ピントの車体に収まりやすい。操縦系統は切り替え式で、道路上は普通のピントとして運転して、飛行機になるときはステアリングを回して横操縦、押し引きして縦操縦、クルマ用のペダルのほかに方向舵のペダルが別に取り付けられて、飛行計器一式もクルマのダッシュボードの下側に配置された。ちょっと見にくいかな。そのほかサスペンションは着陸の衝撃に耐えられるように強化されて、ブレーキもディスクブレーキに、ホイールはアルミ製に換装、車体下面はカバーして抵抗を減らした。

　この空飛ぶフォード・ピントは「マイザー」と名付けられた。マイザーは星の名前で、ミザールの英語読み、北斗七星のヒシャクの柄の端から2番目の星のことだ。ＡＶＥのマイザーはこれで巡航速度２０９㎞／ｈ、航続距離１６００㎞以上、実用上昇限度３６６０ｍを狙ってた。スモリンスキーは地元のピント販売店を代理店にして、２万ドルで売り出して、34機の予約を取り付けた。

マイザーの試作機は、１９７３年春頃に初飛行した。しかしその後のテスト飛行で、離陸後間もなく右の主翼の支柱の取り付け点が壊れてしまった。テストパイロットのチャールズ・ジャニスは、これで旋回したら荷重で主翼が折れると考えて、そのまままっすぐ畑に着陸、飛行機部分を付けたまま自動車になって運転して飛行場に戻った。

それにめげずに１９７３年夏、マイザーはエンジンを強化した2号機を作って地上テストを開始、9月11日に初飛行を敢行した。このときはジャニスの都合がつかなくて、スモリンスキーとブレイクの両人が操縦した。ところが離陸から2分後、マイザーは右の主翼が折れて、外れた部品をまき散らしながら街路に墜落、炎上、乗っていた二人は死亡してしまった。

原因調査ではマイザーはたくさん不備な点があることが分かった。そもそも燃料と乗客無しの状態でも重量が過大で、つまりいろんな部分に大きなストレスがかかっていたのだ。しかも各部の部品の取り付けが緩んでいて、溶接の不良で右主翼支柱とピントの車体の取り付け部分が壊れていた。そもそもダメだったじゃないか。

作っていた二人が死亡したことで、「空飛ぶ自動車」ＡＶＥマイザーの計画はそこで終わった。ちなみにフォード・ピントはその後、後ろから追突されると燃料タンクが破れて燃えるという欠陥から、事故で死者を出した。フォード社は訴えられて、ピントの欠陥を直すより賠償金を払う方が安く済むと計算して、放置してたことがばれて大敗。ピントは危険な欠陥車として歴史に名を残し、フォード社の評判も地に落ちた。空を飛ばなくてもピントは危なかったのだ。

イラストで見る航空用語の基礎知識 basic knowledge ノースアメリカン

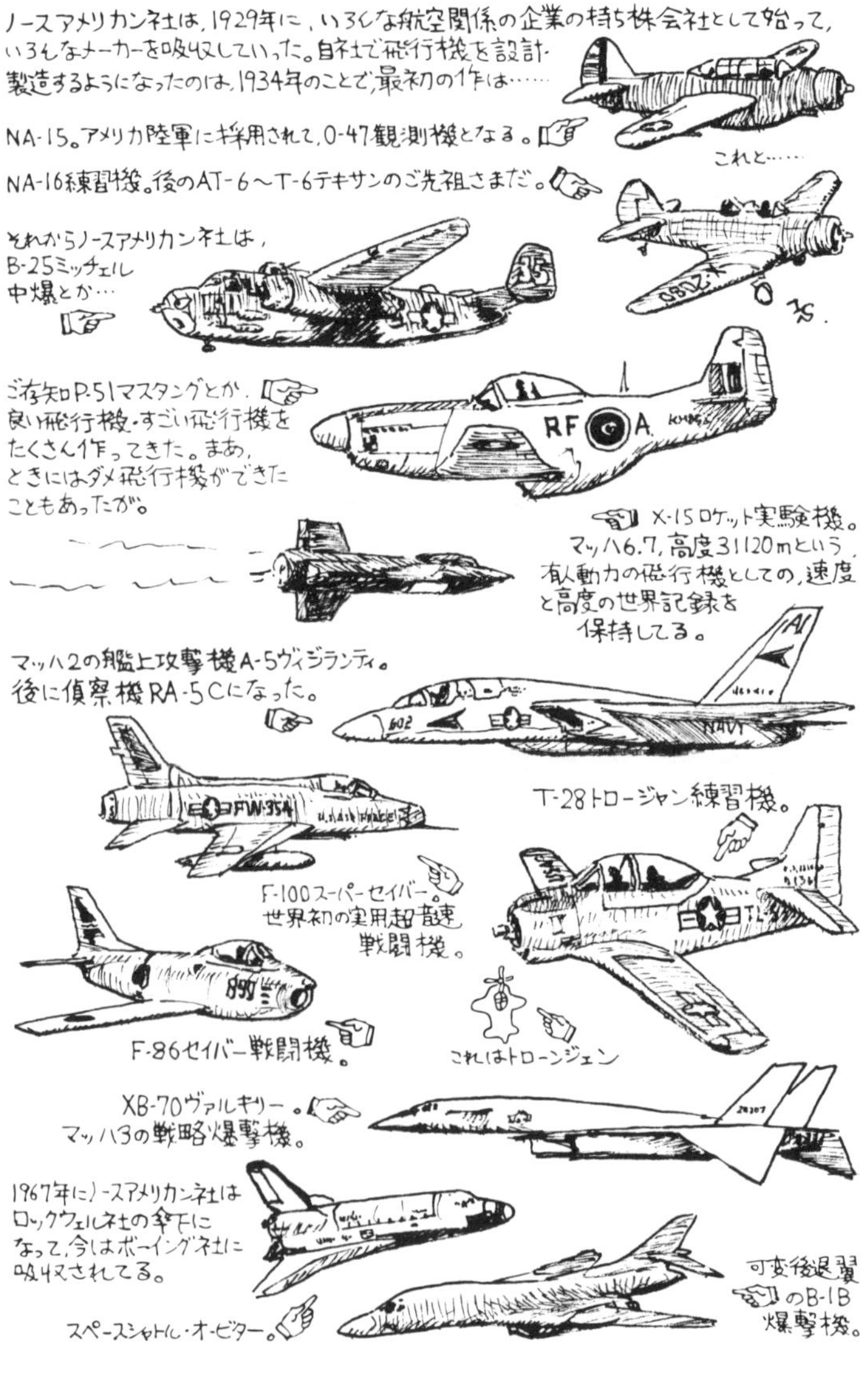

File No. 32

デルタ翼からの生還

ボールトンポール P.120

Boulton-Paul P.120

全幅：10.2m
全長：9.0m
全高：2.9m
自重：4,834kg
総重量：5,706kg
エンジン：ロールスロイスRN2ニーン
ターボジェット(推力2,313kg)×1基
(性能は不明。P.111の性能を示す)
最大速度：1,018km/h
上昇率：2,865m/分
乗員：1名

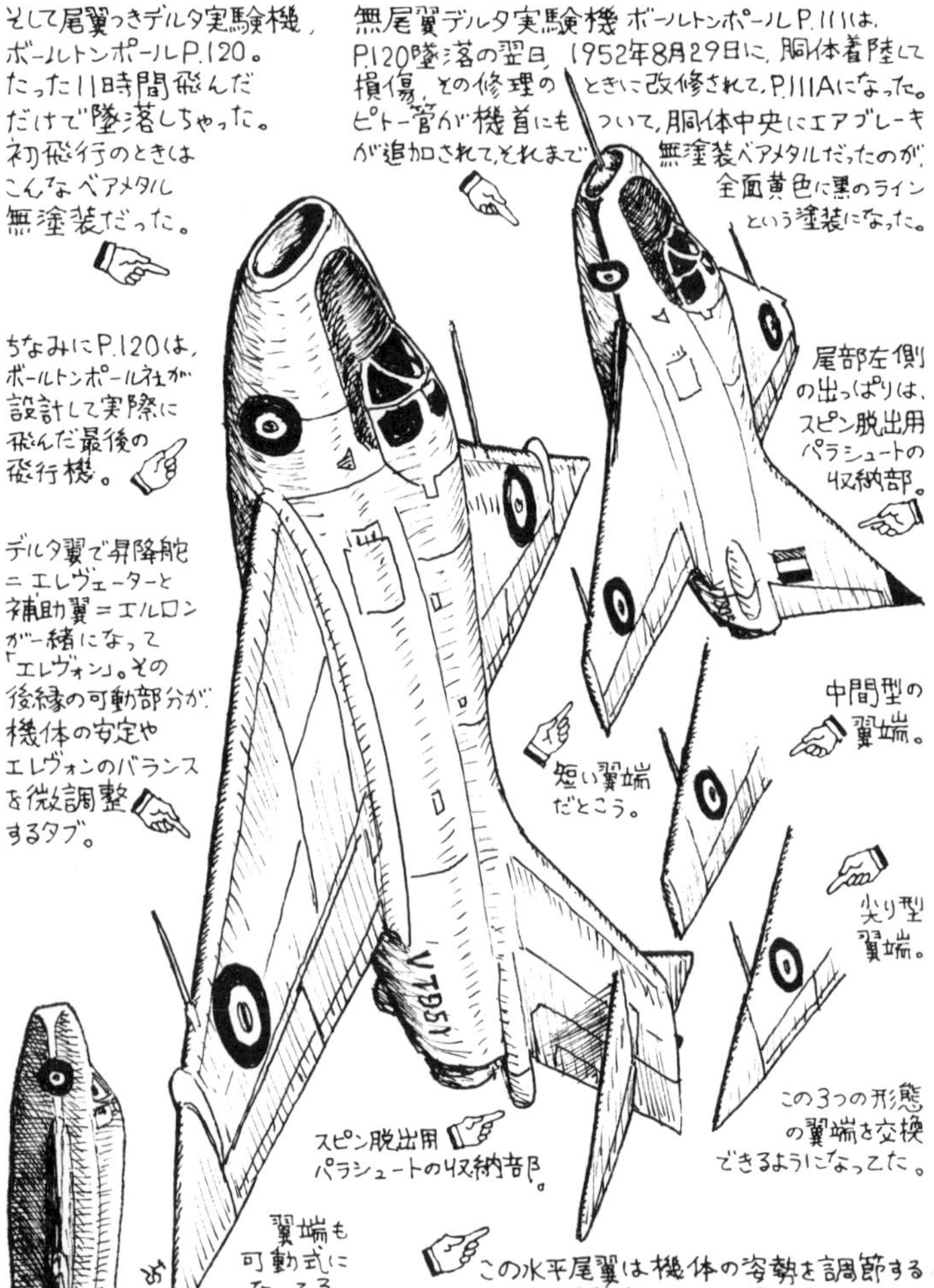
そして尾翼つきデルタ実験機、
ボールトンポールP.120。
たった11時間飛んだ
だけで墜落しちゃった。
初飛行のときは
こんなベアメタル
無塗装だった。
無尾翼デルタ実験機ボールトンポールP.111は、
P.120墜落の翌日、1952年8月29日に、胴体着陸して
損傷。その修理のときに改修されて、P.111Aになった。
ピトー管が機首にもついて、胴体中央にエアブレーキ
が追加されて、それまで無塗装ベアメタルだったのが、
全面黄色に黒のライン
という塗装になった。
ちなみにP.120は、
ボールトンポール社が
設計して実際に
飛んだ最後の
飛行機。
尾部左側
の出っぱりは、
スピン脱出用
パラシュートの
収納部。
デルタ翼で昇降舵
＝エレヴェーターと
補助翼＝エルロン
が一緒になって
「エレヴォン」。その
後縁の可動部分が、
機体の安定や
エレヴォンのバランス
を微調整
するタブ。
中間型の
翼端。
短い翼端
だとこう。
尖り型
翼端。
VT951
この3つの形態
の翼端を交換
できるようになってた。
スピン脱出用
パラシュートの収納部。
翼端も
可動式に
なってる。
この水平尾翼は機体の姿勢を調節する
ためのもので、昇降舵がついてるわけじゃない。
機首の上げさげの操縦は、主翼のエレヴォンで行なう。
P.120は初飛行から間もなく、
ファーンボロ航空ショーに向けて、
全面グロスブラックに黄色の
ラインっていう塗装になった。
黄色と黒の配色がP.111
とは逆になったのね。
そもそも航空省が目指してたのは、
胴体もないデルタ翼の全翼機
だったんで、E.27/46仕様でも胴体を
できるだけ小さくすることが求められた。
そのせいでP.111とP.120の胴体は妙に
平べったい形になった。

第２次世界大戦後の１９４７年、イギリスは将来のジェット機の高速化にはデルタ翼がよさそうと考えて、デルタ翼の飛行特性や構造上の問題を洗い出すために実験機を作ることとして、航空省はＥ．27／46仕様を策定、ボールトンポール社に製造を求めた。これがボールトンポールＰ．１１１実験機だ。

Ｐ．１１１は無尾翼デルタで、いろんなデルタ翼の平面形を比較テストしてみるつもりで、四角く切り落とした翼端と中間的な形、それに尖った翼端の３種類の翼端を交換できるようにされた。Ｅ．27／46仕様では実験機２機の製造を要求してて、２号機は操縦性や安定性の比較のため、水平尾翼つきデルタ形式にして、無尾翼と尾翼つきのそれぞれの飛行特性を探ることにしていた。でもとりあえずは無尾翼デルタのＰ．１１１を作って、尾翼つきデルタの実験機は、もうちょっと後に改めてＥ27／49という別の仕様で作られることになった。

Ｐ．１１１、シリアルＶＴ９３５は１９５０年10月６日にボスコムダウンで初飛行した。しかしテスト飛行してみると、当初から縦横それに方向の３軸どれでも操縦性が敏感すぎて、落ち着いて飛ばすのがすごく難しいという性質が明らかになった。油圧式の操縦系統に操縦感覚を操縦桿にフィードバックする機構が付いてなかったのが原因で、高速時には「ナイフの刃の上に座ってるようだ」とまで言われちゃった。

加えて、ほかにも着陸進入速度が高いとか、風防の設計が悪いとか、脚の引込み機構にトラブルが多いとかいろいろ困った点があったけど、それでもパイロットたちはＰ．１１１の飛行特性に慣れてくれたし、機体にもいろいろ改修も加えられて、飛ばしていて楽しい飛行機と考えてくれるようにはなったんだそうだ。

そのいっぽう、尾翼つきデルタ翼の実験機Ｐ．１２０、シリアルＶＴ９５１は１９５２年８月６日にやはりボスコムダウンで初飛行した。Ｐ．１２０は胴体前半がＰ．１１１と同じで、デルタ翼の主翼も前縁後退角45度なのもＰ．１１１と同じだけど、平行四辺形っぽい垂直尾翼の上部に水平尾翼が付いていた。とはいえＰ．１２０の縦方向の操縦は主翼後縁のエレヴォンで行なうようになっていたから、これは水平尾翼っていうよりも実は単に大きな全遊動式のトリム翼って言った方が正しいんだそうだ。それに主翼の翼端も、Ｐ．１１１じゃ３種類の交換式だったけど、Ｐ．１２０は翼端は可動式になってて、左右いっしょに動かして縦方向のトリム調整、左右別にして横方向のトリム調整に使うようになってた。

　Ｐ．１２０は初飛行のときから、ちゃんとした操縦性を示した。高速でもＰ．１１１みたいに危なっかしいところはなくて、とても操縦しやすかったそうだ。水平尾翼の霊験あらたかだな。ただし最初は水平尾翼の取り付け角がうまくなくて、滑走距離がえらく長くなってしまった。

　しかし8月28日、それまで11時間のテスト飛行を重ねたＰ．１２０はボールトンポール社の主任テストパイロットのベン・ガンの操縦でイギリス南岸上空高度約１２００ｍでテスト飛行していた。この日、Ｐ．１２０はそれまでの最高速度、約８１２㎞／ｈに達したが、そこでガンは突然機体がブブブと音をたてるのを感じ、トリムタブの位置表示ランプが点滅するのを見た。次の瞬間大きなバンという音がして、Ｐ．１２０は左にロールしだした。左のエレヴォンのタブがフラッターを起し、その振動でエレヴォンが吹っ飛んだんだが、油圧操縦系統にフィードバックが無いんで、操縦桿が振動するわけでもなく、操縦席からは翼後縁が見えないんで、ガンには何が起きたのか分からないままだった。

２回ロールしたところで、ガンはエレヴォンと方向舵を右いっぱいにしてなんとか水平飛行に戻し、いったん高度を取りながら、いろんな操作を試してみた。左翼前縁に付いてたピトー管も振動で折れちゃってて、速度も分からなくなっていて、とにかくエンジンを絞ったり、エレヴォンと方向舵を右いっぱいから緩めると、とたんに機は左にロールすることだけは分かった。

ゆっくり高度を下げてとりあえずボスコムダウンに向かったものの、こんな状態じゃ胴体着陸も無理だと判断したガンは、脱出のためキャノピーを投棄する。これでやっとガンも後方が見えるようになって、左のエレヴォンが無くなってるのを知ったのだった。

高度約１０００ｍに下がると乱気流で機体がロール、左に60度傾いていよいよ制御不能になった。ガンはここで脱出、デルタ翼機から脱出した最初のパイロットとなったのだった。Ｐ．１２０の機体は墜落、後の調査でタブの操作機構の強度が設計強度の半分以下だったんで、高速飛行でタブの操作機構が壊れて、エレヴォンが振動しちゃったのが原因と判明した。

この頃Ｐ．１１１は胴体着陸後の修理の際に改修されてＰ．１１１Ａとなって、１９５８年まで各種テストに使われた。ただしＰ．１１１もＰ．１２０も出現が遅すぎて、せっかくテスト飛行で集めたデータも、イギリスのデルタ翼爆撃機アヴロ・ヴァルカンや尾翼つきデルタ翼戦闘機グロスター・ジャヴェリンの開発に間に合わなかった。特にＰ．１２０は11時間しか飛ばなかったから、なんの役にも立たなかった。

☞ トリム

飛行機が飛んでると、例えば燃料が減って重量配分が変わったり、いろんな状況や理由で機体の姿勢が偏っちゃうことがある。

もちろん、機首が下がり気味だったら、昇降舵を少し上げ舵にして、機首が上がるようにすればいいんだが……。

でも飛行中ず〜っと上げ舵を保ち続けるんじゃ、パイロットだって疲れて大変だ。

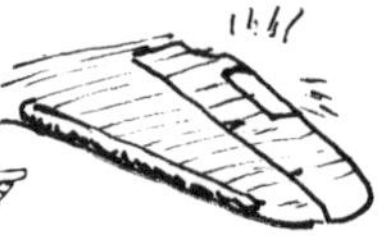

そこで飛行機の3舵(昇降舵・方向舵・補助翼)には、たいてい「トリム・タブ」という小さな可動部分があった。

昇降舵を上げ舵にして機首上げ姿勢にするには、トリムタブを下げる。すると昇降舵が上がって、ずっと操縦桿(操縦輪でも)を引き続けてなくても機首上げ姿勢になる。コンピューター制御だと、トリムタブも無しで済むが。

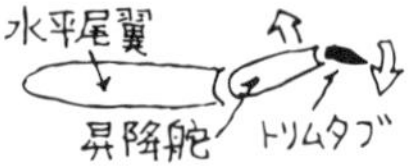

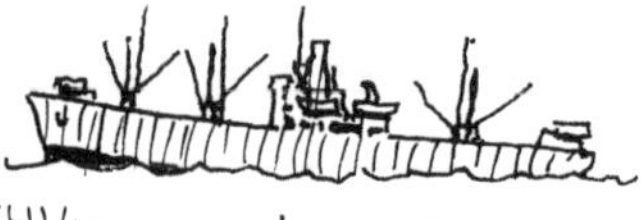

「船首トリム」

「船尾トリム」

そもそも「トリム」とは、フネの前後方向の傾きのことをいう。前が浮いてるのを「船首トリム」、後ろが浮いた姿勢を「船尾トリム」という。

マッハ3の試作爆撃機ノースアメリカンXB-70ヴァルキリーのカナードの動翼部分は、実はトリム調節用。音速に近い速度域で空力中心が動いてトリムが変わるのを、エレヴォンで補正すると、迎え角も変わって抵抗が増えちゃう。そこでカナードの動翼でトリムを補正すれば、迎え角は変らず、抵抗も増えないで済む、というわけだ。

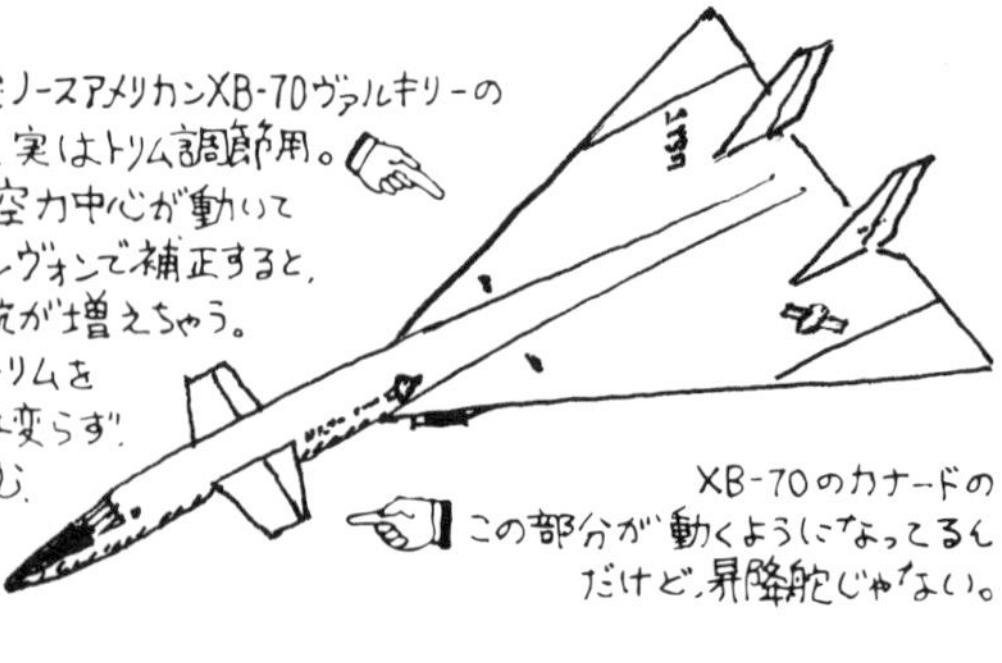

XB-70のカナードのこの部分が動くようになってるんだけど、昇降舵じゃない。

File No. 33

勝手に飛んだっきり

カン・ヤン・ホー航空機

Koun Young-Ho's aircraft

全幅：不詳
全長：不詳
全高：不詳
自重：不詳
総重量：不詳
エンジン：コンチネンタルA-40
空冷水平対向4気筒(40hp)×1基
性能：不明
乗員：1名

なにしろ写真も記事も
ほとんどない，
ナゾの機体。
わかんない
ことだらけ。

飛行機であり，飛行船であり，またヘリコプターであり…，
いや，正しくは「飛行機であろうとし，飛行船でもあろうとし，
またヘリコプターでもあろうとした」カン・ヤン・ホー氏の
航空機。結局，操縦者の操作や意志と関係なく，
操縦者不在のまま勝手に飛び上って，勝手に
壊れたから，飛行機にも飛行船
にも，ヘリコプターにもならずに終った。

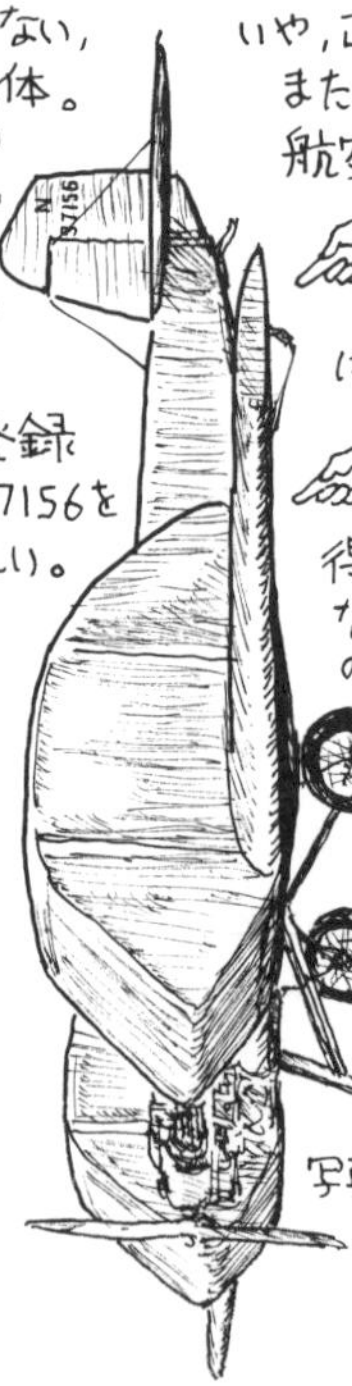

それでも登録
記号N37156を
もらったらしい。

この両翼上面に載っかってる部分
にヘリウムガスを入れて，浮力を
得る。つまりここんところで「飛行船」
なわけだ。見たところ，金属か木製
の枠に羽布ばりの
箱型構造で，
中にガスの
袋が
入ってた
んだろう。

脚と
車輪まわりは
写真を見てもどうも
よくわからない。

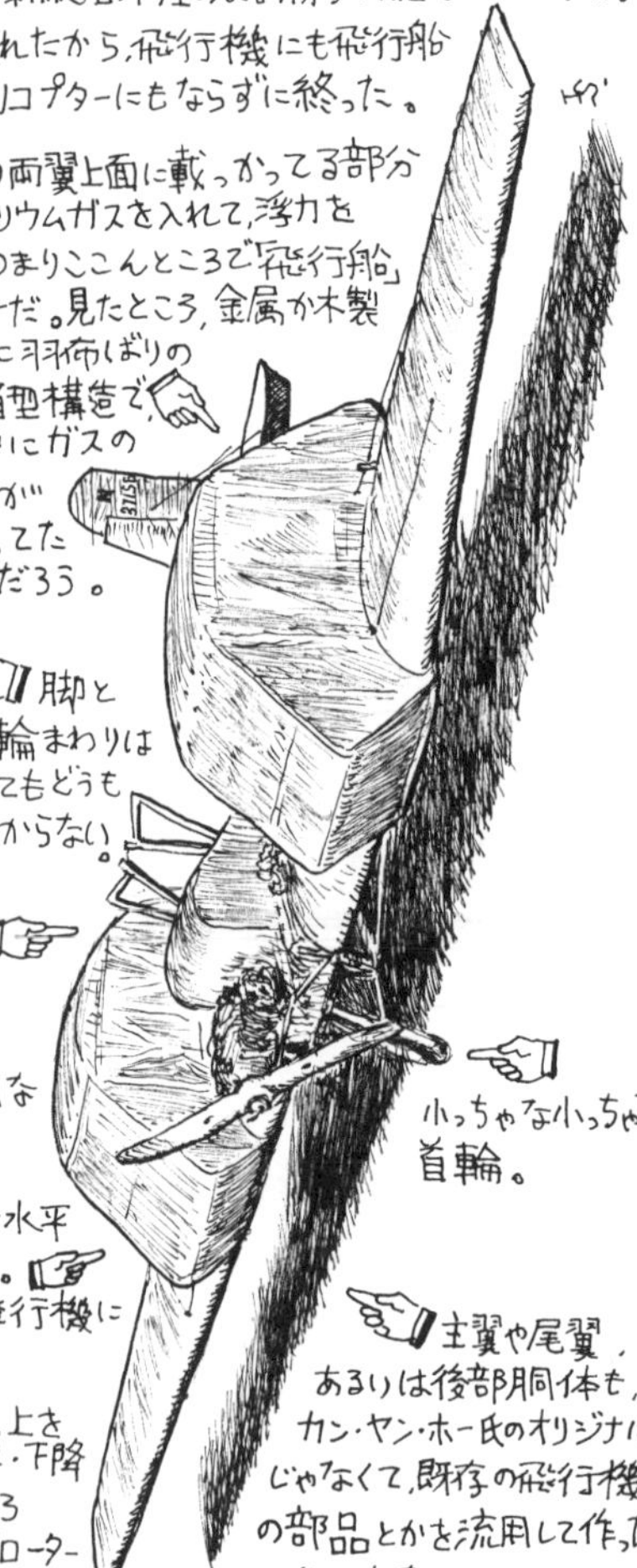

まん中の盛り上がってるところが，たぶん
燃料タンクなんだろう。その後ろに
操縦席があって，見るからに無器用な
形の風防がついてる。

小っちゃな小っちゃな
首輪。

エンジンはコンチネンタルA-40空冷水平
対向4気筒，排気量1.9ℓ，40hp。
1930年代のアメリカのいろんな軽飛行機に
広く使われた。
このエンジンが可動式になっていて，上を
向いたり下を向いたりして，垂直上昇・下降
をして，つまりそこが「ヘリコプター」なところ
なんだろうけど，重心位置とプロペラ/ローター
が離れていて，ちゃんと上昇・下降できるのか？
そのエンジンの向きを変える仕組みが
どうなってのか，それも写真を見ても全然わからん。

主翼や尾翼，
あるいは後部胴体も，
カン・ヤン・ホー氏のオリジナル
じゃなくて，既存の飛行機
の部品とかを流用して作った
のかもしれない。

人間が作った空を飛ぶ仕掛けというか機械、つまり航空機には気球や飛行船、グライダーにヘリコプター、飛行機といろいろあって、これがみんな航空機だ。この航空機は大きく2種類に分けられる。「軽航空機」と「重航空機」だ。どこで分けているかというと、空気より軽いのが「軽航空機」で、気球とか飛行船がそう。ほっといても空中に浮かんじゃうやつだ。空気より重いのが「重航空機」で、グライダーや飛行機、ヘリコプター、滑走したり引っ張ってもらったり回転翼を回したり、自分でなんとか揚力を作らないと地面を離れられないやつだ。飛行機のなかでも小型で簡便で機体の軽いのを「軽飛行機」っていうけど、飛行機として軽くても空気よりは重いから、あくまでも軽飛行機は重航空機のひとつだ。もう一度言うけど、軽飛行機は重航空機だよ。

軽航空機は何もしなくても飛び上がれるけど、大きな図体に空気より軽い気体（熱くして膨張させた空気とか、水素やヘリウムのガスとか）を詰めて浮力にしてるから、風に弱いし、抵抗が大きくて高速で飛べない。一方、重航空機は飛び上がるのに動力が要るし、特に飛行機やグライダーだと滑走が必要だけど、速く飛ぶことができる。軽航空機も重航空機も一長一短で、それぞれ得意分野があるわけだ。

そして航空機の歴史のなかには、軽航空機と重航空機の良いところを組み合わせよう、という試みもいろいろ行なわれてきた。そのひとつが、１９３９年にアメリカのカン・ヤン・ホーという人が作った機体だ。このカン・ヤン・ホー氏は中国系のアメリカ人で、いろんな記事を見ても英語で発音を表記したＫｏｕｎ Ｙｏｕｎｇ－Ｈｏと書いてあるだけで、記事によってはヤン・ホー・コン（Ｙｏｕｎｇ Ｈｏ Ｋｏｕｎ）と書いてあったりして、果たして漢字で書くとどんな名前だったのか、まるで分からない。カン・ヤン・ホー氏は弁護士だったらしいが、当時の記事では中国人コックとされてて、名前の分からなさといい、職業の記述といい、中国人・アジア人に対するヨーロッパ系アメリカ人の関心の薄さや偏見みたいなものがなんとなく感じられるな。

さて、カン・ヤン・ホー氏は自分の機体について１９２８年に特許を出願して、書類には「カン航空機―飛行船―ヘリコプター」と記されていたんだそうだ。そう、カン航空機は、飛行機であり飛行船であり、しかもヘリコプターでもあるという機体だったのだ。

残っている写真を見ると、カン航空機は低翼の単葉の主翼があって、普通の水平尾翼と垂直尾翼があった。つまり水平飛行するときは主翼で揚力を得るつもりだったのだ。その主翼の途中、左右の内翼寄りの上面に四角い断面の大きな箱状のものが付いていて、その前端と後端は三角形になっていて、翼断面っぽい形に整形されてる。ここのところにヘリウムのガス袋が入っていて、浮力を得るのだな。ここまでのところでカン航空機は飛行機であり飛行船でもあることになる。主翼中央の先端には空冷水平対向4気筒のコンチネンタルA-40エンジンがあって、２枚ブレードの木製プロペラを回す。実はこのエンジン、可動式になっていて上下に角度を変えられた。エンジンを真上に向けてプロペラの推進力で機体を垂直上昇させ、下に向けて降下させることで、カン航空機はヘリコプターともなる、というつもりだったようだ。もちろん木製プロペラで、普通のヘリコプターのローターより直径は全然小さいから、このプロペラの上向きの推進力だけじゃ機体を浮かばせることはできないけど、そこは主翼のガス袋のヘリウムによる浮力でなんとかなると考えたのかもしれない。それにしても固定ピッチのプロペラを真上に向けただけじゃ、ホバリングや垂直上昇／下降中の操縦はどうするつもりだったんだろうな。エンジンの後ろの主翼上面には燃料タンクがあって、さらに後方には風防と操縦席があった。脚はエンジンの下あたりに小さな首脚、おそらく主翼下面に主脚があったんだろう。主翼の端の方には補助脚が付いていたらしい。

カン・ヤン・ホーは特許を取ってから何年もかけて、この機体の設計と改良を進めた。最初の構想じゃ水素ガスの入ったドーナツ型の袋を14個主翼の上に並べて、エンジンは前進用２基と推進用１基の３発だったんだそうだ。機体の製造に５年という時間と、当時のお金で６０００ドルを費やした末、ついに１９３９年、カン・ヤン・ホーはニューヨークの北、ロードアイランド州のルーズヴェルト・フィールド飛行場で、この機体の初飛行を行なうことにした。

呼び集められた記者団が見守るなか、カン・ヤン・ホーはエンジンを始動させようとしたが、うまくかからない。何度か試した末にやっとエンジンが回り始めたのだが、そのときカン・ヤン・ホーはまだ操縦席に乗っていなかったし、誰も機体を抑えたり繋止ロープを持っていなかった。機体は無人のまま飛び上がってしまい、関係者は必死にその後を追いかけた。駐機しているほかの飛行機にぶつかりそうになったあと、エンジンが燃料詰まりを起こして停止、機体は墜落して壊れてしまった。

カン・ヤン・ホーは壊れた機体を荷車に積んで去って行って、それっきりこの機体は二度と飛ぶことも、消息が聞かれることもなかった。でもとにかく一度は地面を離れはしたんだよね。

イラストで見る航空用語の基礎知識 basic knowledge ☞ 気球と飛行船

気球や飛行船は、空気より軽い気体（熱くして膨張させた空気や水素ガスやヘリウム）を詰めて、浮力で空中に浮かぶ。浮かぶのに動力もエネルギーも要らないんだけど、気球はどこに飛んで行くかは風次第だ。

1783年11月、人類初の飛行に成功した、フランスのモンゴルフィエ兄弟が作った熱気球。

12月にはシャルルが水素気球で飛んだ。

フランス革命戦争中の1794年、フランス軍は気球を偵察や弾着観測に使って、気球の軍事利用が始まった。アメリカ南北戦争や第1次大戦でも気球が使われた。第2次大戦だと阻塞気球や日本の「風船爆弾」があった。

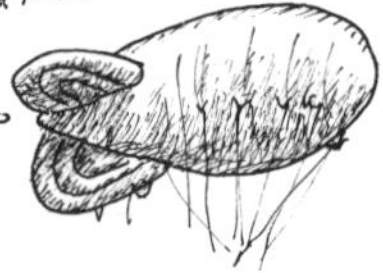

日本からアメリカまで気球に爆弾をつけて飛ばしたのだ。

2017年、フェリックス・バウムガルトナーが高度39000mからスカイダイビングしたときも、気球で上昇して行った。

飛行機じゃこんなに高く上がれない。

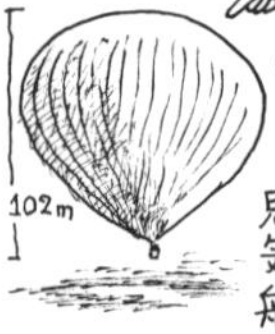

思ったところに飛んで行けるように、気球を細長い形にして、エンジンとプロペラ、舵をつけたのが飛行船。1852年にフランスのアンリ・ギファールが初めて作った。

蒸気エンジンだ。

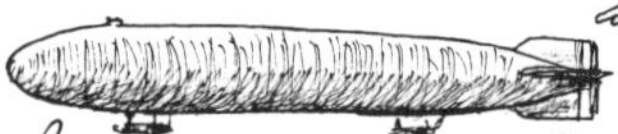

ツェッペリンL19。

飛行船には、ガス袋のまんまの「軟式」と、骨組みで船体を作って、中にガス袋を入れる「硬式」があった。硬式の方が大きくできるし、速度を出しても形がくずれない。ドイツのツェッペリンの硬式飛行船が有名で、第1次大戦で洋上偵察や夜間都市爆撃に使われた。

1920〜30年代、硬式飛行船は長距離旅客輸送や洋上哨戒用にいろいろ作られた。でも飛行船は悪天候に弱く、水素ガスを使う飛行船は燃えやすい。1937年のドイツの旅客飛行船ヒンデンブルクの爆発事故の後、巨大な硬式飛行船は姿を消していった。

1931年に就役したアメリカ海軍のアクロン。ヘリウムガスを使用して、全長239m。しかし1933年、嵐に遭って墜落した。同型のメイコンも1935年に悪天候により海上に不時着して終った。

アクロンが5機搭載した、カーチスF9Cスパローホーク戦闘機。アクロンとメイコンはいわば空中空母だった。

ヒンデンブルク。全長245mで、史上最大の航空機。水素ガスの爆発で失われた。

File No. 34

不時着は得意だったらしい

ジョンソン・ユニプレーン

Johnson Uniplane

全幅：4.3m
全長：5.0m
エンジン：チャーチ・マラソンJ-3
空冷直列4気筒（41hp）×1基
最大速度：101㎞/h
着陸速度：37㎞/h
乗員：1名

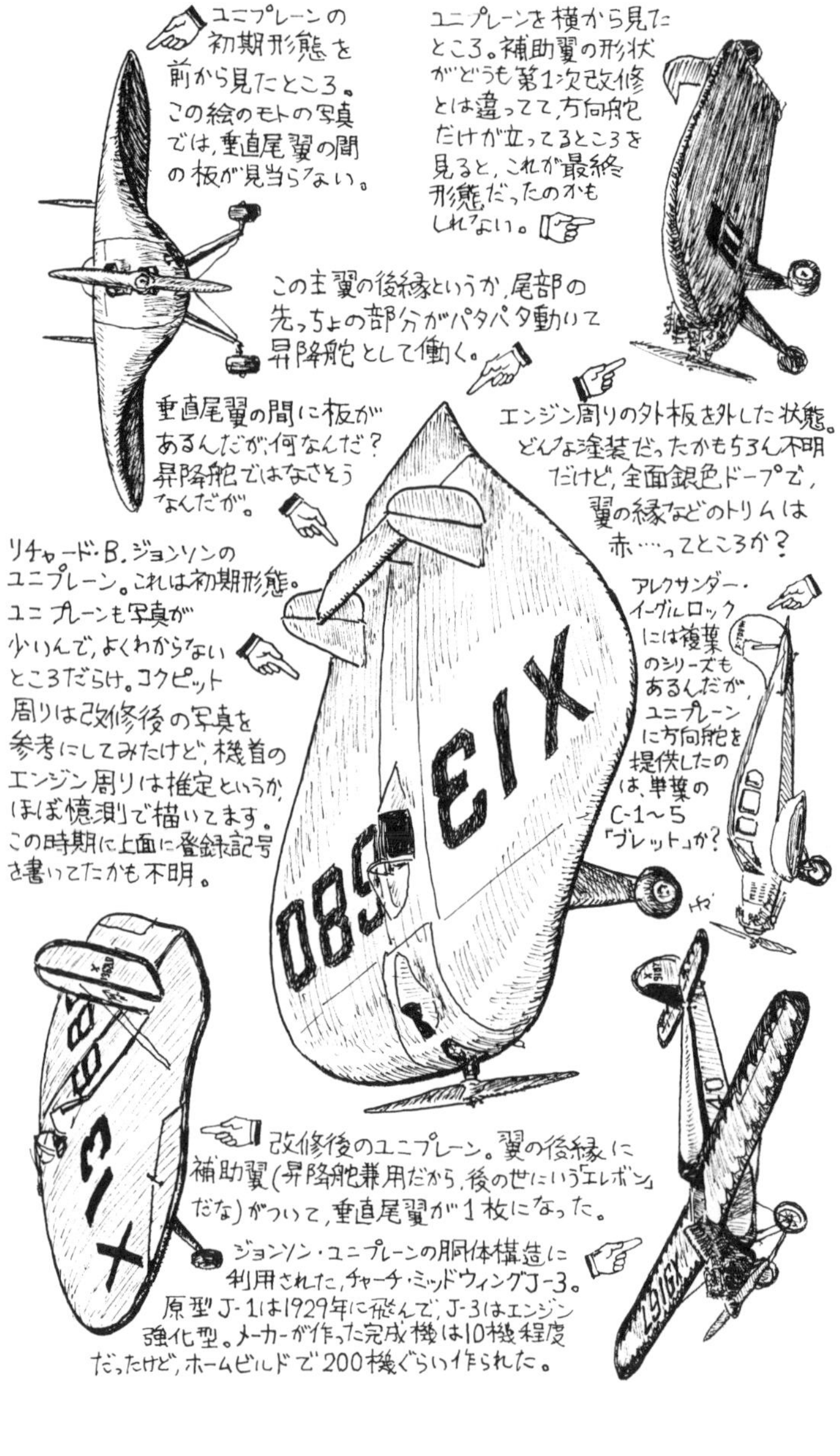
ユニプレーンの初期形態を前から見たところ。この絵のモトの写真では、垂直尾翼の間の板が見当らない。

ユニプレーンを横から見たところ。補助翼の形状がどうも第1次改修とは違ってて、方向舵だけが立ってるところを見ると、これが最終形態だったのかもしれない。

この主翼の後縁というか、尾部の先っちょの部分がパタパタ動いて昇降舵として働く。

垂直尾翼の間に板があるんだが、何なんだ？昇降舵ではなさそうなんだが。

エンジン周りの外板を外した状態。どんな塗装だったかもちろん不明だけど、全面銀色ドープで、翼の縁などのトリムは赤……ってところか？

リチャード・B・ジョンソンのユニプレーン。これは初期形態。ユニプレーンも写真が少いんで、よくわからないところだらけ。コクピット周りは改修後の写真を参考にしてみたけど、機首のエンジン周りは推定というか、ほぼ憶測で描いてます。この時期に上面に登録記号を書いてたかも不明。

アレクサンダー・イーグルロックには複葉のシリーズもあるんだが、ユニプレーンに方向舵を提供したのは、単葉のC-1〜5「ブレット」か？

改修後のユニプレーン。翼の後縁に補助翼（昇降舵兼用だから、後の世にいう「エレボン」だな）がついて、垂直尾翼が1枚になった。

ジョンソン・ユニプレーンの胴体構造に利用された、チャーチ・ミッドウィングJ-3。原型J-1は1929年に飛んで、J-3はエンジン強化型。メーカーが作った完成機は10機程度だったけど、ホームビルドで200機ぐらい作られた。

飛行機の歴史は理想とアイディアと技術による挑戦の歴史だ、というと、いかにもカッコいいことを言っているように聞こえる。しかし挑戦したものの敗北しちゃった飛行機も、この本にも書いたように数多あるのだ。そんな挑戦と敗北のひとつが、１９３４年にアメリカのリチャード・B.ジョンソンが作った「ユニプレーン」だった。リチャード・B.ジョンソンっていう名前は日本人から見ると英米人としてはごく普通の名前だが、その「ユニプレーン」は普通じゃなかった。

まずユニプレーンは一種の円盤翼機だった。円盤翼といっても真ん丸の円盤じゃなくて、ユニプレーンの主翼はタマゴ形というか、カボチャの種のような形というか、円盤の後ろが伸びたような平面形で、その円盤翼は中央部がなだらかに厚くなって胴体とつながってた。後の世に言う「ブレンデッド・ウィング&ボディ」だ。胴体の構造そのものは当時のホームビルト機のチャーチ・ミッドウィングＪＣ―1のを流用したんだそうだ。これで翼幅は４・３ｍ、全長は５・０ｍだった。先端の機首には41hpの空冷直列４気筒のチャーチ・マラソンＪ―3というエンジンを装備した。

リチャード・B.ジョンソンはユニプレーンで素人にも簡単に飛ばせる飛行機を目指した。円盤翼を採用したのも、円盤翼は大きな迎え角にしても失速しにくいから。しかもジョンソンは、この平面形だとスピンに入りにくいと考えてた。これなら素人がヘタな操縦をしても墜落しにくくできるというつもりだったのだな。

でも円盤翼は同じ面積の普通の細長い主翼に比べると、揚力の割に抵抗が大きくて、つまり揚抗比が悪くて効率が悪い。飛行機が飛ぶとき、主翼の端に下面から上面に向かって渦ができる。この渦が「誘導抵抗」っていう抵抗になるんだが、細長い翼だと翼全体の揚力に比べて誘導抵抗が小さくなる。グライダーとか長距離機が細長い翼を使ってるのはそういうわけだ。ところが円盤翼は同じ面積でも翼幅が小さくて、揚力の割に誘導抵抗が大きくなっちゃう。ただし細長い主翼も、折れないように頑丈にしようとすると構造が重くなっちゃうという問題がある。その点では、円盤翼は翼幅が短くて、軽い構造でも折れる心配は無いし、先に述べたような利点もある。ユニプレーンは胴体が主翼に埋め込まれたようなもんだから、胴体が作るいろんな抵抗も無いし誘導抵抗が大きいことも相殺できる、というのがジョンソンの目論見だった。

　ユニプレーンには水平尾翼はなくて、垂直尾翼は２枚、さらに補助翼も無い。操縦翼はこの垂直尾翼の方向舵と主翼の後端が上下に動く昇降舵だけ。これなら操縦系統が簡単で、素人でもすぐに操縦できるだろう、というわけだ。ジョンソンの考えじゃ、このブレンデッド・ウィング＆ボディの形状で機体下面がＶ型になってて、方向舵を動かせば勝手に機体が傾くから、補助翼はなくてもかまわないということだったようだ。「ユニプレーンは水面ではなく空中を走るボートのようなもの」なのだそうだ。

　操縦席は機首先端から１・２ｍ後方にあるけど、パイロットは機体上面から頭だけ出すので、離着陸時には前方視界がほとんどない。そこでＶ型の機体下面の側面に窓があって、そこから下が見えるようにしてあった。このコクピットに乗り込むには、後ろから機体上面を歩いて行かなくちゃならなくて、ユニプレーンの操縦よりも乗り込む方が難しかったんだという。

　ユニプレーンは１９３４年９月に完成して、初飛行と言っていいのかどうか、日付は分からないけど離陸はした。それからの2年間、１００回ぐらい飛んだが、そのほとんどはちょっと跳ねただけの直線飛行で、不時着か軽い墜落で終わった。なにしろユニプレーンは昇降舵と方向舵しかないんで操縦性が独特。経験あるパイロットより操縦を習いたての新米の方が飛ばしやすいとも言われるくらいだったんだが、操縦操作に機体の反応が遅れるんで、パイロットはどうしても操縦しすぎになっちゃうのだ。

それをなんとかしようと、ジョンソンは双尾翼をやめて、１枚ものの尾翼（アレクサンダー・イーグルロック軽飛行機からの流用だという）にしたりいろいろ試して、結局垂直安定板なしの方向舵だけに落ち着いた。それにやっぱり横方向の操縦性が足りなくて、特に横風を受けると落ち着かないんで、翼後端の昇降舵をやめて後縁に補助翼をつけて、これを左右一緒に動かすと昇降舵として働くようにもした。

それでもやっぱりユニプレーンの飛びっぷりは怪しくて、いちばん長く飛んだのは飛行場を高度30ｍで６km ぐらい回ったのと、高度75ｍで13kmほど飛んだのだった。幸い着陸速度が遅いおかげで、ほぼどこでも着陸できるんで、不時着は得意だったようだ。

ユニプレーンは１９３４年、シカゴ世界博の折りに、「フライング・ハム」と名乗って地元の精肉業者の宣伝に使われることになった。でも実際に宣伝飛行をする前に離陸に失敗して、宣伝の仕事を断られてしまった。

それでもユニプレーンは１９３６年まで飛んでいた、いや飛ぼうとしていたが、１９３６年にとうとう大破。リチャード・B.ジョンソンは溜まっていた格納庫使用料を払うために、機体の残骸を売り払って、ユニプレーンの苦闘は終わったのだった。

円盤翼

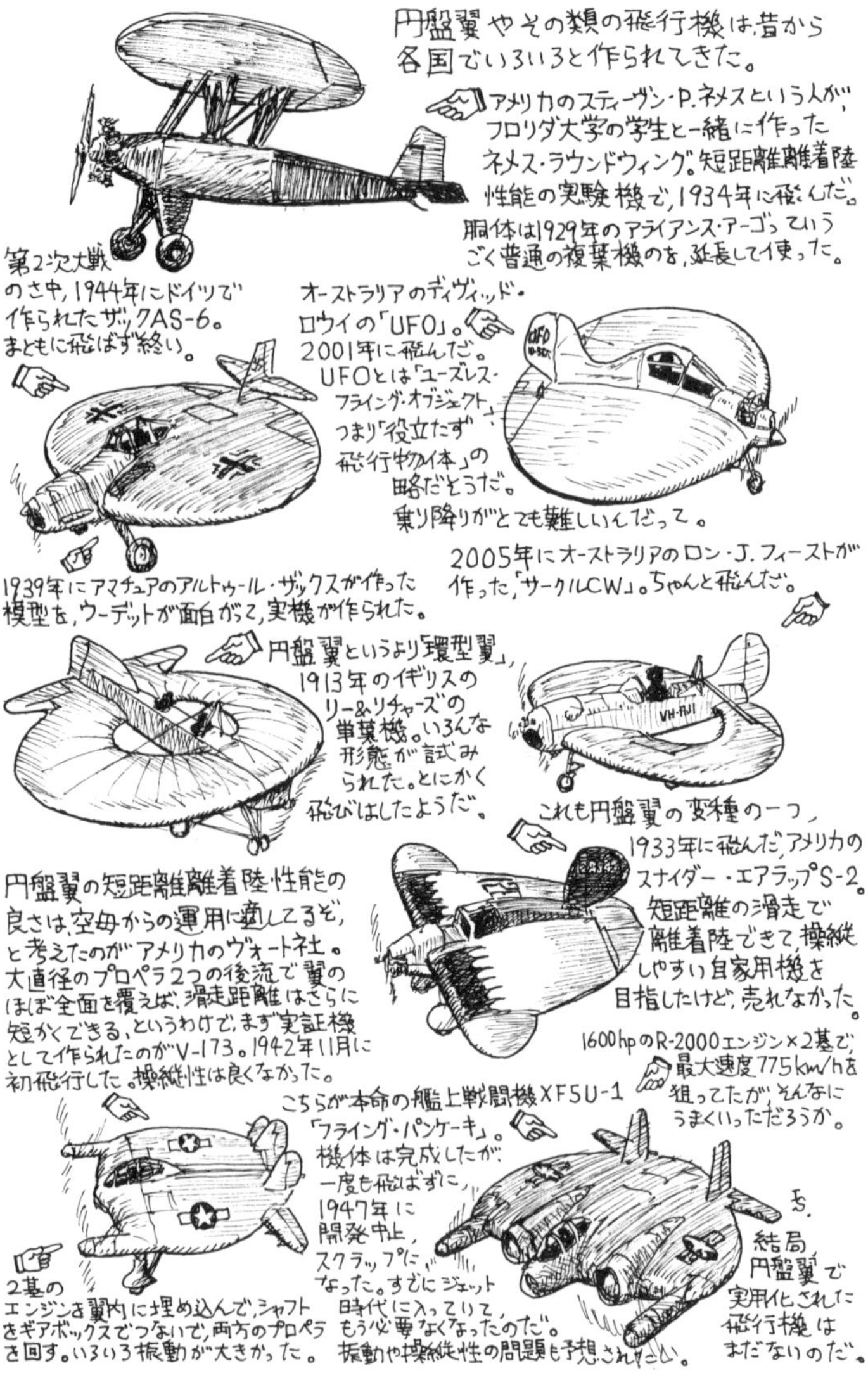
円盤翼やその類の飛行機は、昔から
各国でいろいろと作られてきた。

アメリカのスティーヴン・P.ネメスという人が、フロリダ大学の学生と一緒に作ったネメス・ラウンドウィング。短距離離着陸性能の実験機で、1934年に飛んだ。

胴体は1929年のアライアンス・アーゴっていうごく普通の複葉機のを、延長して使った。

第2次大戦のさ中、1944年にドイツで作られたザックAS-6。まともに飛ばず終い。

オーストラリアのディヴィッド・ロウイの「UFO」。2001年に飛んだ。

UFOとは「ユーズレス・フライング・オブジェクト」、つまり「役立たず飛行物体」の略だそうだ。

乗り降りがとても難しいんだって。

1939年にアマチュアのアルトゥール・ザックスが作った模型を、ウーデットが面白がって、実機が作られた。

2005年にオーストラリアのロン・J.フィーストが作った「サークルCW」。ちゃんと飛んだ。

VH-RJI
円盤翼というより「環型翼」、1913年のイギリスのリー&リチャーズの単葉機。いろんな形態が試みられた。とにかく飛びはしたようだ。

これも円盤翼の変種の一つ、1933年に飛んだ、アメリカのスナイダー・エアラップS-2。短距離の滑走で離着陸できて、操縦しやすい自家用機を目指したけど、売れなかった。

円盤翼の短距離離着陸性能の良さは、空母からの運用に適してるぞ、と考えたのがアメリカのヴォート社。大直径のプロペラ2つの後流で翼のほぼ全面を覆えば、滑走距離はさらに短かくできる、というわけで、まず実証機として作られたのがV-173。1942年11月に初飛行した。操縦性は良くなかった。

1600hpのR-2000エンジン×2基で、最大速度775km/hを狙ってたが、そんなにうまくいっただろうか。

こちらが本命の艦上戦闘機XF5U-1「フライング・パンケーキ」。機体は完成したが、一度も飛ばずに、1947年に開発中止、スクラップに、なった。すでにジェット時代に入っていて、もう必要なくなったのだ。振動や操縦性の問題も予想されたし。

2基のエンジンを翼内に埋め込んで、シャフトをギアボックスでつないで、両方のプロペラを回す。いろいろ振動が大きかった。

ち.

結局円盤翼で実用化された飛行機はまだないのだ。

File No. 35

潜ったし、飛ぶには飛んだ

リード・フライング・サブマリン

Reid Flying Submarine

全長：9.8m
エンジン：ライカミングO-145B
空冷水平対向4気筒(65hp)×1基
性能：不明
乗員：1名

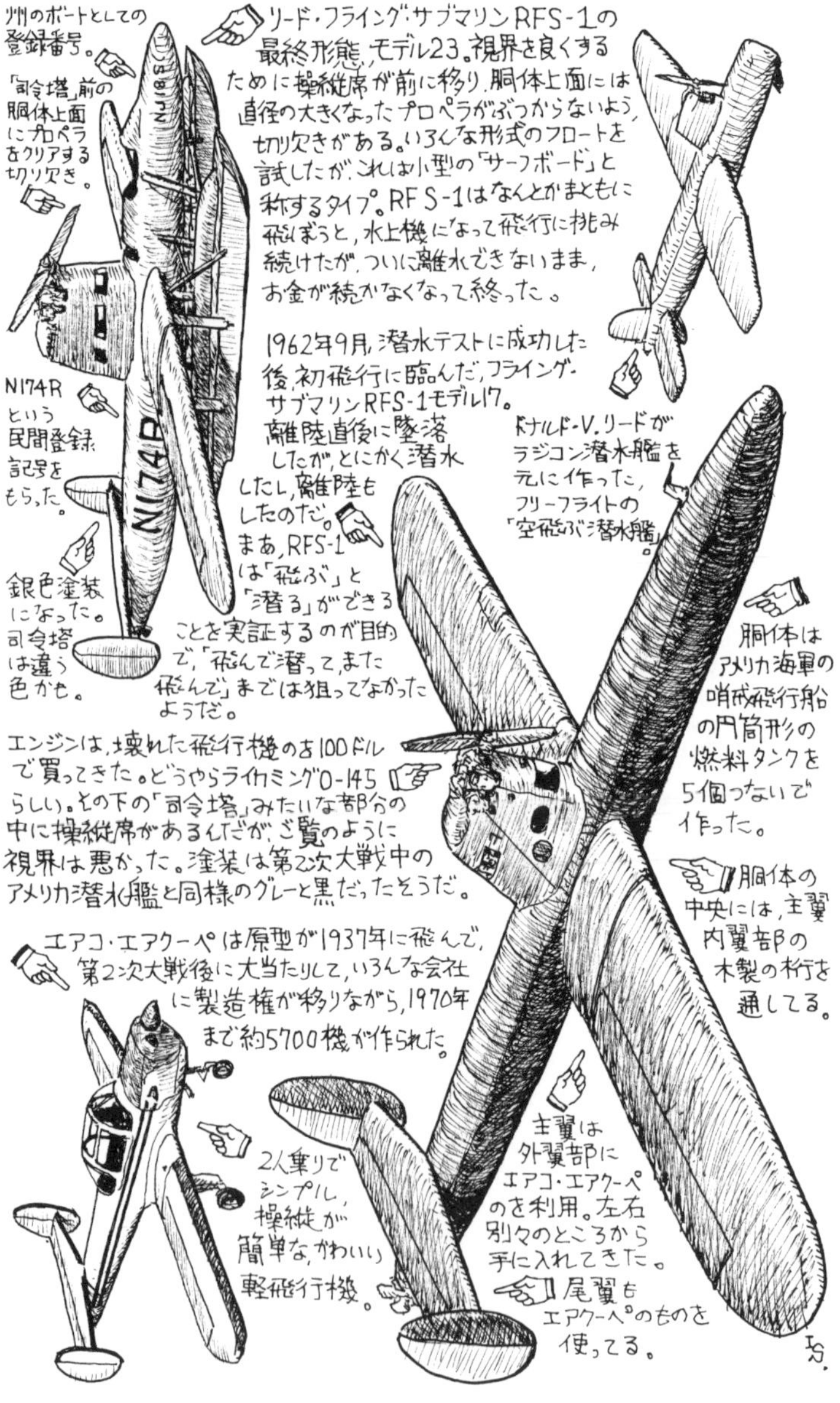
州のボートとしての
登録番号。
「司令塔」前の
胴体上面
にプロペラ
をクリアする
切り欠き。
リード・フライング・サブマリンRFS-1の
最終形態、モデル23。視界を良くする
ために操縦席が前に移り、胴体上面には
直径の大きくなったプロペラがぶつからないよう、
切り欠きがある。いろんな形式のフロートを
試したが、これは小型の「サーフボード」と
称するタイプ。RFS-1はなんとかまともに
飛ぼうと、水上機になって飛行に挑み
続けたが、ついに離水できないまま、
お金が続かなくなって終った。
1962年9月、潜水テストに成功した
後、初飛行に臨んだ、フライング・
サブマリンRFS-1モデル17。
離陸直後に墜落
したが、とにかく潜水
したし、離陸も
したのだ。
まあ、RFS-1
は「飛ぶ」と
「潜る」ができる
ことを実証するのが目的
で、「飛んで潜って、また
飛んで」までは狙ってなかった
ようだ。
N174R
という
民間登録
記号を
もらった。
N174R
銀色塗装
になった。
司令塔
は違う
色かも。
ドナルド・V・リードが
ラジコン潜水艦を
元に作った、
フリーフライトの
「空飛ぶ潜水艦」。
胴体は
アメリカ海軍の
哨戒飛行船
の円筒形の
燃料タンクを
5個つないで
作った。
エンジンは、壊れた飛行機のを100ドル
で買ってきた。どうやらライカミングO-145
らしい。その下の「司令塔」みたいな部分の
中に操縦席があるんだが、ご覧のように
視界は悪かった。塗装は第2次大戦中の
アメリカ潜水艦と同様のグレーと黒だったそうだ。
胴体の
中央には、主翼
内翼部の
木製の桁を
通してる。
エアコ・エアクーペは原型が1937年に飛んで、
第2次大戦後に大当たりして、いろんな会社
に製造権が移りながら、1970年
まで約5700機が作られた。
2人乗りで
シンプル、
操縦が
簡単な、かわいい
軽飛行機。
主翼は
外翼部に
エアコ・エアクーペ
のを利用。左右
別々のところから
手に入れてきた。
尾翼も
エアクーペのものを
使ってる。

飛行機の１００年以上の歴史で実現したことのない「潜水飛行機」。それに1人の個人で挑戦した人がいる。その人はアメリカのドナルド・V.リード。１９１１年のニュージャージー州生まれ、第2次世界大戦中は飛行機工場で民間人の電気技師を務め、飛行機や電気に詳しく、しかも創意工夫に富んだ人だった。リードは１９５０年代に地元でラジコン潜水艦のキットを売り出した。ＦＲＰ製の船体にモーターや操作機器を詰め込んで、ちゃんと潜航できる模型だったんだが、商売はうまくいかず、公務員となった。

１９５６年のそんなある日、仕事場に吊していたラジコン飛行機が潜水艦キットの上に落ちて、それを見たリードは、「ラジコン潜水飛行機が作れるんじゃないか？」と思いついた。そして息子のブルースと共に、13機も模型の潜水飛行機を作って、１９５８年には特許も取得した。

この模型に続いて、リードはじゃあ人間の乗れる実物の潜水飛行機を作ろうと思い立った。リードの潜水飛行機は「ＲＦＳ-1」、つまり「リード・フライング・サブマリン1号」の略で、その後にモデル番号がつく。ＲＦＳ-1のモデル1～13は模型潜水飛行機で、最初のモックアップはモデル14、次のモデル15は工作検討用のモックアップで、次のＲＦＳ-1モデル16が最初の潜水飛行機の実機となった。

リードは潜水飛行機を作るにあたって、既存の部品をいろいろ組み合わせることにした。胴体は海軍の哨戒用飛行船の円筒形燃料タンクを5個繋げて、前後にフェアリングをつける。翼は内翼部は自製、外翼には既存機の翼を利用する。胴体の背中に鋼管でエンジン架を立てて、そこに空冷水平対向4気筒65hpエンジンを装備、プロペラは木製2枚ブレード、エンジン架の周りを潜水艦のセイル（司令塔）みたいな形にして、その中に操縦席を置いた。

潜水するには胴体内の飛行船の燃料タンクの下側にある燃料注入口の穴から水を入れ、胴体内に空気を吹き込んで排水する。機内に圧縮空気を積みたいが、試験ではとりあえず陸上のコンプレッサーからホースで空気を送りこむことにした。水中航走用には自動車のスターターモーターで尾部のプロペラを回す。潜航するときにはパイロットはまずプロペラを外して、エンジンにゴム製の防水カバーをかぶせてやる。コクピットにも水が入ってくるんで、パイロットはウェットスーツを着て、スキューバダイビングの装備を用意する。

このＲＦＳ−１モデル16は飛行テストには尾輪式の脚を付けることにして、１９６１年夏には近くの飛行場で滑走テストに入り、１９６２年に近所の湖で潜水試験をした。息子のブルース・Ｄ．リードの操縦で滑走して湖に入り、ブクブクと潜水して、コンプレッサーからの空気で胴体内の水を排水して、浮上にも成功した。

リード親子は１９６２年の９月のある日、潜水テストを終えた改良型モデル17を湖からそのまま飛行場に運んで、その日の夕方にいよいよ初飛行に臨んだ。ブルースの操縦でＲＦＳ−１モデル17は滑走を開始、１００km／hを越えた当たりで滑走路を離れた、と次には急激に機首を上げて失速、左に傾いて機首を下げ、平らな姿勢で滑走路に落ちた。幸いなことにブルースに大した怪我はなかった。この事故の原因は、潜水テストで入った水が機内に残っていて、それが離陸で尾部に集まり、重心位置が後に寄ったことにあった。

リードはこれにめげずにモデル17を改造して新型のモデル18を作りながら、今後の飛行テストは、滑走距離が長くできる水上機として行うことにした。モデル18は主脚にフロートをつけて、視界を良くするために開放式コクピットをプロペラより前方に設けた。モデル18は１９６５年から水上滑走テストを始めたが、水上での安定性に問題があって、フロート間隔を広げたり、単フロート＋翼端フロートにしたり、小型フロートにしたり、改良を重ねて、１９６８年にはモデル23へと進んだ。ＲＦＳ−１モデル23は一度は水面からホップしたこともあったが、ついに飛行には至らなかった。決定的に馬力不足だったのだ。それはリード親子もわかってはいたが、もっと強力なエンジンを買うほどの資金はなかった。

こうしてさしものリードもとうとう潜水飛行機を諦めざるをえなくなった。リードは１９７１年に引退してフロリダに移り、ニュージャージーに残したＲＦＳ−１は、アリゾナで博物館を作りたいという人物に預けられた。しかしこの博物館は実現せず、放置されていたＲＦＳ−１は１９８９年に息子ブルースの手に戻された。ドナルド・Ｖ・リードは１９７０年代末に、トマホーク巡航ミサイルの水中発射型は自分の潜水飛行機の特許の侵害だとして政府を訴えたが、もちろん勝つことはできず、１９９１年に世を去った。ＲＦＳ−１はブルースによってペンシルヴァニア州のミッド・アトランティック航空博物館に寄贈され、２０２２年の今もそこに収蔵、保管されている。

リードＲＦＳ−１は潜水と浮上、それに離陸にも成功してる。墜落したけど。だから確かに史上唯一の潜水飛行機ではある……のかなあ。

潜水飛行機

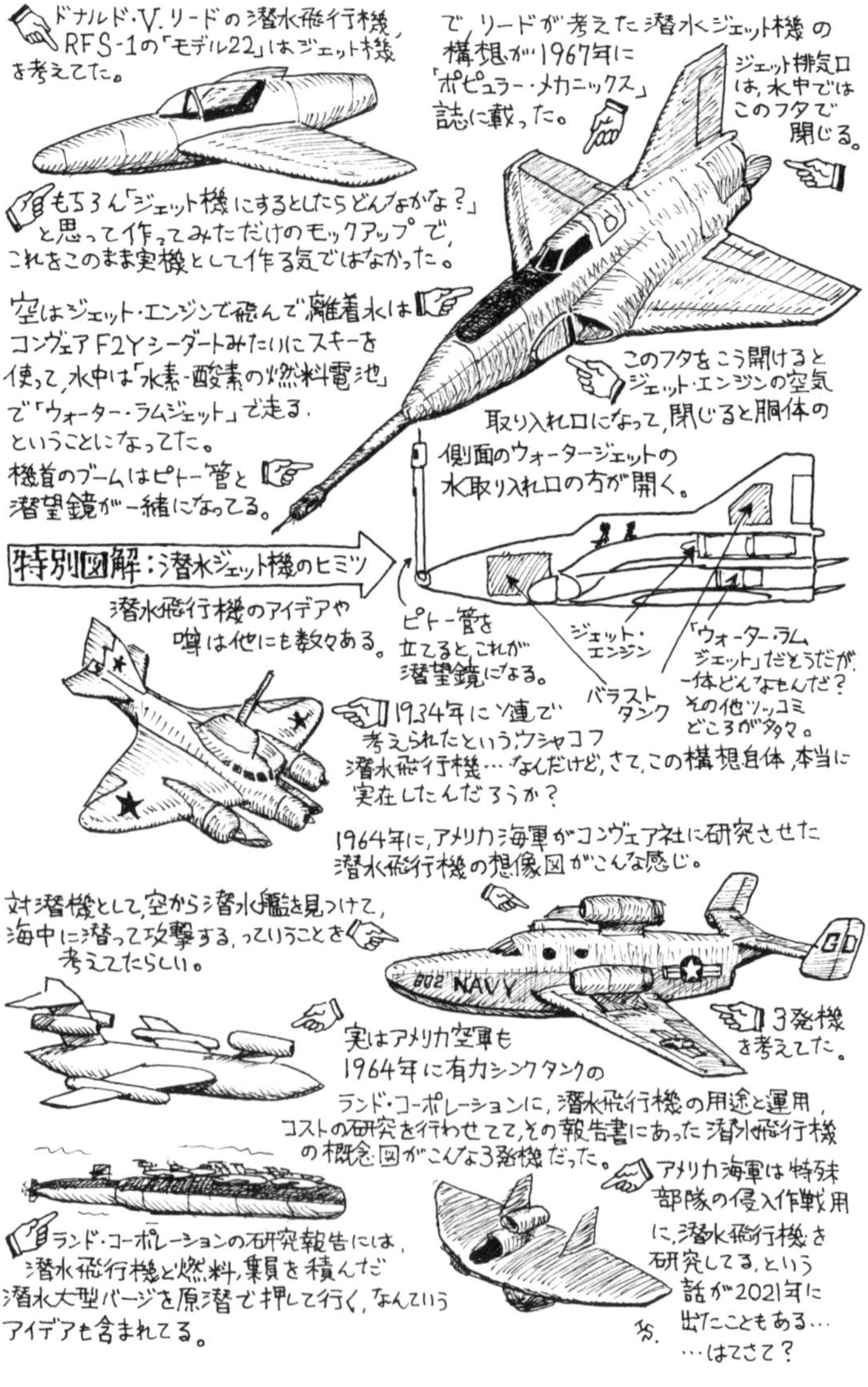
ドナルド・V.リードの潜水飛行機RFS-1の「モデル22」はジェット機を考えてた。

もちろん「ジェット機にするとしたらどんなかな？」と思って作ってみただけのモックアップで、これをこのまま実機として作る気ではなかった。

で、リードが考えた潜水ジェット機の構想が1967年に「ポピュラー・メカニックス」誌に載った。

ジェット排気口は、水中ではこのフタで閉じる。

空はジェット・エンジンで飛んで離着水はコンヴェアF2Yシーダートみたいにスキーを使って、水中は「水素-酸素の燃料電池」で「ウォーター・ラムジェット」で走る、ということになってた。

このフタをこう開けるとジェット・エンジンの空気取り入れ口になって、閉じると胴体の側面のウォータージェットの水取り入れ口の方が開く。

機首のブームはピトー管と潜望鏡が一緒になってる。

特別図解：潜水ジェット機のヒミツ
ピトー管を立てると、これが潜望鏡になる。

ジェット・エンジン
バラストタンク
「ウォーター・ラムジェット」だそうだが、一体どんなもんだ？その他ツッコミどころが多々。

潜水飛行機のアイデアや噂は他にも数々ある。

1934年にソ連で考えられたという、ウシャコフ潜水飛行機…なんだけど、さて、この構想自体、本当に実在したんだろうか？

1964年に、アメリカ海軍がコンヴェア社に研究させた潜水飛行機の想像図がこんな感じ。
802 NAVY
GD
対潜機として、空から潜水艦を見つけて、海中に潜って攻撃する、っていうことを考えてたらしい。

3発機を考えてた。

実はアメリカ空軍も1964年に有力シンクタンクのランド・コーポレーションに、潜水飛行機の用途と運用、コストの研究を行わせてて、その報告書にあった潜水飛行機の概念図がこんな3発機だった。

ランド・コーポレーションの研究報告には、潜水飛行機と燃料、乗員を積んだ潜水大型バージを原潜で押して行く、なんていうアイデアも含まれてる。

アメリカ海軍は特殊部隊の侵入作戦用に、潜水飛行機を研究してる、という話が2021年に出たこともある…

…はてさて？

あとがき

『世界の駄っ作機第10巻』をお届けいたします。これで『世界の駄っ作機』の巻数もついに二桁に突入です。ここまでご愛読くださって、ありがとうございます。収録機数もすでに３００機を越えました、ということは模型雑誌月刊『モデルグラフィックス』での連載も25年を越えたわけで、これだけ長く書き続けてこられたのも、読者の皆様のおかげです。重ねてお礼申し上げます。この巻は社内呼称ではＭｋ．Ｘ、ブリストル・ボーファイターならば雷撃機型のＴ．Ｆ．Ｘというところですが、ここはＰＲＵブルーの塗装も美しいスピットファイアの写真偵察機型Ｐ．Ｒ．Ｘの方を思い浮かべていただきましょう。

記念すべき連載３００回はショート・スペリンでした。このボーっとしたジェット爆撃機は、子供のときに航空雑誌で見て、同じイギリスのジェット爆撃機のヴィッカース・ヴァリアントのわかりやすいジェット機らしさや、アヴロ・ヴァルカンのデルタ翼に比べて、なんて鈍くさいんだろう、きっとダメな飛行機なんだろうと思ったものでした。「世界の駄っ作機」の連載を始めたときから、スペリンは書きたい機体の候補になっていました。それがついにこの巻に収録できて、何か子供のころからの願いがかなったような、何かが達成できたような、そんな気分でいます。

そのスペリンが雲の上を飛ぶ姿がカバーを飾っています。もちろん佐竹政夫さんにお願いいたしました。鈍くさいようなヌボーっとしたようなスペリンの機体も、こうして佐竹さんの絵になると、いかにも堂々として、実はスペリンはこれはこれでかっこいい飛行機だったんだ、と改めて感心してしまいました。佐竹さん、いつもですが今回も素晴らしいカバーイラストをありがとうございます。

巻頭のカラー図は二宮茂樹さんです。モンステッド―ヴィンセントＭＶ―１スターフライト、ＮＶＩ ＦＫ31、スコダ・カウバＳＫ２５７、それにスペリン、どれも世界初じゃないでしょうか。あ、スペリンはイギリスの航空雑誌にあるかもしれませんね。でも全面白色の高高度爆撃塗装――つまりスペリンが制式採用になったらこの塗装のはず――と、低空侵攻爆撃の迷彩の架空塗装はきっと初めてです。面白い機体を選んでくださってありがとうございます。

おそらくこの本を作る上で一番苦労をおかけしているのが、装丁とブックデザインの井上則人デザイン事務所の皆さんです。とくに１９０ページのＢ―32ドミネーターの絵は、画面中のキャプションを書きすぎてしまって、単行本にするときには収まりきらないんじゃないかと心配したのですが、さすが井上則人デザイン事務所、見事にキャプションをはめ込んでくださいました。単行本に収録する際には、キャプションの字組みも位置も連載時とは変えなくちゃならないんですよ。

そして感謝しきれないのが、序文をお寄せくださった文林堂の湯沢豊さんです。湯沢さんは『世界の傑作機』の編集をご担当なさっています。『世界の傑作機』は本道、その題名をちょっと拝借したのが邪道の『世界の駄っ作機』なんですから、こうして本家本元のご担当から10巻目の本書に序文をいただけるのは光栄の極みです。とはいえ機種の数ではどうやらこちらの方が『世傑』を越えているようですがな、フッフッフ。でも湯沢さん、ありがとうございます。原稿を遅らせないようにしますからね。

この第10巻では、初めてスウェーデンとノルウェーとフィンランドの駄目飛行機を書きました。北欧３国、それぞれ駄目な飛行機を作っていて、これで『世界の駄っ作機』という書名にますますふさわしい内容にできました。航空技術や航空産業の大国ではない国にとって、飛行機の開発や生産には大国と比べていろいろ不利な条件もあって、その中で懸命に作った飛行機を駄作機と呼ぶのは気の毒なのですが、でもこの３機種、やっぱりダメでしょ？

今回の書き下ろしは個人参加の３機種です。軍やメーカーに属さない、１人の個人が自分のアイディアと資金と労力で作り上げて失敗した、あるいはどこにも行き着かなかった飛行機を採り上げてみました。どれも惨憺たる結果ではありますが、その勇気は尊くないですか？　こういう人々がいなかったら、飛行機の歴史はちょっとだけ寂しいものになっていただろうと思います。

さて、この後書きを書いている時点で、連載は３２２回になりました。次の節目は３６０回、連載30年？と考えると、トシを取ったわけだなあと感じます。では、扉裏のエピグラフと同様、シェイクスピアの『終わりよければすべてよし』のエピローグの科白を、松岡和子さんの訳を基にちょっと変えて、ご挨拶といたします。

「辛抱強く本書をご愛読の皆様からお手を頂戴できるなら、感謝の心をお受け取りください、神妙に控える筆者から」

２０２２年3月　岡部ださく

IN Famous Airplanes of The World X. ver. P.R.Mk.X
Written by Dasaku OKABE

岡部ださく（おかべ・ださく）

猫好きの翻訳家にして軍事ヒョーロン家兼駄作家？ 1954年1月、さいたま市生まれ。学習院大学フランス文学科卒。航空雑誌、艦艇雑誌の編集員を経てフリーランスに。著書に『世界の駄っ作機 1～9巻』（岡部ださく名義）、『世界の駄っ作機番外編・蛇の目の花園 1～3巻』、『英国軍艦勇者列伝 1、2巻』（いずれも大日本絵画刊）など。訳書に『サーブ35ドラケン』、『パンツァーズ・イン・ノルマンディ』、『バルジの戦い』、『ドイツ空軍の終焉』（いずれも大日本絵画刊）などがある。軍事評論家として月刊『モデルグラフィックス』、隔月刊『スケールアヴィエーション』などに寄稿。時としてインターネット配信番組で軍事解説を行なう。

世界の駄っ作機10

発 行 日 2022年 6月 2日 初版第1刷

著　　者 岡部ださく

発 行 人 小川光二

発 行 所 株式会社 大日本絵画
〒101-0054 東京都千代田区神田錦町1丁目7番地
電話／03-3294-7861（代表）
http://www.kaiga.co.jp

編　　集 株式会社 アートボックス
〒101-0054 東京都千代田区神田錦町1丁目7番地4F
電話／03-6820-7000（代表）
http://www.modelkasten.com/

装幀・割付 井上則人デザイン事務所

印　　刷 大日本印刷 株式会社

製　　本 株式会社 ブロケード

内容に関するお問い合わせ先：（株）アートボックス 03-6820-7000
販売に関するお問い合わせ先：（株）大日本絵画 03-3294-7861

ISBN978-4-499-23348-4

※定価はカバーに表示してあります